二一〇〇年庭園曼荼羅都市

——都市と建築の再生

渡辺豊和

編集——建築思潮研究所
発行——建築資料研究社

目次

はじめに

「都市と建築の再生」こそ豊かになったはずの私達にとっての最大の課題なのではないか。不況の克服なくしてそんな悠長なことに取り組めるかと反論されそうだがよくよく考えてみれば現在の不況も実は豊かさへの際限のない欲求、欲望の裏返しでしかない。バブル期の狂気じみた金欲、物欲を思い出したらたちどころに了解されるのではないか。かつて日本は美しかったと誰でもいう。それなのに今、国土は美しくない。都市も美しくない。辺境にすら新しくピカピカした建築がみられるのにその風景のうらさびしいこと。この原因の一つに土建国家化した政治の反映があるのかもしれない。そのことに無反省な建築の世界。その一員として自戒をこめて記したのが「建築の再生」である。

ピカピカツルツルと箱型コンクリート建築がもたらした罪は想像以上に大きい。国土と都市の風景を貧困化してしまったが、このことに建築家はもっと真剣に思いを馳せるべきではないのか。ファッション界そこぬけのデザイン競争にうつつをぬかしている場合ではあるまい。こうした風潮も政治の陰謀だった可能性が高い。そのことに建築家もいちはやく気付くべきだった。これにやっと気付いてみて、さてそれではどうあるべきなのかを問うたのが「機能深化」への誘いである。

グロピウス、コルビュジェ、ミースなどの近代建築の主題は「機能」であるのは周知のことである。これが建築と都市を単調、退屈にしてしまった反省から主題を「空間へ」と移していったのがポスト・モダニズム以降現代に至るまでの展開であろう。しかしこの

「空間」への移行が結果として国土と都市風景の荒廃を招いているのならもう一度「機能」を見直してもいいのではないか。機能とは端的には用である。用を極めて単純化してしまったのが近代主義の「機能」だった。しかし用が発生する時には近代主義者達が切り捨ててしまった種々様々な要因があったはずである。コルビュジェの「住宅は住む機械」に代表される用とは違う用の発生原因こそ問題なのだ。

一番単純な話、人類は居住場所として洞窟を選んだ瞬間に洞窟は居住という用、機能をみたした。住居における機能と空間の同時発見だったのである。本書には「元型」が頻繁に使用されている。元型は精神分析学者C・G・ユングの用語でありなかなか理解困難な概念である。洞窟こそ住居の元型なのである。しかも居住機能の元型をも示している。

例えば蛇が尾をかみ輪をなす様態（ウロボロス）ははじめもなく終りもない混沌をあらわす元型とされる。元型も一つだけではなく多種ある。が古今東西の名画は元型的イメージにみちている。ピカソだって例外ではない。こわれた人間の絵などむしろピカソこそ元型だらけなのだ。だから元型に機能を発見するのもピカソ的営為に近い。しかし具体的には洞窟の例がもっとも端的であるだろう。とはいえ元型を古いカビ臭いとさげすんではならない。現代科学が発見する世界像も一つ一つ元型なのだ。フラクタルなどその典型であってコンピューター画像で初めてその華麗な姿を目にすることができたではないか。元型的機能として重層空間を提示しているがフラクタルの空間化と考えて読んでいただければ了解できるのではないか。重層、重囲は城郭に最も端的にあらわれる形式であるがあれは中心に「王」がいてそれを防護している機能側面を如実に示している。城郭は戦闘用建築であり生死がさし迫った局面で築かれる。こうしたさし迫った時に必要とされる建築にあ

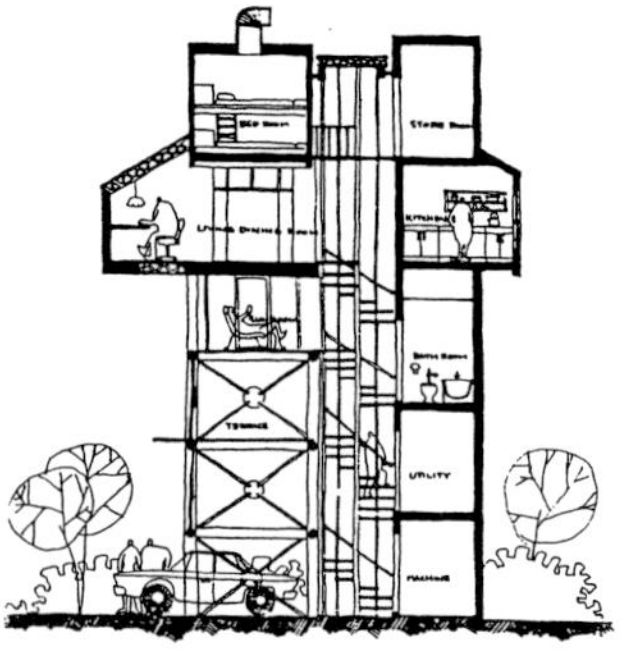

図0-1　給水塔の家／断面図／毛綱毅曠

っては元型と機能が表裏一体となることが多い。私達は常時生死の境をさまよっているともいえ、その意識で設計すれば元型と機能が重なった空間を発見するのも思ったよりはやさしいのではないか。その前に機能を現象学の視野に納めたらどうなるかが重要なのである。現象学は意識を扱う哲学なのだが決して難しいわけではない。なにげなく見過ごしてしまいそうな事物や事象に着目した時にそれがどう意識化されるのかを克明に考察しているにすぎない。「古池やかわずとびこむ水の音」芭蕉の俳句は現象学的文学の典型であろう。しかしそこには思いがけない発見がある。建築の代表例は毛綱毅曠初期の計画「給水塔の家」であろう（図0-1）。自宅のそばに給水塔が廃棄されたまま放置されていた。彼はそれが自分一人の住居になるのではと考えた。ただそれだけのことである。しかし美しく抒情性豊かな佳品だった。残念ながら毛綱はこの極めて現象学的設計法から遠ざかっていった。しかしこれは彼一人の齟齬ではない。時代もそれを許さなかった。たった一人の詩的発見にこもっているわけにはいかなかった。しかし今、機能深化を図るには毛綱の発見を再評価する必要がある。とはいっても本書はそのことに触れてはいない。石造のイメージであるが廃虚で子供達が嬉々として戯れているとしよう。これが最高の幼稚園にならないのか。この空間特性を解析して未知の幼稚園機能の発見へと到る。これが現象学的機能発見なのである。現実に眼前にある空間から新たなる機能を生み出す。それが更に元型まで深められれば「機能」は最深奥に達する。こうした思いを抱いて計画したのが「庭園曼荼羅都市」神戸二一〇〇の都市像である。

　ところが記述順序は「庭園曼荼羅都市」が一番古く、次に「機能の深化」、最新が「建築の再生」なのである。

註も含めて本書には大阪、京都、神戸、奈良のそれぞれの100年後の姿が提示されてある。

基本はすべて「庭園曼荼羅都市」である。100年後だから理想郷であって現実味に乏しいなどと思わないでほしい。今すぐにでも実行可能なのであってしかも金もかからない。ただし完成するに100年は要るという意味で100年後の都市像なのである。

第1章　建築の再生

偶然か意図かは定かでないが阪神大震災以降ばらまき土建行政は目に余った。不要の道路、ダム、建築が景気浮揚策として列島の至る所で造られた。その結果は、景気は浮揚するどころか年々下降したし国土の荒廃するにまかされた。当然建築は悪徳の仕事として世の指弾を受けることとなった。本来土木は政治の基本、治山治水の技術であり建築は文明の表現体であって世の指弾を受けなければならないものではなかった。悪業の本拠はゼネコンであり大手建築事務所に違いはないが有名無名は問わずフリーアーキテクトのほとんどがここ5〜6年の土建行政のお先棒をかついできた。そのデザインも内容の空疎な軽快透明であったのは土建行政の空疎と軌を一にしている。阪神大震災以降実作から故意に遠ざかって今後建築のあるべき姿を思索してきた。以下はその成果である。

1—1　土建行政と国土の荒廃

はっきりした数字は記憶していないが新潟県の就労人口の60パーセントが土建業であるという。新潟県に一歩足を踏み入れるとまず驚くのは道路が立派なことである。つい最近北海道選出の代議士がほとんど役立っていない高速道路を作ったと批難されて怒狂っていたが新潟県の道路にもそれがいえるのではないか。なにせ北海道の高速道路は車が走らずヒグマが日夜散歩していると若手の大臣に揶揄され代議士が抗議していたのだが新潟県は土建行政最大の親玉だった田中角栄の地元なのだから北海道の手本となったのもやむをえない。しかしそれにしても就労人口の60パーセントが土建業というのはすさまじい。かつて日本の総人口の70パーセントが農業だったから、新潟県では農業人口のほとんどが土建業に転じたことになる。当然農地はみるみるまに減少し土建用地に転化したということになるのだろう。それでは必要もない道路や必要以上に立派な道路が至る所に出来上るわけである。北海道ではヒグマの散歩道が高速道路なのだという笑えない笑話さえ声高に語られることになる。道路はそれでもまだいい方なのかもしれない。目を覆いたくなるのは必要もないダムである。私の子供の頃、今から50年以上昔のことになる。秋田県の中央東部奥羽山脈の奥山の寒村当時の田沢村燈畑部落に巨大ダムが建設された。水力発電用であったがこのダムの完成でこの部落にも電灯がともりラジオも聞けるようになった。１９５０年代、第二次世界大戦の敗戦以降10年未満の日本は極端な電力不足に悩み停電は日常茶飯事だった。発電用ダムの建設は戦後復興の象徴であった。道路建設もあるときまでは僻地の救いにはなった。かつてダム建設には反対できない大義名分があったから、とだえることなく列島の至る所で計画実行されてきた。現在私の住む奈良県でも奥吉野の川上村で何のために必要なのかよくわからない巨大ダム建設が続行中であり一集落まるごと水没することになり今は誰も住んでいない。長野県では田中康夫知事になり建設途上のダムも中止になっていると聞くが水没予定の集落はどうなるのであろう。余計な心配をしたくもなるのだがそれにしても思い切った英断ではある。今後不必要なダムや道路は破壊されることになるに違いない。そうなると膨大な量のコンクリートのガラ処理が問題である。これをセメントと骨材と砂に分離できなければ破壊もままならないことになる。ある建設会社がその方法を発明し実用化しはじめているらしいがこれはどう評価すべきなのか。自分達が必要もない大土木工事を請負い大儲けをしておいて今度はそれをこわして又大儲けをしようとの魂胆なのか。転んでもただで起きないのは商魂としては見上げた根性かもしれないが、必要もないものをつくられた一般の人々にはたまったものでない。いわゆる土建行政はどうして列島を覆い尽くすようになったのか。政治的利権を生む甘い土壌であるとは聞くが、政治にかかわらない普通の人間にはなかなかみえにくい。マスコミも実はこれに荷担していることを知らされたことがある。阪神大震災で神戸三宮界隈で30ものオフィスビルの設計と施工を同一ゼネコンで請負い建設したのだが、そのうちの90パーセントが全壊又は半壊したのに、同じ界隈の他のもので建築家が設計しゼネコンが施工したもので破壊したものは皆無であった。阪神大震災で破壊した建物は全て欠陥建築であった。設計施工のゼネコンではじめから脆弱な建物を計画し予定通り破壊してしまったということなのだろう。とはいっても建築法規の違反をしていたというのではあるまい。法規ギリギリで設計するとあの位の地震なら破壊してしまうということなのだが良心的な建築家はそんなことはしないというだけのことである。設計施工のゼネコンの事実を資料をもって大手新聞社の若い記者に説明したら早速社に帰って記事にするようにしたいといったが数日後に上層部の反対でできないとの電話があった。別の社にも話してみたが反応は全く同じであった。多分そのゼネコンはいい広告主なのだろう。要するに阪神大震災は人災だったのである。高速道路が倒れたのも全く同じ理由なのである。あのときの写真をみるとわかるはずである。はっきりとあれは手抜き工事であった。建築家からみたら信じられない手抜きを破壊現場をみて知ったというわけである。私以外にも多数の建築専門家が同じ思いを抱いたはずである。又それを話あったりもしたのだが結局は声にならなかった。トルコでは悪徳建設業者や住宅メーカーは訴訟されていると聞くが日本ではそんな話を耳にしたことはない。

不必要なダムや道路を建設することが一概に悪とも決めつけるわけにはいかない。新潟県では60パーセントが建設業だというからもし建設業がなくなってしまったら県民の60パーセントが路頭に迷うことになってしまう。その危険性があるから不必要を知りながらでも建設工事を起こそうと政治家も行政庁も努力することになる。このことは日本全国例外なくいえる。景気浮揚に公共事業をということが叫ばれ現在の小泉内閣は別としてもこれまでの歴代内閣は重要施策として公共事業を立案実行してきた。バラまき行政であり土建行政である。その効果は全くなかったのにこれが官民の癒着を生み利権を発生させるのは火をみるよりも明らかである。たとえば大都市圏でベッドタウンを計画しそれが大都市の人口増加分を吸収しているうちはそのベッドタウンには意味があった。関西でいえば千里、泉北のニュータウンはそんな巨大ベッドタウンであった。しかしベッドタウンではなくアメリカのシリコンバレーなみの居住と就労の場所がセットになった完結型のニュータウンが計画され実現途上にあるとする。大不況の現在この計画が見直されるはずなのにみてみるとそうはなっていない。公共機関と民間の不動産業の協同開発である。やりようによっては充分このニュータウンは実現可能であり、事業としても成功する見通しはあるのだが如何んせん、計画が悪い。計画といっても町割計画なのだが千里、泉北のベッドタウン型にできていて就労型のニュータウンにはなっていない。これでは失敗は火をみるよりも明らかである。海外からの研究所や企業を誘致しようにも乗って来るところがないだろう。民間の開発会社は気付いていて計画変更の努力をしているのだが公共機関が動かない。外からみているとここの職員達は今まで依頼していた都市計画コンサルタントとの関係をくずしたくなく、その理由だけで計画変更をしぶっているらしい、とみえる。ひょっとしたらもっと違った理由なのかもしれないが、明らかに失敗することがわかっていて計画変更をしぶっているのは確かである。これこそ税金の無駄使いではあるまいか。確かなことではないが、相当確度の高い情報では癒着しているとしか思えない都市コンサルタントに1億円の計画を出し契約したとのことである。このニュータウンのことなのかどうかは定かではないにしても、これこそ利権が発生しているいい例ではないか。民間開発会社の担当者は今までも何の役にも立たないものに億以上の金をいろいろな都市計画コンサルタントに払ってきているとボヤいている。公共機関の職員達は各自担当の発注先のコンサルタントに将来天降ろうとしているとしか思えない。まさに税金の私物化である。それでも計画、事業に成功の見通しがあるのならいいが、明らかに失敗することがわかっていての癒着ではお話にならない。昔から日本では土建業はウサン臭い職業とされてきた。しかし大工はそうではなかった。ということは、土建業は大工とは違って土木工事を専門にする業態のことであって、人入れ稼業とみなされてきたからである。いってみればヤクザに近い。○○組といったからよくて火消し、悪いとヤクザとでもみられていた。しかし人入れ稼業だった頃の土木会社の方が明快でよかったといえる。彼らはウサン臭く見られていることを知っていたからそう思われないよう努力し公明正大な企業努力をしていた気がする。ところがいつの頃からかゼネコンから代議士を出すようになって政治と癒着しはじめたのではないか。私が福井大学に入った頃であるから1957年頃のことである。福井市に本社のある大手ゼネコンの社長が市長であった。福井市は戦災、大地震、洪水とうちつづく災害でみるかげもなく荒廃していたのをこの市長は復興に奮闘努力し市民から感謝されていた。こんなことは現在ではみられないのではないか。治山治水は政治の根本であるのは古今東西を問わないであろう。土木技術をシヴィルエンジニアリング、市民技術というのもこのことを意味しているであろう。それなのに何故土建行政は悪の温床となってしまったのか。日本人全体に公共意識が欠如しているせいなのか。

私は阪神大震災が人災であることを知って建築家としてやりきれなかった。私でなくても建築家の設計した建築、家屋で破壊や倒壊したものは皆無であったから胸をなでおろしながらでも、建築の分野の一端を汚すものとして責任を強く感じたのは確かである。それ以後私は現実に建つ建物の設計を一切やっていない。設計コンペには何度も応募したのだから設計の機会を忌避したわけではない。しかし積極的に仕事をしようとは、どうしてもなれなかったのも正直な心境ではある。設計コンペには入選することはあったが当選はなかった。何故そうなのか入選案をみて不思議に思うのだが、どうもコンペ自体に問題がありそうである。公共性の希薄がここでも大手を振ってまかり通っている。どうもはじめから当選者が決まっていて、公共機関が公正を装っている例が圧倒的に多いとしか思えない。コンペ自体は歓迎すべきことなのだが、不公正にそれが行なわれているとしたら、むしろ逆効果である。

1—2　建築の自己破産

ばらまきの土建行政で目立ったのはダムや道路などの土木工事ではあったが、建築がその対象にならなかったであろうか。そんなことはない。ある町に800席のホールのある文化会館ができたとすると、競うように隣の村でも少し規模を落とした文化ホールができる。二つの町村あわせてせいぜい2万人にも充たない所に二つの文化ホールがあってほとんどは使用されることなく閑古鳥が鳴いている有様となる。大土木工事を起す必然性のない市町村ではこんな余剰の公共施設がつくられ、利用者もまばらで大概は閑古鳥が鳴く始末。施設が必要なのではない。建築工事の有無が問題なのである。当然これには設計も伴うから建築家達はばらまき土建行政のお先棒をかついできた。不況で企業が四苦八苦しているのに建設業だけがうるおうという奇妙な現象がここしばらく続いていた。橋本、小渕、森の自民党三内閣はそんな現象の現出主体であったというわけである。これは阪神大震災以降の内閣である。大震災のときは村山であり社会党を連立にひきこんだ自民党内閣であったがすぐ橋本に交代した。橋本からむき出しのばらまき土建行政が露骨になってきた。この象徴は沖縄サミットではないか。但しこの場合は建築工事が問題なのではない。建築の内容である。ついこの前（2001年11月）に沖縄に用事があり10年振りに訪れたが案内してくれる人がいてサミット会場を見る機会があった。名護市の海岸沿の敷地は風光明媚な場所が選ばれていてさすが国家の重要行事が行なわれる場所ではあると感心した。しかし建物がひどい。ひどすぎるのである。サミットであるからフランスの大統領はじめ欧米の一流政治家が一堂に会する会議場がなんとこともあろうにつれこみホテルに見間違うケバケバした「様式まがい」である。というよりも20世紀前半の天才建築家フランク・ロイド・ライトの安易なコピーといった方がより正確かもしれない。誰が設計したかは知らないが名建築を見慣れている欧米の一流政治家にどうしてアメリカの建築家の下手なコピーを見せなければならないのか。全く理解に苦しむ。日本の政治家には建築の意味がわかっていない。このときつくづくそう思った。建築はその場所が属する文明最高の表現体として構想されているものであり、それは音楽や美術、文学などの芸術を上廻る神の空間ともいえるものなのである。場所は沖縄、戦火の犠牲となったからサミットの会場にふさわしい建築はなく新しく建設する必要はあったであろう。このことは致し方ないにしてもできる建物は日本文化を堂々と表現しえたものでなければならなかった。古典や伝統建築の再現やコピーをいうのではない。極めて現代的な空間でもそれは創出できる。ところがばらまき土建行政になれてしまった政治家には建築は単なるその手段としてしかみえない。その内容に重大な意味があるなどとは夢想だにしない。あれでは日本は恥をかいたはずであるが誰もそのことには気付かなかったのではないか。欧米の首脳達も呆れてものもいえなかったはずである。だから黙っていたであろう。サミット会場は最悪の例にしても、ばらまき土建行政のお先棒かつぎの建築家達はこの現象にどう対応したのであろうか。一級建築士１００名を越す設計事務所を大手組織事務所と私達の世界では呼び慣わしているが、まずこの大手組織事務所がお先棒かつぎの主力なのはいうまでもない。しかし彼らのものは地味で手堅いデザインのため目立たず人々の話題になることもなく、当然マスコミで紹介されることもない。目立つのは実際は脇役のはずのフリーアーキテクトのものである。ばらまき土建行政の主題は工事であり内容ではない。このことを建築家達は敏感に感じとっているはずである。内容のないもの、存在性の希薄なもの、もしその逆の本格的「建築」でも作られたらその主題の重さ故に、論議の対象とならないとも限らない。それでは困るのである。建築家達は政治家のそんな思惑に見事に対応したといえる。

幸か不幸か90年代世界の建築デザインの主流は内容のないもの、存在性の希薄なもの、一口にいって軽快で透明なガラス張りか、単純明快な箱型コンクリートになっていた。表層性こそがはやりだったのである。これがばらまき土建行政建築の表現にうってつけだった。だから建築家達はいとも容易にお先棒をかつぐことができた。世界のはやりを彼らは一身にうけこの日本に実現する。なんと恰好のいいことか。勿論彼らは「世界のはやり」などとは思っていない。芸術表現の必然的帰結が表層性の重視ということなのであり、彼らとしては極東の小国日本で「世界」を表現していると確信している。意気軒昂なのである。このおめでたさは何も今にはじまったことではない。戦後復興はダムや道路、建築、住宅を大量につくることであった。これを直接担ったのは土木技術者であり、建築技術者であるがその象徴的存在は東京大学教授でもあった建築家丹下建三である。戦後復興は64年の東京オリンピックと70年の大阪万国博覧会で内外に喧伝されたがその代表的施設である競技場とパビリオンを設計したのが丹下だったというわけである。この丹下を頂点とした建築家達が国家のデザイナーを自負するのにはそう時間はかからなかった。しかし誰もそんなことを建築家に要請していなかったのにである。必要とされたのは大量の土木建築の構築物だった。しかし戦後復興にあってはそれが善であったことに救いがある。ところが今や同じことが悪となってしまった。意味の重厚な建築がつくられて論議の対象となっては余剰を強行する政治家や行政者達には迷惑となるが全く話題にもならないのも困る。

票や業績にならないからである。そこにおめでたい建築家達の役割がある。街角におしゃれなビルができたよとマスコミが軽くとりあげる、この感じがほしいのである。それには大手組織事務所は向いていない。やはりフリーアーキテクトというわけである。

こうして阪神大震災以降でも列島全土にどれだけのおしゃれ公共施設ができあがったことであろう。神戸の復興の全公共施設がこれといっていい。勿論民間の建物はいうまでもない。神戸を訪ねてこのおしゃれビルの氾濫にはうんざりする。神戸も随分軽い復興を果たしたものである。

さてばらまき土建行政は終わったし又終わらなければならない。このまま同じことを繰り返していったら無駄なダム、道路、建築、住宅の氾濫となってしまいこの狭い国土は荒廃するにまかせることになってしまう。この荒廃を救済する手立てとしてすでに2年前（99年）、「庭園曼荼羅都市」像を提起したからここでは触れない。いずれにしても土建行政の最大の担手大手ゼネコンは、もうその存立基盤は失われたから遅かれ早かれ潰れるであろう。勿論これは経営規模にかかわらないから、ゼネコン自体が不要であるのはいうまでもない。ゼネコンは下請にまるごと工事を投げてしまい社員を現場に派遣することすら少なくなり、営業と資金の手当をするだけのまるで商社まがいの営業形態におちいっていた。勿論そうでない従来通りの真面目な会社もあった。こんなところは規模は小さくなっても残るであろう。次に大手設計事務所である。彼らは生き残りに恥も外聞もなく互いに結託するかと思えば裏切ったりしながら残り少ない公共施設をタライまわしで取り合っている。これらは存在意味は全くない。それでは土建行政のお先棒かつぎの建築家はどうであろう。そこでA、B、C3人の建築家に登場してもらう。まずはAである。今や70歳を越え老大家の領域に入っている。東海道新幹線の駅に巨大倉庫がおめみえしたと思っていたらそうではなくこの老大家の文化ホールであった。人口のそう多くはなさそうな地方中都市に何故こんな巨大なホールがいるのか。何千人もが収容できるホールであるがどうしたわけか天井が50メートルもあろうかという高さである。ここの冷暖房はどうなっているのだろう。ランニングコストは天文学的になってしまうのではあるまいか。それと建物全体の形が悪い。金属で覆われた外装ではあるがまるで倉庫なのである。いくら自治体から要請されたとはいえこんな過大規模の施設を設計するのは間違っている。計画そのものを止めさせるか小規模にするよう説得すべきではないか。そうでなかったら建築界の指導者とはいえまい。次にB。瀬戸内海の島に建設した公共ホテルのこれもなんと巨大なこと。実際見たわけではないから雑誌に発表された写真や図面から受ける印象ではある。のっぺりとしたコンクリート壁面にV字平面のホテル棟、大小多数のコンクリート箱の棟をばらまいたなんともしまりのない巨大公共施設だった。こともあろうにBはこれを「廃墟」だとうそぶく。どういう意味で廃墟なのかは不明であるが多分閑古鳥が鳴くことを予期して廃墟というのであろうが、かりにも公共施設である、税金でこれは建っている。税金を使って廃墟をつくったのか。納税者をナメるのもほどがある。よくもこんな厚顔無恥に仕事を依頼したものである。依頼した公共機関の首長の見識を問いたい。CはA、Bに比較したら罪は軽い。それだけ小者というわけであろう。但しこのCのデザインこそばらまき土建行政スタイルの典型なのである。透明、軽快を地で行くのである。存在性の希薄こそが彼の主題であり世界のはやりを日本に持ち込んだ首謀者である。今Cのエピゴーネンがうようよと土建行政の甘い汁を吸いたくてまわりをうろついている。というよりはうろつき甘い汁の余りの分け前にあずかっていた。Cは透明、軽快を主題にするがこれはどこまでも見掛けであるらしい。北の大都市の中心にできたガラスボックスの図書館は見掛けは存在性の希薄、即ち透明、軽快を表現しているのであるが海草をイメージしたという柱は何本もの線が海藻よろしくゆらめいて上昇する形である。しかし一つ一つのゆらめく線は結構太い鋼管であり柱全体としては鉄のかたまりをよろっているという風である。しかもこの異風の柱を構造技術的に成立させるために床は全面二重のぶ厚い鉄板となっている。まるで建築構造は軍艦である。軽快透明のためにこんな無理をしたのである。これはすさまじいお金を喰ったに違いない。虚偽の軽さ。これも土建行政の虚偽を象徴している。

1—3　近代主義の罪

土建行政は官民癒着の悪の温床となったことは間違いない事実である。しかしそれでは土木構築物や建築の建設が悪なのかといえばそうではあるまい。土木も建築も文明発生以来人類が絶えることなく継続してきた営為であるからこれが悪であるはずがない。問題は過剰である。次に内容であろう。というよりも過剰は内容を空疎にする。その空疎をデザインの主題としたのが現代建築であるといわねばならない。しかしこれは日本だけの現象ではなかったのである。10年前まではパリ現在ではベルリンがこの現象の渦中にある。パリは巨大市街地再開発、ベルリンは首都の復興である。但しパリやベルリンにはそれなり

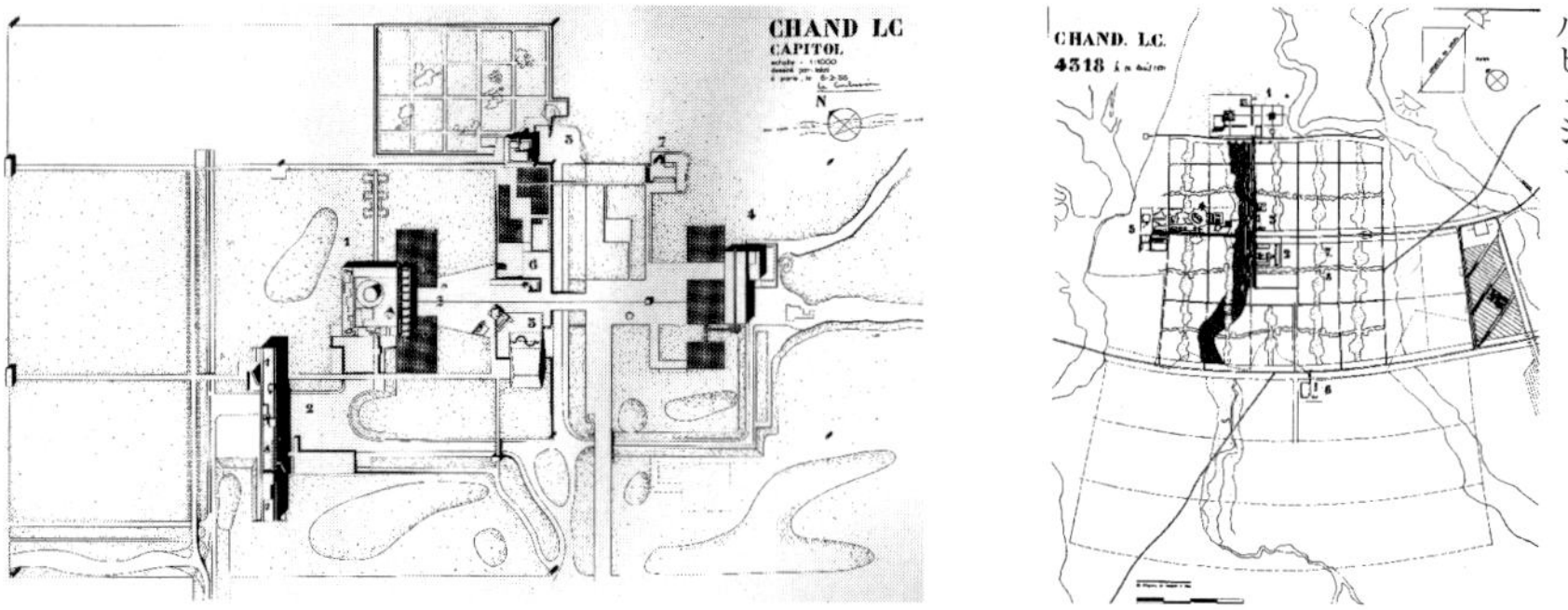

図1-1　チャンディガール／ル・コルビュジェ

の必然性もあるに違いない。パリでは市街地建築の老朽化、市街地構成の不効率などが目に余るようになって再開発が行なわれたし、ベルリンは東西ドイツの分裂で荒廃した都市の再生をめざしているから過剰とは必ずしもいえない。しかし内容の空疎はどうしたことなのであろう。ヨーロッパ文明の退潮を象徴しているのであろうか。パリもドイツもよく似た透明軽快な建築で埋め尽くされ市街地風景に差異がない。要するにその都市特有の個性がまるで感じられない。

しかし考えてみれば20世紀は個性喪失の時代ではあった。その点建築はその特徴を最も鮮明にあらわした。近代合理主義にのっとったとして如何なる場所に建てられようと建築は一定不変の形式をそなえていなければならないとされた。というのも学校や劇場といった建物の使用目的（建築家はそれを機能と呼んだ）に沿うと同じ使用目的の建物の形式は一定であるはずでありそれは建つ場所にかかわらないからである。こうして世界の都市は似た市街地風景を呈するに至った。むしろヨーロッパの都市だけがこの20世紀様式を拒絶していて遅れていたともいえる。その遅れをとりもどしているのがパリの再開発、ベルリンの首都再生なのかもしれない。20世紀様式の提唱者はドイツ人のワルター・グロピウスであったし、完成者はフランス人のル・コルビュジェ、ドイツ人のミース・ファン・デル・ローエだったからヨーロッパの主要都市が旧態依然とした市街地風景を呈しているのは、おかしいといえばおかしいことだったのかもしれない。しかし本当にそうなのだろうか。20世紀文明のチャンピオンはアメリカでありその象徴都市はニューヨークなのであってヨーロッパではない。パリもドイツもそれを求められてはいなかったのではあるまいか。グロピウスもミースもアメリカに亡命し、戦後も帰らなかったのはそのことを象徴してい

るのではあるまいか。コルビュジェだってアメリカに受け容れられなかったことを無念とし、本心はここで活躍したかったと見受けられた。パリやドイツは遅れてきた近代化でありその分洗練されてはいるが内容が空疎なのだ。近代化の必然性が希薄なのではあるまいか。グロピウスにもミースにも見捨てられたところなのだ。逆にヨーロッパはコルビュジェには冷たかった。アメリカにも受け容れられなかったコルビュジェは傷心を抱いてインドに渡りここでネールの知己を得て新都市チャンディガールを実現する（図1-1）。これは近代合理主義の画一的デザインと異風ではあるが20世紀文明の違った側面を記念する建築群が立ちあらわれた。

ニューヨークの摩天楼は20世紀固有の建築形式でありこれが群をなすさまは20世紀文明の記念碑的風景といえよう。特に世界貿易センターのツインタワーはさっそうとした英姿をみせていた。これが今年２００１年9月11日のテロで無惨にも壊滅してしまった。このことはよくよく考えてみる必要がある。まさに近代建築の破産なのだ。

テロへの憎しみは当然ではある。とくに攻撃されたアメリカ市民の受けた衝撃は想像してあまりある。世界がこともなく平和であることは間違いなく全人類が望むことであろうしそうあってほしいと願わない人もいないであろう。それでもテロは起きてしまった。アメリカは何故こうも憎まれるのかとアメリカ、正確には合衆国の少数の知識人は自問しているという。この少数の疑問にこそ耳を傾けるべきではあるまいか。私にわかることはただ一つある。「近代主義」が破産しつつあるということである。貿易センタービルは４０0メートルはあったのであろうか。摩天楼の林立するマンハッタンの中でも際立って高くしかも、実に軽々とした印象のビルだった。エンパイヤーステイトビルなどの初期の摩天楼は外観の凹凸が激しくデコラティヴであり重苦しかったが、国連ビルのピカピカに磨いた墓標を思わせるガラス箱型スタイルあたりから軽快になり貿易センタービルはそれの到達点であった。これがテロの標的となり破壊されてしまった。あのビルは外壁にあたるところが鳥籠状になっていて中心はエレベーターのコアというだけの極めて単純な構成であり確かに「近代合理主義」の結晶であった。しかし大型とはいえ旅客機たった1機(正確には2棟で各1機)の激突にもろくも全壊してしまったのは、明らかに軽快さが当然合わせ持つ構造的脆弱さをつかれたからである。アメリカではもうあんな摩天楼は作らないという。これは20世紀の主題であった近代合理主義のチャンピオンが発した明らかな敗北宣言である。

アメリカが何故憎まれるのか。勿論私にわかろうはずもないがただ常々抱いていた不信感がある。だから私は今年(２００１)の5月にどうしても果さなければならない用事があってロスアンゼルスに行くまで一度も足を踏み入れなかった。世界はほとんど隈なく訪れているというのにである。その不信とはこうである。アメリカ合衆国は世界の警察国家を自任し方々の紛争に介入するが他の国々がそれを依頼したであろうか。彼らの善は民主主義であり全世界がこうなれば幸福になると信じて疑っていないかにみえる。貧困の原因をその民族なり国家体制の非民主性におく。一見正しい。しかし本当にそうなのか。そこが何故非民主的で貧困なのかをその真の原因を追求しているとは見えない。貧困のほとんどは西欧列強の植民地政策にあるのであって列強に搾取されつくして貧困におちいり、ぽいと捨てられてしまったのだからそれは西欧列強が残した負の遺産なのである。アメリカは西欧列強が作った人工国家であって彼らは自分達の生みの親の負の遺産を精算するために被害民族なり国家に民主々義を押しつけ紛争介入の大義名分としているとしか思えない。これでは介入された方が反撥するはずである。しかも近代合理主義とは勝者である西欧列強が現出した大量生産大量消費社会を維持していくための思想装置なのである。しかも大量生産の余剰をかつての植民地に押しつけ消費を促すというありさまである。消費拡大のための旧植民地の政治の民主化であり生活の近代化なのだから押しつけの親玉アメリカの世界警察気取りは迷惑至極というべきである。これでは憎まれて当然ではないか。テロリストを生み出す国家なり民族はほとんど例外なく旧植民地ではないか。

私の父は発明は悪でありソ連は崩壊するといった。ソ連と発明は別のことであり発明による高度科学技術の発展は必ず人類を不幸にする、それが父流のアメリカ批判だった。飛行機の発明は不要のことだった。汽車で止めておくべきだった。これをよくいうようになったのは60年代のはじめ頃だった。まだ貧困から完全には抜けきれていなかった日本では自由に飛行機旅行はできなく一般の人々にはむしろ憧れの対象だったのに父はこれで世界が狭くなり世界はのっぺりと一様になり国家や民族は個性を失いやがては全世界はどこか強国の支配に属することになるだろう。それを不幸といったのである。ソ連の崩壊は50年代はじめ私が小学生の頃からいっていた。理由は簡単。一にロシアの歴史的欺瞞性、二にマルクス、エンゲルスの初原的論理矛盾をあげていた。そして父の予言どうりの理由によって現実になってしまった。アメリカ批判、近代主義批判もニューヨークテロが証明した気がしてならない。ちなみに父は１９０３年生まれで96年に世を去った。大学は法律を学び高校の教師をしながら日本の近代政治史の研究に余念がなかったが、私は今でもその予言能力には感心している。事実となるはるか以前に予言できたのは何故だったのか。高度科学技術とマルクスシズムは近代主義の二大潮流でありそれを根底的に信じていなかったのであろう。中庸を至高としたから徹底した東洋主義者にも思われるが、教養としては学生時代に身につけた大正デモクラシーを捨てることはなくむしろ西洋的であった。但しアメリカ型民主々義は悪平等の温床として極度に嫌っていた。これは進駐軍の占領政策批判からはじまり終生変わらなかった。ほぼ20世紀一杯をこの日本で生きぬいた人間の限界がはっきりしてはいる。アメリカに対する批判、特に民主主義批判は表層的でありもう少しつっこんで見れないものかと思ったことはしばしばではある。しかし敗戦国の生き残りとしては、アメリカは反撥と親和の対象としかみえなかったのであろう。

さてパリとベルリンの透明軽快建築の盛行である。遅れてきた近代主義といったが、パリやベルリンではむしろ遅れを楽しんでいるかに見受けられる。アメリカの現代建築家は巨大さで勝負しているせいか洗練されないがパリ、ベルリンのものは洗練の極致ともいえる。この洗練は余裕と余裕がもたらす遊びから生まれているはずである。それでは何による余裕であり遊びなのか。西ヨーロッパはアメリカに世界警察を任せ余程のことがない限り、はっきりいえば自国に不利益がない限り他国の紛争には介入しない。それが余裕を生み遊びにつながっているに違いない。無責任といえばこれほどの無責任もありえないであろう。世界の紛争のほとんどの原因を自分達が作っておいて、その精算をアメリカに任せているのである。パリやベルリンの空疎はここにおよその理由があるのではないのか。

1―4　建築は再生しうるか

Aの巨大倉庫まがいの文化ホール、Bのホテルも含めた粗大ゴミが列島至る所に散在する現在、建築の再生を問うのは不見識ともとられよう。建築界総懺悔の上でなければこんな問いは発せられるべきではないであろう。しかし日本の敗戦のときのことを思い起こしてほしい。第二次世界大戦の初戦勝利に狂喜した人々が敗戦を他人の仕業に転化して涼しい顔をしていたし、それよりも戦争を理論的に支持した知識人の中で一人として自己批判をしたものはあらわれず、一夜にして軍国主義者が共産主義者に変貌していたこの日本である。建築界総懺悔などありえないであろう。ばらまき土建行政の小さな泡でしかないにしてもA、Bの建築に代表される粗大ゴミをどうするのか、まずこのことが早急の課題なのかもしれない。それではCのものは粗大ゴミではないのかといわれそうであるがこれはゴミには違いないが大都市の中心市街地にあり規模も周囲のものに比べてとりたてて大きいというほどではない。市民の迷惑加減が違うのではなかろうか。ともかく今現在建築は過剰でありほとんど必要とはされないであろう。そのときにあえて再生しうるかと問うのにはそれなりの理由がある。それは集団に埋没し易い私達日本人に個の重要性を問うことになる。話は少々飛躍するが現在の不況の原因とその対処の拙劣さを考えてほしい。不況の直接の原因は80年代のバブルに踊った企業の放漫経営にあるだろう。そのツケが現在不良債権となって経済活性化を阻んでいると聞く。経済や経営の専門家でないのでよくわからないが不況になってからの企業なり経済人が意気地ないと私にはみえる。リストラという首切りをしているだけで手をこまねいているとしかみえない。何故経済活性化にむけてのプラスの工夫をしないのか。マイナスの処理に追われていて何ができるのかと思う。これは明らかに集団偏重の弱点が顕著に露呈している恰好の証例に違いない。リストラクションとは再構築ということであって首切りを指す言葉ではないはずである。もし集団主義が日本企業の特質というなら、総賃金を社員全員で分配して企業再活性化に一丸となって努力するべきではないか。一人一人の賃金が低くなるのはやむをえまい。ワークシェアリングというのがつい最近いわれるようになったがこんなことはわかりきったことではないか。遅すぎる。企業の再構築を首切りとしか考えられないからこんな無様なことになってしまう。とはいえこれが問題なのではない。個の発信力の強化こそ優先する。このことが重要なのである。

今日本では住宅も供給過剰であり新しく住宅を作る必要は数字上はない。しかし住宅は本来個々人の自由な裁量によって建設されるものであるから、如何に余っていようともある一人がどうしても自分や自分の家族にふさわしい住居をほしいと思えば建ててしまうだろうし、それを他人が阻止することはできない。少なくとも自由主義経済体制のもとではごくあたりまえのこととして容認される。但しこの場合その個人に強烈な住居欲求がない限り、あり余った住宅を買うなり借りるだけで済ましてもらいたいものである。その方が国全体の財貨の無駄にならない。しかしその個人が強烈な個性の持ち主であり既製の住宅ではとても満足できるはずもないと誰にもわかっていれば彼が住居をつくることに異はとなえまいし、となえるべきでもない。要はその個人の発信力の強さである。この強弱が全体としての財貨の無駄という合唱を突破するかそれに属するかの境目となる。そうしてできあがった住居は多分全く新しい住宅スタイルを世に示す結果となろう。住宅史をひもとくとこんな例は相当数に上るはずである。第二次大戦以前につくられた近代主義住宅、たとえば土浦亀城邸などはその好例であろう。同様に個の発信力に依拠した建築も充分に考えられうる。公共施設でもそれはある。何処と特定はできないが税の無駄遣いと贅沢を警戒するあまり公共施設の新築を長い間見合わせて来た自治体があったと仮定する。この自治体にしては必需の施設の建設がどうしても必要な場合はどうなのか。隣接する自治体の余剰施設を借りることで大概のことはまかなわれよう。しかし土建行政の嵐の中でもこんな自治体が存在したとしたらそこの住民全体の見識と自制力は賞賛に価しよう。こんな住民が隣接する自治体の粗大ゴミに満足するとは到底思えない。しかし満足しなくても我慢するであろう。それでも彼らが新たな建築を欲求したらどうなのか。国や県からの補助金などはじめからあてにするはずもなく全て自力でその建設を実行しようとする場合それを阻止できるであろうか。こんな仮定は実は建築不要論を切り崩すための詭弁の荷担になりかねない。そうはならないことを論証しておかなければなるまい。ここでは原点に立帰る必要がある。愚直に建築とは何かを問うことである。列島至る所に散在する公共施設などの粗大ゴミとしかいえない建物をまさか建築とはいうまい。政治目的、経済目的のためだけで建設された必要性もとぼしく内容空疎な施設が建築でないのなら何が建築なのか。その逆のものといいたいがそうはなるまい。こんな問いにこたえるには学生のみずみずしい発想が大いに参考になる。その学生の修士修了制作の計画内容がユニークなのである。ある県の県庁所在地に県内の人口が移動してきて住宅不足をきたし現在のこの都市の郊外に大型の建売団地が競って開発されているという。遅れてやってきた人口の都市集中である。aはこの都市出身でありここの住宅事情を把握し易かったらしい。aは現在宅地造成を終えて第1期の売り出し中の40ヘクタール、4000人の建売団地を計画地に撰んだ。40ヘクタールのうちの4分の1、10ヘクタールをもとの地形にそっくりそのまま復元しそこに宅地開発業者が計画していたと同数の住宅を計画するというのである。その建売団地の建物はドールハウス（人形の家）まがいのものでありこれではここに移り住む人々の今までの住居とは余りに違いすぎる。彼女はここに移り住んで来るに違いない人々は大半農家居住者であり、そのプランをもとに復元地形の住宅プランを考案している。すでに造成が完了してしまった開発地の4分の1を原形に戻すのであるから、道路も宅地分割も従来計画のままというわけにはいかない。復元地形は切土は一切せず必要最小限の盛土は許容するが土留は石垣とする。住宅は仮設というわけではないが、家族構成の変化に対応できるように必要に応じて部屋を作っていけるシステムを提案している。aは新しい理想的ニュータウンを計画しようとは思わないという。無惨な風景を呈し自然地形を破壊した建売団地に地形復元した部分を挿入することでこの建売団地の無意味を告発したいというのである。aの計画のユニークさはここにある。東京や大阪などの巨大都市の建売団地で居住者が老齢化してスラム化しかけている例をみていてaは自分の出身地の現在開発中の建売団地の末路を知りこの団地が必要とされなくなったとき自然に帰り易くしておきたいというのが主題なのである。最小限の盛土のための石垣なら廃墟となっても美しいですよねというのだからaの主題は新規開発の住宅地も廃墟となったときぎりぎりまで自然に戻ることができるかを考慮すべきだということにある。自分の出身地の地形を熟知しているaにとっては原地形への復元こそ重大な関心事なのである。aは建築にとって何が主題かを真剣に熟慮すべきでありしかも時間の推移に対してその建築はどう対応しうるのか、それが考慮されてあるのかをあらかじめ検討すべきことを示唆している。「建築」をつくる人々にとって何が重要で何が主題となるかを彼ら自身によって徹底的に堀下げられなければならない。

今日（02年元旦）たまたまNHKで白川郷の大屋根ふきかえのドキュメント番組を放映していた。80年ぶりにふきかえるというのだがすでにかやふき職人も老齢化し、しかも近年本格的ふきかえは行なわれていなかったらしい。村人総出でふきかえ作業をしてそれは見事に完成されるのではあったが、この村人総出でふきかえ作業する組織を「結（ゆい）」というのだがこの結が稼動するか心配だったと家屋の主人はいっていた。白川郷でもかやぶきでなくなった家屋が多くそこの人を結にかりだすのは気がひけるといっていたがそこの人々も快く参加していた。白川郷の人々にとってこの家の屋根のふきかえは単なる文化財の保存ではなくて、結の復活によって村の団結が計られるに違いないと期待したらしかった。このかやのふきかえは白川郷の人々にとっての真の建築欲求だったというべきなのかもしれない。この家屋の主人は先代が家は自分のものであって自分のものではないといっていた意味がようやくわかったと語っていたのが特に印象的であった。それでもこれは屋根のふきかえだからいいものの新しい建築を欲求したとしたらどうなるのか。村人たちだけではどうにもならないであろう。大工はじめ専門の職人を村以外に求めなければならなくなるのではあるまいか。それでも伝統的家屋の建設ならばモデルが目前にあるし伝承技術もあってそれほどの苦労はしないであろう。そうでないものを欲求する事態の場合はどうするのか。

現代の結をつくろうということを建築専門家から聞くことがあったが私はその都度強い疑問を抱いたものである。地元の人々が本当に結を必要としているのであろうか。もし必要としているのならどうしてであろうか。更にそれが可能になったとき結の人々の建築欲求を誰が適確な表現に昇華するのであろうかといったことである。ともあれ建築を欲求する人々の発信力の強さが真の建築を実現させる原動力であることはわざわざ言挙げするまでもなかろう。

1―5　国土の形象、古典ゾーン

「庭園曼荼羅都市」は国土を都市化ゾーンと田園ゾーンに大別し都市域の人口密度を現在の2倍とし面積を半減させその分を田園に返すというのが国土イメージの概略だった。こうしておいて都市ゾーンを論じたわけであるがここでは田園ゾーンについて考えてみたい。保守的かもしれないが田園ゾーンの風景はほぼ戦前に戻すことであろう。高度経済成長に伴う人口の都市集中によって田園ゾーンは過疎化し廃村も多く荒廃するに任せていた。これを健全な農山村風景にもどすのは農、林、漁業を正常にもどすだけで充分である。建築的風景としては重厚なカヤ屋根農家が点在するのが普通であったが、今後こんな農家を復元するのかどうかが問題となるに違いないが基本的にはそれでいいのではないか。農業形態が農耕機による集約型に変わって来ているから、それに見合った間取りとはなるにしても屋根の材質形状にそれが及ぶことはないはずである。カヤ場も復活させるのはいうまでもない。交通体系その他考察すべきことはありあまるほどあるがここは建築と集落風景

図1-2　龍神村民体育館／1987年

だけに絞っておきたい。又国土の空間イメージの基本は「庭園曼荼羅都市」で提示してあるから参照してもらいたい。

私は80年代半ばから90年代半ばまでのほぼ10年間離島寒村の公共建築の仕事を明確な意図をもってやった。といっても10年間で10件にみたないから多いとはいえないが私の場合それが仕事のすべてであったからこのことに賭けていたことは間違いない。その成果は自分ではわからないが、このときの経験から田園ゾーンでもし建築がこれからも可能ならそれはどんなものであるべきかは考えることができる。田園ゾーンは古典復興のゾーンと考えていいであろう。ヨーロッパ流にいうならルネッサンス、文芸復興である。しかし注意しなければならないのは日本の古典建築のコピーをすることではない。集落風景も単なる復元ではない。まずは建築である。個々の用途を想定しても意味がないのでいかなる空間形式を創出するかが問題である。それは倉庫まがいの巨大ホールや廃墟と作者自身呼ぶしかないコンクリート箱のホテルと違うことだけは確かである。今後建築需要は激減するからこのゾーンは原則として国内材による木造とするべきである。そうしても森林が減少してしまうということにはなるまい。私は龍神村民体育館（87年）ではかつて鎌倉時代初期に東大寺大仏殿での重源にあやかって革新をしようと考え木とコンクリートの混構造形式を創出した（図1-2）。龍神の場合木とコンクリートの使用比率はほぼ半々だったがこれ以降木の使用比率を高める方向に向かったが空間として「龍神」を超えたものがあったわけではない。見掛けは全く違っていても全てその応用であったし今後もその応用でも構わない気もするがせっかく96年から実施設計を中断していたのだからここではもっと基本的なことを提示してみたい。それは何か。東大寺大仏殿ではそれまでの技巧の勝った繊細な木組と訣別し豪快な構造と組立式架構が試みられた。これに対応する構法の革新が「龍神」の混構造だったわけであるが今考えるべきは日本の古典全てを対象としてそれを革新することであろう。私は3年前から大学院の学生達と宇治の平等院鳳凰堂の革新にとりくんできた。このことに関しては次章「機能深化へ」で触れておいた。何故鳳凰堂かも説明した。但し学生達に課したことは鳳凰堂の解体であった。できあがった計画案は鳳凰堂とは似ても似つかぬものであり大学院全体の講評会では大変な不評をかったらしい。私が都合があわず欠席し学生が計画意図を説明できなかったせいもあるが日本の知識人一般の古典に対する理解力の貧弱さに一番の原因がある。古典復興を古典コピーと勘違いしている。古典復興の第一段階は古典解体なのである。私は学生にこんな指示を出していた。まず鳳凰堂を部分的に分解せよ。その分解した部分を20倍に拡大してそれを建築空間化せよ。但し木造架構は厳守する。以上の三点を忠実に守って計画したらどうなるか解答はあらかじめ見当ついている。阪神大震災のとき建築デザインの世界的流行はデコンスタイル（正しくはデコンストラクティヴスタイル）と日本ではいわれたロシア・アヴァンギャルド（又はフォルマニリズム）風の地震半壊風の構成であったがあんな姿形になるはずである。学生達は鋭敏である。その予測通りのものを作ってきた。この成果は今年（02）の京都CDL展で発表するが解体の次第は近く私がまとめる。ともあれ解体は終わったから今後は再構築である。これは学生達では無理で私自身が構想計画するしかない。再構築には日本建築そのものを微細に観察する必要があり江戸時代の木割書『匠明』をテキストに三重塔の読解と設計図の制作を大学院生とともに布野修司の指導で一年間続けてきた。設計図と模型制作は02年4月以降にずれこんでしまったが、ここで気付いた重要なことがある。日本

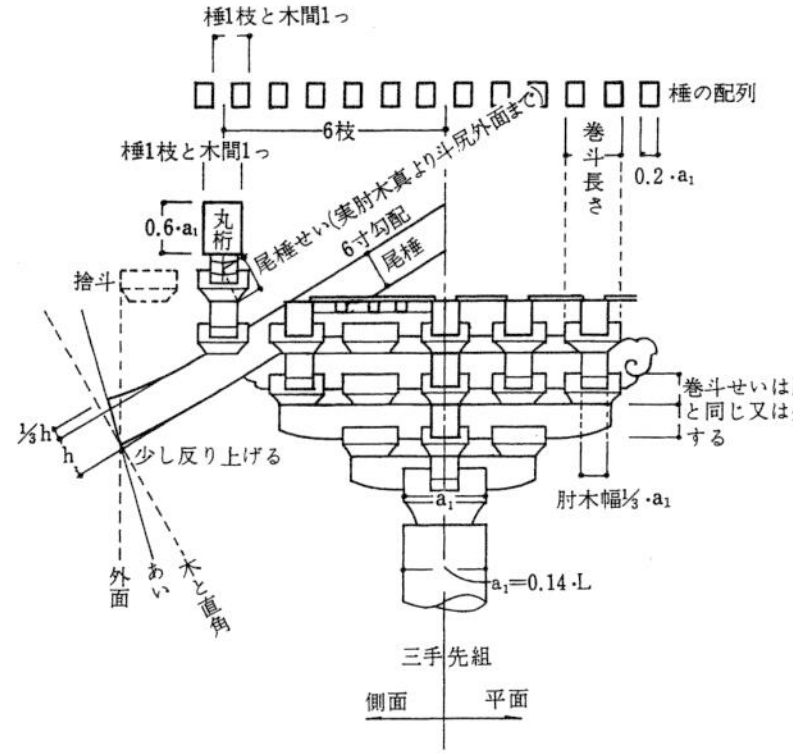

図1－3　木組は樹木のアナロジー

建築の木組は森の樹木のアナロジーでできあがっていることである（図１－３）。柱が幹であるのはいうまでもないが枝が肘木、節が斗供、葉が棰である。今まで私は柱が幹、枝は梁、葉は何に当たるかわからなかった。というのも現代木造では肘木や斗供は使用しないからおおまかな架構しか意識になかったからである。逆にいえばそれだから東大寺大仏殿に親近したともいえる。これは私だけのことではあるまい。ところが日本建築は大まかな架構に特徴があるのではない。微細なところまで神経のいきとどいた木組みに特徴があるのだ。それがわかると木組みが何に依拠してできあがったのかみえて来たというわけである。日本の古典建築を再構築するには森林をつぶさに観察しその空間的特質を解析し抽象図式に転化する必要がある。もっと端的にいうなら樹木に遡行するのである。但し人工林ではなく自然林がモデルであることはいうまでもない。これは今から早急にすべきことであるからこれ以上の言及はできない。それよりもこのことを如何なる精神でそれをなしとげるかである。単純な日本回帰でありえない。

鳳凰堂の解体の前の年に当時の大学院生に課したことはイスラム名建築（石造）の空間特質を変えることなく木造に直すことであった。ニューヨークテロ以来イスラム文化は敵視されているがこれはアメリカの事情であっても日本でとるべき態度ではない。日本の建築家は他の表現分野同様イスラムに関心を示すことはないが、他の分野はいざ知らずイスラム建築の質の高さはヨーロッパを凌駕していることに留意すべきである。その理由は簡単である。中世、近世初頭まではイスラム世界の方がヨーロッパを圧倒していたからである。建築は古代エジプト時代が最高で時代が降りるにつれて質が低下するが中世、近世初頭まではレベルの低下はそれほどではなくイスラムではこの時期に文化の絶頂期を迎えた。

十字軍がイスラムの高度文化に接してヨーロッパはそれまでの晦冥に別れを告げるきっかけをつかんだのは周知であろう。その晦冥の中にあっても建築としてはゴシック大伽藍を生みだし現代に至るもヨーロッパではこれを越えることがなく建築史上の頂点を示している。世界建築史からしても中世から近世初頭までが高質な空間を現出できた終局点であったことがわかるであろう。イスラム建築、特にイランのものは都市空間も含めゴシックを凌駕するがそれがどんなことを指すかは『建築のマギ（魔術）』（角川書店、２０００年）で書いたから触れない。ところで学生に与えた課題はむずかしかったらしい。満足すべき解答はあらわれなかった。木造の学習をせずいきなりはじめたのもまずかったかもしれない。鳳凰堂の解体、『匠明』の設計図化を経てからすべきであった。

古典復興にとって重要なのは汎アジア的視点である。日本は想像以上の古来、すでに北ユーラシア経由で西アジア、中央アジアの文化が流入しその影響下に文化を育んできた。私の歴史（建築史ではない）研究の結果では五世紀初頭に遡る。飛鳥時代にはそれが頂点に達した。日本文化の原形はこの時代に全てできあがったといって過言でない。特に現在のイラン、かつての中世イランの王朝ササン朝ペルシアから受けた影響は後の中国の隋唐に匹敵する。このことは執筆を終えたばかりの本がいずれ上梓されるであろうからそれを読んでもらうしかない。いずれにしても汎アジア的視点が重要ではあるが、それでは欧米はどうなるのか。明治維新後欧米から受けた影響は今更いうまでもないが、これは都市文化に対して著しく農村には少なかった。農村の中世性は戦前までは変わらなかった。中世性は晦冥の代名詞とされるが果たしてそうであったろうか。明治の文明開化はヨーロッパ文化の急激な移入であったしその視点で農村のアジア性が遅れてみえたに過ぎないのではあるまいか。戦後の農地改革によって農村は晦冥から解放されたととられるが、どうもそれは一方的な見方に思えてならない。農地改革は肯定しうる変革であり、農村を富ませる原動力にはなった。しかしその結果農村は栄えたであろうか。結果は逆になった。しかしこれは農村の責任ではない。日本の高度経済成長政策による人口の都市集中化がもたらした荒廃であって農地改革とは直接関係はない。むしろ農地改革の収穫は今後の農村のありよう、即ち農業の復興によって可能になろう。田園ゾーンとは農村、山村、漁村などの村落だけをいうのではない。町といわれる村落に囲繞された小都市もその中に組み込まれるはずである。ともあれ村落に残存する中世性の根源をなす汎アジア性（中近東から日本までのアジアの文化特性）に注目すべきである。日本の古典とはこのアジア性に立脚していることを銘記すべきである。東大寺大仏殿や鳳凰堂は村落の庶民が作ったものではないが、これを作ったときの精神を受継いでいるのは村落に居住する人々である。厳密にいうなら田園ゾーンに居住する人々である。

1—6　国土の形象、都市ゾーン

「庭園曼荼羅都市」は阪神大震災で壊滅的打撃を受けた神戸を対象に１００年後の都市像を提案したものであるから絵物語ではないかと思われてしまった節がある。勿論目前の震災復興を目的にはしていなかった。しかし１００年後とはいえ１９９５年に生きていた一人の建築家として計画しているのであるから、計画の立脚点は当然1995年にあることはいうまでもないであろう。私は日本の都市計画は失敗の連続ではなかったかと思う。第2次世界大戦で相当数の都市が焼け野原と化したときに、100年後の都市像を構想し徹底的に検討して復興にかかるべきであった。そのことがまるで行なわれなかったわけではなかろうが実際の復興は場当たりであり、それが現在の場当たり的都市計画にまで尾を引いている。阪神大震災のときも事情は変わらなかったし、又変わらないに違いないと思ったから私は100年後の未来像を構想した。しかしこれが実際に活用されるとははじめから期待もしなかったし、又そんな努力も一切しなかった。唯私は私以外にも同じようなことをする建築家や都市計画家が出て来るに違いないと期待していた。そうなったらその人々と都市の未来像について大いに議論し、たがいに計画を批判検討してことによっては共同で更なる都市像を提案したいと思っていた。しかし残念ながらそんな人は一人もあらわれなかった。勿論未来のあるべき都市像を構想するのは建築家や都市計画家でなければならないわけではない。誰でもいいのだが私は今いった人々に期待したのは彼等の生業からいって日々都市、更に国土のあるべき未来像を抱きそれに沿って自分の仕事をしているはずと思ったからである。しかし期待は見事に裏切られた。私は目先の仕事獲得に狂奔する建築家や都市計画家達の現実主義に今更ながら寂しい思いをした。このことが震災以降実施設計の仕事から故意に遠ざかるきっかけになった。こんな世界にいるのはやりきれない。これが正直な気持ちであった。それにあのときと時を同じくしたばらまき土建行政の盛行でありこれに荷担してなるものかと思い続けたら現在までになってしまった。とにかくこれはもう終わったからいいとしても私達のような仕事のものは各自それなりの明確な都市像なり国土像を鮮明に打ち出しておくべきではないのか。その内容の是非はそれを必要としている人々即ち市民が判断するであろう。

庭園曼荼羅都市は100年後の未来像ではあるが、100年後にこうなる確信があるわけではない。世界の未来が読めないのだから致し方ない。これは現代都市批判なのである。巨大都市ほど変貌が激しい。急激な社会事情の変化に対応できなくなった市街地は常に再開発を必要としている。これが巨大都市の現実であるともいえる。劇的な社会変化は新たなインフラを必要とし旧来のインフラの変更が余儀なくされる。しかしいかに巨大都市といえどもそうたびたび劇的な社会変化に遭遇するわけではない。歴史時間のほとんどが微細な変化の積み重ねであり、それが10年なりの経過があって旧来の市街地利用に破綻をきたす。これに対する再開発はインフラの変更ではない。建築の空間構成の変更であることが多い。ただ今までの市街地再開発はビル経営を主とし、明らかに不動産業的経営戦略の一環として実践されてきた。公的資金を注入して官民協同で不動産経営をしてきたともいえる。これでは本当の意味の市街地再開発とはいえない。巨大都市といえどももはや経済原則だけで再開発が実行される時代ではない。必要なのはその社会的必然性である。日本の都市は平面的すぎ土地利用が極めて不効率である。東京、大阪などで夜間人口が1ヘクタールあたり100人というから、パリをはじめ西ヨーロッパの巨大都市の2分の1である。日本の都市の人口密度をパリなみにしたからといって高密度で息苦しいことにはなるまい。日本は中心市街地をドーナツ化し居住しないからこうなってしまうのであって再開発にあたっては夜間人口を増加させるよう計画する必要がある。このことは最近よくいわれるから別に目新しいことではない。しかし計画する人々に都市の全体像がイメージされ

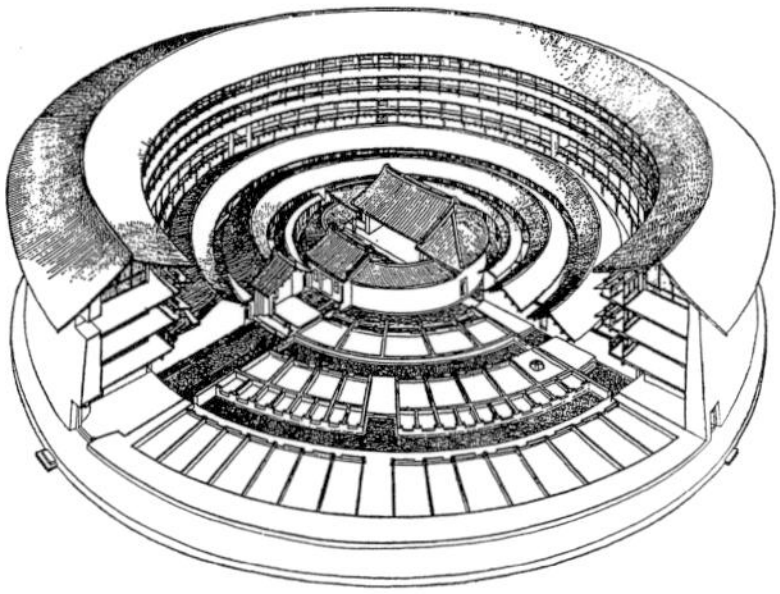

図1-4　客家の円形土楼、中国

ていない。意識されるのは当該敷地かせいぜいその周辺だけである。これが問題なのである。もし「庭園曼荼羅都市」を前提に市街地再開発を計画するとしたらどうなるのか。この都市像は庭園が曼荼羅状に配置された高密度都市（1ヘクタールあたり200人）を提示しているからたとえ微細な再開発、極端な場合中規模のビル計画の場合でもこの都市像を埋蔵させなければならない。如何なる条件といえども住宅を備え、人々が健康に暮せるにたる庭園を内包することが必須のこととされるのである。このことは「機能深化へ」で詳述したからこれ以上は繰り返さない。ここでは都市建築に関わるそれ以外の必要事項についてのべたい。

私達日本人は立体的に住むことになれていない。というと異論もあろう。公団アパートの古い居住者なら結婚してすぐ住み今や70代を迎えている人々も多いであろうし、その子供達でも50代を迎えている人もいよう。生まれ落ちてからこの方現在までずっと高層アパートで過ごして来た人々も少なくないはずである。しかし余程の例外を除き日本のアパートは鳥小屋スタイルで同じ型の住戸を上下左右単調にすしずめにしているに過ぎない。アパートならやはりヨーロッパの古典スタイルに到底かなわない。ヨーロッパだけではない。イランやインドの民族固有の古典的アパートでも、更に中国の円筒環状アパート客家も日本の高層アパートとは違い鳥小屋スタイルではない（図1-4）。一つのアパートに商店、オフィス、聖所といった都市機能が内包されしかも鳥小屋の一つがそれに使用されているといった構成ではない。店舗もオフィスも聖所もそれにふさわしい空間として成立している。要するに複雑で変化にとむ空間構成になっていて住宅は必ず庭園的要素を備えている。この日本でも作ろうと思えば簡単にできそうなものなのにそれがないのはやはり私達が立体的に住むことになれていないからというしかない。多種の都市的機能を内包した複雑変化に富んだ高層住宅を日本の都市の中心市街地にも作らない限り夜間人口の上昇は望めない。都市の中心市街地の立体居住、更には都市周縁部の土地利用の高度化は今や必須の事項である。とはいっても既存の建築を取り壊して新しい建物を建てなければならないわけではない。既存のものを改造すればいい。随分前から私は新聞などでもそう主張してきたつもりだが東大助教授松村秀一が『団地再生』(彰国社、01年)で力説していたから心強かったしこれを都市建築の主潮流にするのなら松村は完璧にやってのけるであろう。そこで私としては一見小さなことではあるが都市建築の改造に竹材を積極的に使用することをすすめたい。竹は集成材にすれば木造の二倍の強度となり充分構造材にもなるが如何んせん耐候性に難がある。木に比べて割れ易く外部の雨風にさらす材料としてはむいていない。しかし内部ならば問題ない。数寄屋にも内部には竹がよく使用された。竹の集成材の構造強度は檜の2倍もあるから木材よりも強度を必要とする間仕切りなどにも使用できる。更には木材で可能なことは全て可能であるから内部での活用範囲は極めて高い。何故竹にこだわるのかというと竹は五年で成長がとまり容易に生れ変りほぼ無限の建築材といえるからである。樹木は成長に長い時間を必要とするから過度の需要は森林の破壊を招く。実際に日本は東南アジアなどでこのあやまちを犯して来た。竹を木材の補助材として積極的に使用するなら過度の需要におちいることもない。地球環境的配慮からもそうすべきではあるまいか。現在は中国から輸入した竹を集成材にしてフローリングとして使用しているだけであるから価格も檜に比べて倍ほど高い。これは理に合わない。むしろ檜のみならず安価な木材の半値以下にしなければなるまい。需要さえ増えれば早晩そうなるはずである。

ただしここで重要なのは竹の特質をいかすことである。竹は容易に湾曲できるのが特徴であるから曲線曲面として活用するといい。

さて再び庭園曼荼羅都市である。神戸地方の緯度、経度1分、即ち南北1・5キロ、東西1・8キロを1単位とした極めて普遍性の高い計画としたが、これは各単位が神戸だけではなく日本どこにでも適用できる。逆にいえばある特定の都市の未来像にそのままは適用しにくいということでもある。ここでは庭園が曼荼羅状に配置された都市空間が重要なのであってその具体的形にはそれほどの意味はない。各都市にはその都市固有の歴史がありー つ一つの街路もその集積の結果現出したものばかりである。これをないがしろにはできない。但し街路の使用形態は将来充分変化しうる。現在車主体になっているものでも歩行者専用に転化する方がいいこともあるし、道路公園として使用した方がもっといい場合もあろう。緯度経度を重視したのは建物がなるべく真南を向く方が太陽エネルギーを活用するソーラーシステムに好都合だったからである。もしある都市でその都市の骨格をなす街路が緯度経度方向に対して斜めになっていて、それに面して建物を再開発するとしたらどうなるか。この場合ソーラーエネルギーを最大限生かすには建物の面の多くが南面できるよう配置すればいいのはわかりきったことであろう。ところが一口にこうはいえてもそうは簡単でない。多種の都市機能を内包した複雑で変化に富んだ高層建築を計画するのは相当の力量を必要とする。しかもそのとき再開発を必要とされる地区だけではなく、都市全体の未来像も構想しておくべきであるのはいうまでもない。そんな作業手順を踏んでいない計画は一時経済的に成功して見えても10年もすれば必ずや陳腐化し失敗する。

＊1　N・カリーリはカルフォルニア砂漠の小集落に50ヘクタールの土地を収得していてそこでドーム型の土嚢積み建築を数多く作っていた（図1-5）。

図1-5　土嚢積み建築　N・カリーリ

1—7　国土、大地への帰還　——土嚢建築考

国土を田園ゾーンと都市ゾーンに二分して考えるのはわかり易いが現実に国土がそうはっきり二分されているわけではない。「庭園曼荼羅都市」でも歴史都市、特にそれが農村に囲まれた人口2~3万の小都市の場合を想定しこれの扱いについては留保していた。私自身が生まれ育った秋田県角館町などがその典型である。桜と武家屋敷で現在では全国に知れわたった小京都であるが、町ができたのは江戸時代初期であって現在までそのときの町割が比較的良好に保存されている。「小京都」も比喩ではなく、地名までも京都を意識して命名されている。今この町の町はずれの一角に土嚢建築を計画している（＊1）（図1-9）。私自身の作品収蔵庫でありほぼ70坪（約230平方メートル）の平屋である。計画はすでにできあがっているが、造りはじめる時期をいつにしようかと考えているところである。「小京都」に円筒型ドーム屋根のいってみれば雪室「カマクラ」を数個並列した土の家屋を出現させるのは如何に自分の所有地でも無謀とそしられそうである。はじめ二つある武家町のうちの南の方（田町という）に隣接する敷地に木とコンクリートの混構造の収蔵庫をつくる計画であったがそれならどうしても周囲の町並みに同調したものにせざるをえない。それではこの町の歴史からとび出した超スケールのものを構想できなくなってしまう。この町で農村地区の小学校をやらせてもらったが「小京都」から離れていて町

どうもここを理想郷としたいらしく、しかも本人はパオロ・ソレリのアーコサンティに対抗しているつもりらしかった。ソレリはアリゾナの砂漠にアントニオ・ガウディのサグラダファミリア教会を立体都市にしたような壮大な理想郷を構想し徹底した自力建設、自力施工し世界から注目をあびている。但しソレリの理想郷は鉄筋コンクリートで造られ世界中から若者達が集まって建設に参加している。彼の構想が完成するには500年はかかるのではないか。現在70才を超えたソレリはガウディを彷彿させる（図1-6）。

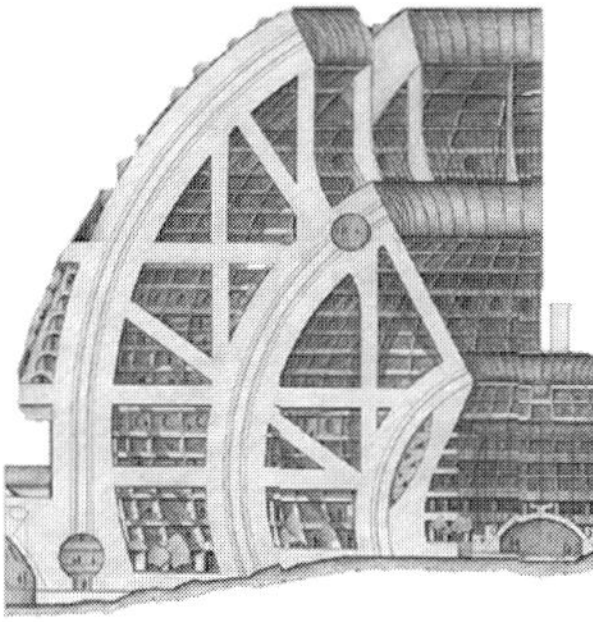

図1-6　アーコサンティ／P・ソレリ

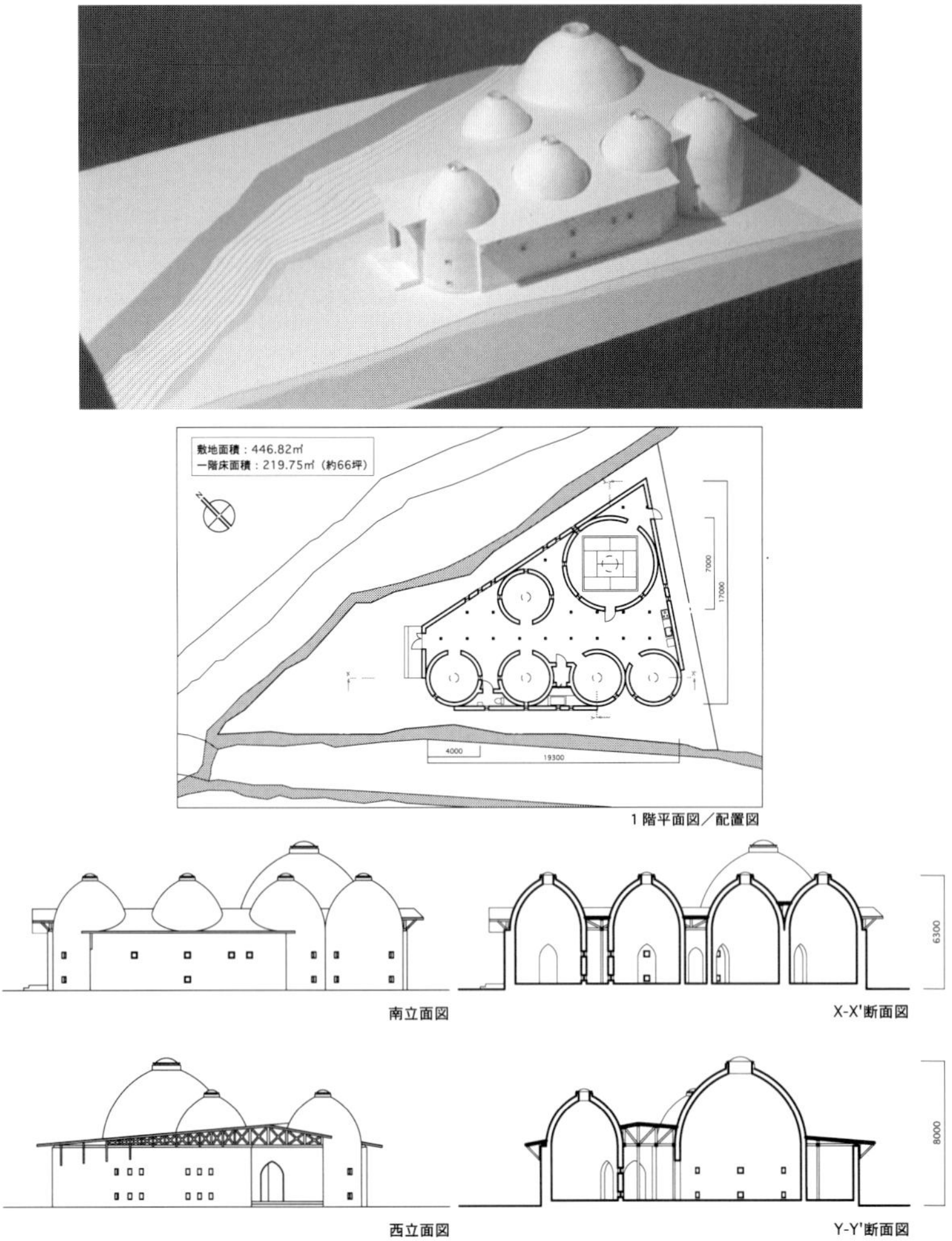

図1-9　角館自作品展示倉庫

カリーリも砂漠で自分の教える大学生を主体に自力建設、自力施工を推進してはいる。土木用の土嚢一杯に土をつめこれを積んで建物にするのであるが土嚢につめた土はすぐ積むことが出来る。というのも積んでから乾燥出来るからである。土が乾燥して所定の固さになったら嚢を切りさき取り去ってしまう。ということは嚢は通風性がいい布でなければならない。これなら安価で完成が早い。日干しレンガなら乾燥に半年はかかろうし普通のレンガと同寸法で小さいからこれを積むには熟練がいる。しかし土嚢は大きく縦横各15センチ、30センチ、長さ60センチもあるから一つ20キロもあり重たいにしても積むのには熟練はいらない。学生などの素人でもすぐ出来るようになる。これならば建設のスピードは早い。しかも大地に還元出来るから環境保全的でもある。技術といえるのは土嚢と土嚢がずれることのないよう摩擦力を惹起する工夫をしていること以外はこれといったことは何もない。

私は復興住宅３００戸の集落計画をしたがユニークすぎるので在日中のインド人都市計画家を知っているからみてもらおうということになりその人に会った。私の計画は一戸建と10戸以上の環状連棟を基本とし環状単位連棟を一戸建が蛇行しながら巻いていく配置をした「曼荼羅」集落であった(図1-7)。

並みにあわせる必要もなく、私はユーラシア全体をイメージして空間を構想した。さいわい町の人々の不評を買ってはいないようである。私の所有する土地は１４０坪（約４６０平方メートル）程度の小さいものであるが町はずれであり「小京都」が田園風景に変わりはじめる突端にあるため、まずは町並を考慮することはなさそうである。ここならば超スケールの空間構想が可能である。この場合の超スケールとは建物の大きさではない。イメージのスケールのことである。せっかく7年間も実作から遠ざかっていたのである。再開するにあたって過去の如何なる建築とも違うものを作ってみたい。こう思っている矢先に遭遇したのが土嚢建築だったというわけである。これはインド、グジャラートの大震災の復興住宅用に提示されたものではあるがこの建築形式のもつ初原性には限りない可能性を感じたのもいつわらない心境である。大地から発生、大地に還る。この初原性には人類の営み全てを包含するスケールの巨大さがある。日干しレンガによる土の建築は中央アジアから中近東にかけて乾燥地では極くありふれたものであるが、これが室（ムロ）になっているのは少ない。土室はそれほど大規模なものはできず、どうしても一室空間となってしまうため生活が高度化すると不便で住みにくくなってしまう。それで人類ははじめにその形式を捨ててしまった。日本でも縄文の竪穴住居は土室だった。しかし日本は湿気が強いため日干しレンガはできない。そこで私達の先祖が考えたのは木を構造とし面を土とする土蔵風のものであった。このことに気付いて『神殿と神話』（原書房、83年）に書いたし、歴史家や建築史家にことあるごとにこのことを力説したが、そのごとに冷笑をあびるか無視された。ところが最近、青森の三内丸山発掘以後ようやく竪穴住居の屋根は土でできているといわれはじめた。３年前（99年）今や考古学界の重鎮佐原真にそのことをいうとそ

図1-7　インドジャムナガール州復興農村モデル

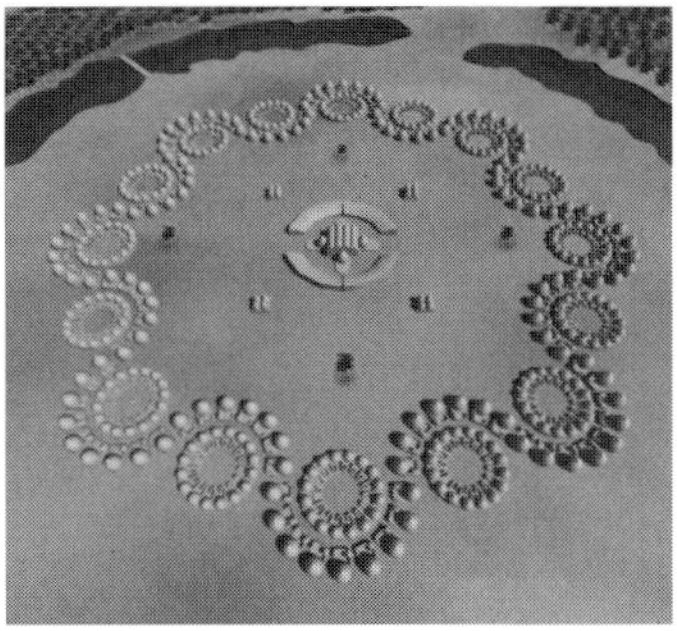

んなに早くわかっていたなどとても信じられないといった風であったが、本を見せてはじめてわかってくれたということがあった。佐原の他の考古学者にはみられない柔軟さ真摯さには好感がもてたことを強く記憶している。縄文の竪穴住居は1メートルほど土を掘り、その土を使って建築とするのであるが前方後円墳と全く同じ形をした家屋なのである。前方部が入口、後円部が住まいである（図1-10）。このことはまだ考古学者はわかっていない。秋田県横手市の雪室「カマクラ」こそ竪穴住居の記憶であろう。これと関連づけてみるぐらいの柔軟さがほしいが、登呂遺跡の復元竪穴住居のイメージからぬけきれていない。ついでに同じ『神殿と神話』で、正倉院校倉は北ユーラシア渡りの建築形式と明言したが、これもようやく三内丸山発掘で高床とおぼしき住居か倉庫が出てきたため気付きはじめたらしい。縄文の高床は校倉なのである。校倉は丸太を横に積む形式で極寒に耐えうる唯一の木造高床形式なのである。ロシアなどの北ユーラシアの住居は現在でもこれは主流なのである。

ともあれ土嚢建築である。これも日本に造るということは、縄文の竪穴住居を別の形で再現復興するということになる。それにはどんな意味があるのか。それは極めて単純明快なことである。土に直接還元できる建築を造るということにつきる。但し縄文から江戸中、後期までの歴史を書いて来た経験からすれば現代から遡れば遡るほど反転して遠い未来を見ている気になる。それは過去の復元の困難と未来の予測の不確かさが対応しているからであろう。縄文の竪穴に酷似した建築空間を構想すると、どうしても建築史というべきか文明史というべきかはともあれ古代に立ち戻ってみる必要がある。世界四大文明でも発生からいえば、メソポタミヤとエジプトが早いし独創性に満ちている。エジプトは石造建築そのインド人は円形配置はインドではみたこともないし、普通は碁盤目型でありこれには異論が続出するのではないかとの見解であった。又カマクラ型の建築もイスラム風でインド人にはなじみが薄いとのことであったが、それはないだろうと私は思った。サンチーの仏教遺跡のストゥーパはドーム型であるし、ジャイナ教本山の大寺院は巨大ドームである。この人は古典に興味がないのであろう。ともあれこの計画案をインド、グジャラートにもっていった。ここで災害復興住宅を担当していたのは、この州第二の都市ジャムナガール市の元市長タンナという老人であり、彼はＮＧＯを主宰していて様々な活動を展開しているとのことであった。注目したのは雨季の水が地下にしみて井戸水となるための、小さくても1ヘクタールはゆうに越す貯水池を方々に作っていたことである。建設費は家族で経営するコンツェルンで捻出しているというから完全な慈善である。貯水池は農業用々水の獲保が目的なのである。タンナ氏とそのグループで私の計画案を検討してもらったが、これで結構だとタンナ氏は満足気であった。私は多分こうなると予測していた。というのも曼荼羅は仏教の図形であり、仏教はインドに発生した宗教であるからである。かつてのインド人はであるため現在までもピラミッドその他建造物の原形が残り5000年前の文明の様子を今に伝えているが、メソポタミヤは土造だったからエジプトと同時代のものは勿論後世のものでも残存しないか、たとえ残っていても大きく崩れている。それでもメソポタミヤでドームが発生したことはわかっている。メソポタミヤの都市が中近東や中央アジアの乾燥地の現代都市同様迷路迷宮風だったこともわかっている。土の建築とは迷路、迷宮を生み出すが、その理由についてはしばしば言及したからここでは触れない。しかしこのことには着目すべきであろう。縄文時代日本には都市らしい都市は発生しなかったから、迷路迷宮を生み出すことはなかったが、ことと次第によってはその可能性があった。土の竪穴住居がその可能性を教えてくれている。

今私は土嚢建築を造ろうとしている。「近代」に背を向けた極端に退行した試行ととられるであろう。しかしなにも縄文の竪穴住居を復元しようとしているのではない。現代に土の建築の可能性を探ってみようと思うのである。一室空間だけでは現代の複雑怪奇な用を充たすことはできない。いくつかの室（ムロ）を散在させるのも一つの方法ではあるがこれでは芸がなさすぎる。収蔵庫とはいえ最小限の居住にも耐えうるようにしたい。大小いくつかの室を点在させそれを直線の土嚢壁で囲み室以外の残存スペースを木造屋根で覆う。こうすれば建物の規模は無限に拡張できる。但し平屋であることは我慢するしかない。土嚢壁の高さは一重なら3メートルが限度だからである。この建物は熟練を必要としないから誰でも施工できる。セルフビルドというが専門家のようになるまで訓練するのは論理矛盾と思いこれには手をそめなかった。こういうことは単純明快でなければ意味をなさない。私はずぶの素人とともに施工するつもりである。但し木造部分は専門家に任すが、そ

この図形を宇宙像として創出したのである。現代のインド人の深層意識には、私の計画に呼応する民族の根源的イメージが潜んでいるはずである。
この3年後の年には、このイメージで小学校の図書館をジャムナガール市で完成させている（図1-8）。

れでも設備ぬきにして坪2万円もあればできる。内部仕上げは壁土を塗るが土嚢は土の付着がいいから土塗も簡単である。01年の夏のインドで実験済みである。設備といってもこの収蔵庫では浴槽、便器、簡単な流し、照明器具、配管、配線に60万ほどであろうから総額200万円程度で完成するはずである。ということはこの収蔵庫は坪3万円ほどででき あがるということである。これは極めて簡単容易なセルフビルドであり、材料は現地の土であるから当然なことではあろう。現代生活は過度に複雑怪奇であり特に情報技術の発展は人々を神経過敏に追い立てているかに見える。このときに素朴に帰れというのではない。自分の家ぐらい自分の手で、しかも簡単に造るおおらかさがあっていいのではないか。しかもこの方式は決してバラックになる心配はない。厚さ30センチの壁は蓄熱性能が高いから、東北や北海道の寒冷地にはむいている。又逆に南下して沖縄などの亜熱帯では、ぶ厚い土壁の遮熱性能が高いから太陽熱を遮断し、ここでも良好な居住を保証する。いずれにしても、土蔵と同様の蓄熱遮熱効果が期待できるということである。

土嚢建築は土であるから、これに草を植えることができる。現在農園住居にこれを利用することにしているが、私の収蔵庫と同じ空間構成ですすめている。壁面やドームには草を植え、それが防水の役目を果たすのであるが、これが点在する田園風景は小さな丘が点在した農村といったおもむきであろう。十棟から百棟未満の農園住居が群をなしている場合を想定して計画を進めているが、これは環状配置としてあり「曼荼羅」となっている。「庭園曼荼羅」そのままの空間構成となる。いずれにしても草を生やした住居はそのまま庭園の築山といっていい。日本でこれが密集して集落をなす風景が立ちあらわれることはあるまいがもしそうなったらどうであろう。

図1-8　小学校図書館／ジャムナガール市

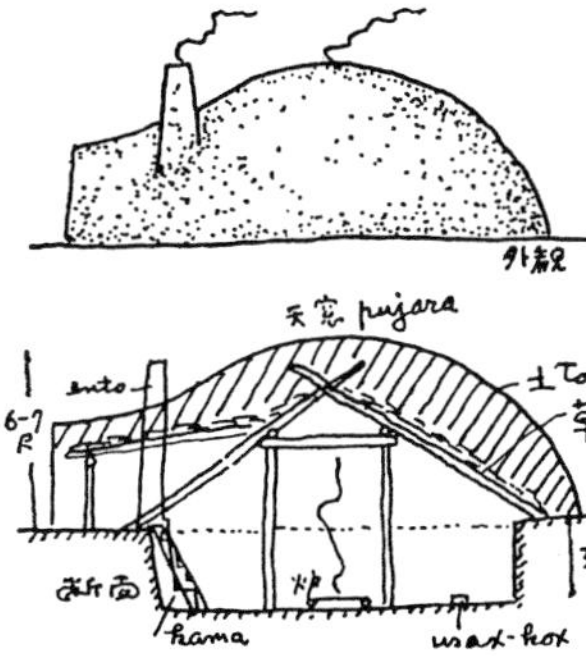

図1-10　アイヌの竪穴式住居

国土全体を庭園曼荼羅と見立て都市ゾーンはすでに発表したモデルのままとすれば、田園ゾーンにこの風景を挿入することによってそれは完結することにならないか。今現在荒廃してしまった田園ゾーンにカヤぶき農家の復元もいいが、これには膨大なエネルギーを投入しなければならない。又集約農業では旧来のように家屋が点在しなければならない必然性も小さいであろう。あれは家のまわりに自分の農耕地を展開する方式だったときに有効であっても、機械化された現代では集合して家屋がある方が便利なのではあるまいか。堂々たるカヤぶき農家が集合しているさまを想像すると、むしろ一つ一つの建物にエネルギーがありすぎてうっとしくなりはしまいか。土嚢建築もそんな場合の農家の可能性として充分考えられうるのではないか。全く新しい風景の現出となるためその結果は予想しにくいが、いずれにしても土嚢建築の試行が近代や現代に背を向けているのではなく、痛烈な現状批判に根差していることを強調しておきたい。

1—8　歴史の形象化

世界の建築史はそのまま文明史であるが、時間と空間を故意に極端に短縮して狭い場所に時代順に並べて見ることができたらどうか。というよりも、こんなことが瞬時にできるように建築家は日々鍛錬しておかなければならない。しかしそんなことをしている人にまずお目にかかったことがない。建築史といったらヨーロッパか日本を対象にするだけでこと足りるとするのがほとんどである。知人でもある指導的立場の建築家が、古代ペルシア、アケメネス朝の聖都ペルセポリスの写真をみて、ギリシアの何処のものだと聞いて来たときには驚いた。世界隈なく旅をしているであろう彼は多分この地にも足を踏み入れているはずなのに一見してわからない。ギリシアはペルシアの影響を強く受けたから、確かにペルセポリスの建築群に似てはいるが明らかに違う。それなのに見間違ってしまうのは、ペルシアなどに本来興味がないからなのだ。彼にとって世界は欧米と日本だけであり、残りは背景でしかない。しかし彼だけではなく、彼以上に欧米日本以外に無関心無知な建築家達が中国で仕事していると聞く。但し彼等の仕事は欧米の建築家達の模倣であり、現代中国がそれを求めているのは、上海の摩天楼風景にもあらわれているのだから当然とも思える。しかしそれでいいのだろうか。中国は近代化に遮二無二突進しているから、それによってできてくる都市風景はアメリカよりも現代性に充ちている。それもそのはずである。アメリカの建築家の仕事がそのほとんどを占めているからである。日本の建築家は欧米の建築家を総動員してもなお余るところを受けもっているであろう。ついこの前まで日本人建築家は忌避されていたから、事情はそうなったに違いあるまい。事情はどうあれ他国で仕事するときそこの歴史、最小限建築史の知識を身につけて臨むのが礼儀ではないのか。中国の近代化も何時まで続くかわからない。今せっかくのチャンスなら欧米の建築家達の模倣に終始してそれに埋没してしまったら、後に近代化が終焉した後に日本の建築家達の痕跡がなにも残らなくなってしまうであろう。勿論彼らはそんなことを求められてはいまい。しかしものごとが一段落したあかつきには、必ずや厳しい評価の時代が到来するものである。そのときに日本人の没個性は中国が調子よいときにそれを喰いものにした悪徳とののしられることになりかねない。というのも文化的貢献が全くないからである。欧米なら近代化の恩人であり協力者であろう。しかし模倣に明け暮れた日本人はそうはならない。もし今中国史に精通し、中国の伝統文化の高い教養を身につけて、それの近代化を表現してみせたらさきの罵倒などおこりえまい。逆に高い評価と感謝をうるに違いない。日本と中国とは2000年の交流であり、古典文書は中国では王朝の興亡ごとに失われ、日本の方が圧倒的多く保持していると聞く。日中のこの歴史的関係からも、欧米の模倣では中国に対して失礼ではあるまいか。今求められているかどうかの問題ではない。

さて古今東西の建築を時代順に並べてみることである。ここから見えて来るものは何なのか。実は極東の日本にこのほとんどがかつて存在したということなのだ。日本は和風建築、そんなことはあるはずもないと思うであろう。しかしそうではないのだ。たとえば飛鳥に注目してみよう。

今年（02）の元旦、NHKで飛鳥京苑池の発掘のドキュメントと発掘成果を踏まえた復元CGを放映していた。なかなか秀れた番組であったし、又橿原考古学研究所の多年に亘る地道な努力と研究成果は特筆に価することを知った。それでも多くのことに疑問を抱いたのも事実である。発掘結果を知ったからこその疑問であるのはいうまでもない。発掘の考古学者達は飛鳥京は水の都であるという。しかも長年の発掘から判明したことは、飛鳥京は南北2キロ、東西700メートルに町割がなされ建物と庭園で埋めつくされた都市らしい都市、都らしい都であり水路が都市の隅々まで網の目をなしてはりめぐらされていた。王宮即ち内裏の西北には、南北200メートル、東西50メートル（だったと思う）の苑池があった。この苑池には南北に細長い中之島があり、池畔には薬草としての桃が植えられていた。内裏は皇極天皇の飛鳥板蓋宮であったのは、研究者がこの時代、皇極、斉明天皇時代が飛鳥京の最盛期とみなしているからであろう。飛鳥京全体の復元CGもあったが、町割はいいとしても、個々の建築は苑池の精密無比の技術、造形力とはかけはなれた粗末さであり、奇妙に思えるほどのアンバランスであった。苑池には感心した。飛鳥の豊富な地下水脈を利用した巧妙な排水技術が駆使されているというのである。中之島の北側と池の北岸距離はせいぜい20メートルほどであろうか。そこが何と4メートルもの深さだった。それ以外は2メートルだというのにこの深さは何事なのかと、考古学者はその理由を土木工学の治水学者に問うたところ、学者は地下水と結ぶ排水設備ではないかと助言していた。飛鳥はほぼ南北に幾筋もの地下水脈があり地下水は豊富とのことである。その地下水脈で最も流の盛んなものの上に池をつくり渇水期には深さ4メートルの所から地下水が沸いてくるようになっている。逆に大量の降雨があったときは都市全体に張りめぐらされた水路の水を集め、これを深さ4メートルの所から地下水をめがけて排水をする。治水学者はそれを実験して確かめていたから現代ではこんな技術は失われているのであろう。信じられないほどの高度な給排水技術であるという。こんな池の作り方は中国にはなく日本独自のものに違いないと考古学者は力説していた。もしそうなら飛鳥京以外で何故この技術が使われなくなったのであろう。しかし実はこのことが重大なのである。飛鳥京にあって平城京、平安京にない技術。これは明らかに失われた技術なのである。飛鳥京の最盛期が斉明天皇時代とするのは日本書紀の記述によるのであろうが、斉明天皇以後に滅びた権力は天智天皇の近江勢力であるが、これは天智、天武の兄弟喧嘩であって亡びたうちにははいらない。斉明天皇が皇極天皇であったとき蘇我本宗家が亡んだが、飛鳥はその蘇我本宗家の本拠地であり、推古天皇以降は蘇我氏が自分の本拠地を都としたのであった。それが飛鳥京である。亡んだ技術は蘇我氏の技術であろう。その蘇我氏はペルシア系トルコ民族高車であり北ユーラシアから北海道、東北地方経由で河内大和にやって来た征服民族であると年（01）末に校了した『扶桑国王蘇我一族の真実』（新人物往来社2004年）に書いたばかりである。発掘に関わったわけでもないし、単に発掘成果をもとに推理するのは真もって申し分けないのだが、あの高度な水の技術はペルシア渡りに違いないと思う。ペルシアはオアシス都市を方々に作ってきたが、その原動力であるカナート（地下水溝）の技術は有名である。蘇我氏が飛鳥にペルシアの技術者を招いていたのであろう。崇峻、推古天皇時代に蘇我氏は日本最初の巨大寺院で氏寺でもある法興寺（飛鳥寺）を建立するために、多数のペルシア人技術者を呼び寄せている。このときに土木技術者も呼び寄せたであろう。ともあれ高度な水の技術を駆使した苑池であるが、復元CGの建築がまるで木造バラックでありイメージに格差があり過ぎる。多分「板蓋宮」の名に影響され、瓦を使用しない粗末な建物と想定してああなっているのであろう。板蓋とはいっても瓦の法興寺が建立される同時代の宮殿である。そんなみすぼらしいものではなかったはずである。板で瓦のようなものをつくりふいていた可能性が高い。弥生前期の鍵唐子遺跡の土器に描かれた家屋には瓦ぶきとおぼしき屋根がある。しかし瓦はいまだ一枚も発掘されていない。瓦の技術を知らなかった弥生人は中国建築を見聞したものから聞いて板瓦を考案したのではあるまいか。堅木で作れば充分防水の役割を果たすし、第一見た目に重厚豪華である。飛鳥板蓋宮とは弥生以来の板瓦を使用していたのではあるまいか。屋根もCGとは違い直線ではなく、ゆるい曲線をなして優雅なたたずまいを見せていたであろう。それよりも蘇我氏の都（推古天皇から大化改新まで蘇我本宗家が大王家というのが『扶桑国王蘇我一族の真実』の骨子）である、ペルシア風の絢爛豪華な形と極彩色の建築が建ち並んでいたはずである。それは平等院鳳凰堂のような建築である（「機能深化へ」参照）。又発掘された苑池の噴水（両面石や須弥山石から噴き出る）装置の配置が復元ＣＧに近いのなら、あれは中国風ではなくペルシア風である。飛鳥の水に関わる施設なり、巨石をみていてペルシアに近いというのが従来からの印象であったが、今度の苑池の発掘成果には更にその意を強くした。飛鳥の復元はＣＧであるから、異論が続出したり、研究者自身の見解が変わったら変更すれば済む。この利点を最大限にいかして古墳時代の宮都をＣＧか映画での映像復元し、観光資源としたらどうかと現在の奈良県知事に一昨年（２０００）申し出たが、会った時間が短かったのかそれとも興味がなかったのか、理解した様子はなかった。ヨーロッパの有名遺跡地では映像化し、訪れた人々を楽しませている。飛鳥もそれをするといい。

映像復元はいいとしても、実物復元には問題が多い。青森県の縄文遺跡の三内丸山の復元には首を傾げてしまう。特に粗野な高楼である。ＢＣ３５００年からＢＣ２０００年の１５００年間一切戦闘の痕跡がないのに何故高楼が必要あったのか理解に苦しむ。高楼は外敵の侵入を監視するために作られるはずである。高い建築なら高楼型神殿であろう。ＢＣ３５００年にはホゾやヌキを使用した高度な架構技術があったから、復元されているような材料の接合部を縄でぐるぐる巻きで結うのでもなく、又堂々たる屋根を被った神殿であろう。ＢＣ３５００年からＢＣ２０００年といえば古代エジプトの繁栄期にあたる。建築史上最高の傑作ピラミッドもＢＣ３５００年より少し遅れて建造された。日本の縄文は充分に文明の名に価する文化であったから、堂々たる建築群を三内丸山は有していたはずである。人類は高度な建築を構築する段階に達していたからである。柱が掘立てだから素朴、原始的だったというのは皮相的観察に過ぎる。今は書かないが、あれも単なる掘立てではない。高度な木造技術に裏打ちされていたのである。それでは神殿はどんな形をしていたのか。そのモデルは必ずユーラシアにある。日本は島国であり、気候も国土も狭く温暖であるため、情報伝達は縄文時代でも想像以上に早かった。従って変化も早い。ところが大陸は広大で情報伝達も遅く、変化が乏しいから、古代の建築形式をそのまま残存させている文化が現在でもある可能性がある。縄文ならシベリアにモデルがあろう。

世界の建築史に精通する必要があるというのは、遺跡を復元するときそのモデルをどこに求めるかを適確に判断するためでもある。日本には古来から海を伝って全世界から文物がもたらされている。この地理、歴史の特徴をよくわきまえておくべきである。しかしそれだけではない。建築の文明史的意義、即ち本質といい変えていいが、それを熟考し今後の建築の行くべき道を各建築家個々が示す必要に迫られているからである。

1―9　応答方式の空間創出

評論プラス作品集である『建築のマギ（魔術）』（角川書店、2000年）に書いたことであるが空間創出に三応答方式が今後有効なのではないかといった。『マギ』では学生の作品にみるべきものがあったので、それの解説としてこの方式に言及したため舌足らずで

図1-11　反住器　毛綱毅曠／1972年

あり自分自身の空間創出と関連づけることはほとんどしなかった。というのもこの本は設計技法も求められていたからである。この方式には前提がある。建築の空間構成としては空間が入れ子状になっている重層空間を今後の展開には欠かせないということである。はっきりいえばこれ以上の方法はない。その最高モデルは去年（01）死去した毛綱毅曠の「反住器」である（図1-11）。この建築（住宅）は72年の作であるから、世界でもこれ以後これを越えるものはなかったということになる。残念ながら勿論私自身にもない。入れ子状の重層空間が何故優れて未来的であるのか。答は至って簡単明瞭である。古代エジプトのピラミッドや神殿は建築史上の最高傑作には違いないが、現代の複雑多岐に亘る生活を入れる容器としては不適当であるのは誰の眼にも明らかであろう。今後ますます私達の生活は複雑になり、ときには多岐に亘りすぎて奇怪にすらなる場合があろう。高度情報と極めて素朴な面対面の対話が共存する社会、もっとわかり易くいえば、ハイテク戦とローテクの自爆テロが争克して勝負がつかない世界、それに適合しそれを象徴する空間構成は重層空間しかない。如何に流行しようとミニマルアートまがいの「軽快透明」でもなければ、コンクリート箱でもありえない。この流行は世界現実に対する一種の逃亡であり忌避にすぎない。

更に強調したいのは元型の発現であり、言葉（パロール）への鋭敏な反応である。わかり易くいうなら、空間の根源的イメージと認識の道具コトバが重要である。詳細については『マギ』にゆずるがこの重層空間、元型（『マギ』では瞑想といっている）コトバの相互の三重応答によって生み出す空間が最も未来的であろうと考えた。だから応答といっても、必ずしも他人との応答をいうわけではなく、世界を認識又は多様さを識別して発する

図1-12　上湧別ふるさと館

コトバにあらわれる自己の中の他者との応答といった方がいいかもしれない。「他者」が他人であることは勿論である。建築にあっては依頼者だったり空間体験（主として建物を使用すること）予定者がそれにあたる。これと同じ位に重要なのが自問自答なのである。

建築は地形に合っているから風景になじむというものではない。各場所場所にはそれ固有の歴史があり、その場所の周辺に住む人々の共通したイメージがある。それを伝説が最も端的に示すが、伝説らしきものがないときにどうするのか。そのときこそ瞑想しかない。こういってしまうといかにも抹香くさいと思われそうである。座禅でもするのかといえばそんなことはない。その場所を訪れ瞑想すれば鮮明なイメージが浮かびあがってくるものである。勿論周辺の風景がイメージを引き出す重要な要因ではある。三応答方式とはコトバと元型（又は瞑想）、元型と重層空間、重層空間とコトバの応答をいう。コトバと元型の応答では最初に場所を読むことからはじまるのだが、具体的にはこの場所の歴史や現在の社会経済、政治的状況を読むことである。そのことをここに住む人々がどう受けとめ、しかもどういう理由で建築を欲求しているのか、彼らの深い意識を汲みとることである。元型と重層空間の応答とは、その場所に住む人々の根源イメージを察知し、その元型を識別することである。そうすれば重層空間構成となる建築の具体的形象を生み出すことができる。勿論使用の仕方を規定するはずの間取（平面計画）天井高さなども、この応答によって決定される一部分である。しかしこれだけでは足りない。重層空間とコトバの応答はその足りないところを補う。簡単にいえば、抱いた空間イメージなり形象をコトバで再解釈して、それには如何なる意味があるのか自問自答することが必要になってくる。それと同時に、それを具現化するためにどんな材料や構法を使用するかなどの技術を決定するこ

図1-13 餓鬼舎

とも必要である。技術は最も客観性が高くコトバでもパロールではなく言語即ちラングに属する領域である。

こう書いてくると建築家なら誰でもやっていることではないかといわれそうである。でもどうもそれは違う。

重層空間としては不徹底のきらいがあるので重層空間を単に建築空間といいかえて実作二例の三応答方式の実際を説明してみたい。

まずは北海道、網走の北、上湧別町の郷土資料館「ふるさと館」(図1-12)。コトバと元型の応答はどうであったか。北海道も原住民アイヌのための建築ならばユーカラなどの伝説を元型としうるのであるが、それ以外は明治以降の入植者であり歴史も短く伝説といえるものは育まれていない。但しこの建物は現存する数少ない屯田兵舎の保存展示を主目的とする。この地に入植した人々の労苦は筆舌に尽くせるものではなかった。町史に克明に記されている。これを熟読していると、当時の労苦が映像となって浮かんで来るのだが、なんといっても極寒との闘いが凄絶だった。極寒の地の建築空間とはどんなものであろうと想像をめぐらせる。ここで浮かんで来たものが元型といえる。村史に記された入植者の労苦譚がこの場合のコトバである。極寒イメージこそ元型であろう。次に元型と建築空間の応答である。縦に細長い井戸底に似た空間、井戸底では光は垂直に上部からしか入って来ない。しかも井戸底とはいえ四周壁で囲まれた袋状空間ではなく、天に起立する4本の柱で囲まれる針葉樹の森の中を思わせるものでなければならない。これが元型が生み出す建築空間。即ち元型「極寒のイメージ」が刺激して建築空間を生み出している。もともと井戸底空間は私の建築にはじめからあらわれていた。自宅の「餓鬼舎」「龍神村体育館」

図1-14　学生下宿

が典型例ではあるが、習作段階でもうそれはあらわれ「学生下宿」に使われている（図1－13・14）。しかし三作とも四周壁に囲まれている。井戸底は雪国で育った家屋の記憶に根差している。家全体がすっぽりと雪をかぶり、光といっては煙抜きから入るだけの闇。これが井戸底へと導いたと云える。しかし雪国の闇ではあっても極寒とはいいがたい。上湧別の晩秋の風景に接するうちに針葉樹林の空間イメージと井戸底が合体するようになった。この段階までが間違いなく元型の発出であろう。

　建築とコトバの応答。コトバは上湧別町長はじめ町当局の人々や町の人々の語るいわゆる設計条件である。これに即して間取り、天井高などが決められていく。次に木と鉄筋コンクリートの混構造が、私が抱いた空間イメージに具現化するには最も適していたし、町当局の希望にもそっていた。これがもう一つの応答である。幸いなことにこの建物への一平方メートルあたりの来館者は、この種のものとして北海道で断然1位で2位の2倍とのことである。竣工後5年経っても変わらないと聞いた。町当局の努力の賜には違いない。

　次に秋田市体育館（図1－15）。これは今まで手掛けた仕事で断然大規模であるがコトバと元型はどうであったか。この仕事は7社（といっても私の工房は会社ではないが）の指名コンペであったので、いわゆるテーマを言語化してプレゼンテーションする必要があった。設計主旨として求められていることである。体育館なので「現代のオリンピア神殿」を主テーマとして掲げた。これがコトバである。元型は秋田であるから縄文である。自分の出身県の県都の記念建造物であるから元型探しには苦労しなかった。そこで私はこの応答の結果を「縄文首都のオリンピア神殿」と銘打った。元型と建築空間の応答が勝負所であるのはいうまでもない。

図1-15　秋田市体育館

縄文表現の典型は火焔土器のとぐろ巻く蛇、めらめら燃上がる火焔更には噴火を形象化した過剰なゆらめきの噴出、これを建築空間化することに専念した。それが親子亀と蛇を合体させたに似た形象として浮かんできた。中国の方位神、玄武に近いイメージであった。

建築空間とコトバであるが、この場合のコトバはコンペの計画条件である。幸いにして当選したので、実施設計に当たっての市当局の人々の言説、この場合は設計条件が追加されたコトバであった。建築空間は設計条件にそってコンペ当選案に手を加えた結果そのものである。この建築空間を具現化させている構造や施工の技術は設計者が発するコトバ、この場合はラングである。この三応答方式で、他の建築家と違っているのは元型の重視であろう。これはユング心理学の基本概念であり、単なる読書によって得られるものではない。深い瞑想を必要とする。この建築も東北中の公共体育館で断然1位の使用率であり、1年中フル稼動、市民はクジ引きで使用日が決められると聞いた。

実は三応答方式は中国古来の「礼」を参考に編み出したのである。「礼」など古い儒教教義ではないのかカビ臭いといわれそうである。それは『礼記』を読んだことのないたわごとに過ぎない。このことは『マギ』を読んでもらうしかないが、簡単にいえば以下のとうりである。礼は最高の徳というが道徳ではない。天とはほぼ神に近い概念であるが、一神教の唯一絶対の至高の存在というのではなく、宇宙の意志とでもいっておこう。天が人間同志が平和に生きるように考え出した知恵、これを徳という。礼は儀礼を含み、儀礼は礼儀を含み、礼儀は行儀を含む。これが入れ子、重層空間のヒントとなった。どちらにしても、礼は身振りに関わる身体言語には違いない。人と人は2メートル以上離れて接するのが礼儀なのである。これは闘争が生じないための配慮であるが、礼から行儀までの身振りはまさに入れ子構成である。又最高礼即ち最高の徳は聖王の言葉とされ、聖王は天の意志の実行者をいう。プラトンの哲人と思えばいい。しかし礼に忠実過ぎると堅苦しくなり、対人関係がぎすぎすすることになる。これを和げるのが音楽であり、礼の実践には音楽が伴う。それで礼を礼楽ともいうのである。音楽は芸術であり、元型であり、瞑想をいざなう。がんじがらめの形式に振りまわされないために音楽を楽しむ。これが中国3千年の知恵であり、実践的思想なのである。恒久平和の実現の永遠の知恵ではあるまいか。礼は重層空間、音楽が元型、『礼記』なる書物や礼儀心得がコトバである。この三重応答が3千年間中国の人々を結びつけてきた。礼とは中国統一の永遠の平和の概念装置である。未来の建築はこれが空間化されてこそ本来の、そして根源的役割を果たせるのではあるまいか。文明の形象化がこうして実現することを望みたい。

第2章　機能の深化（深層意識）へ

2―1　「再生平安京」と「庭園曼荼羅都市」

今「機能」が問題である。建築の主題が再び都市と住居に戻って来たからである。私はここしばらく建築の実作から遠ざかり、都市像を描くことに専念して来たのもこの実感による。１９９５年1月17日未明の阪神大震災は、建築の主題を都市と住居に引き渡したのは確実である。震災直後から私も５０００人の死者の鎮魂を込めて神戸復興計画に没頭し、1年半かけて96年9月に完成させたのが「神戸二一〇〇、庭園曼荼羅都市」である。これは１５０万都市神戸を根底から計画し直すものであって、町割や道路等既存のものは例外を除いて全てやり直した。神戸は幕末勝海舟によって開かれた港であり、かつて平安末期、平清盛によって福原京とされたことがあったにしても幕末以降の新都市といっていい。歴史がないのが神戸の特徴であるが、港としては大阪よりも栄え、震災時には日本一あるいは東洋一の規模を誇っていた。従ってこの都市を消滅させてしまう必然性もない代りに、町割や道路等をやり直してしまってもほとんど支障がないはずであった。むしろ積極的にやり直すべきであり、震災は一面では天佑ともいえた。計画についてはすでに発表しており（『造景』7～8号、１９９７年）ここでは述べないが、この時私は何を考えていたのか。特に「機能」に対する思いはどうであったのか。私は20代の後半を山口文象が率いるＲＩＡで過ごし、文象先生の声咳に接する機会も多かった。ここで身につけたのは虚飾を断つ近代合理主義の概念と社会民主主義的生活態度である。徹底した自由主義者であった父の影響から社会主義を思想的に受け入れるのは身体的に難しかったが生活態度、生き方は充分に感応出来た。それは父がそれなりの資産を所有しながらも、極端に質素な学究生

図2-1　近鉄桑名ニュータウン全体計画図

活をしていたことと無縁ではないかもしれない。しかし私は先生のもとを去ってすぐに近代合理主義には反旗をひるがえした。ポスト・モダニズムの開拓である。これは1970年代以降を切り開いていく若い建築家としての先生の世代への反抗であった。決して文象先生個人に対する反抗ではない。また反抗すべき理由もない。

それでも私は文象先生から直接伝授された正統近代主義は間違いなく身につけた。特にそれはプランニング手法として受け継いだ気がしている。これは現在でも血肉となっている。山口文象、植田一豊の「ゾーン・プラン」である。

プランニングによって虚飾のない近代合理主義を表出していくのは都市計画でこそ生きる。ポスト・モダニズムの提唱、実践者である私は建築表現として「ゾーン・プラン」の上に豊饒な断面を重ね合わせる手法を開発した。これは「ゾーン・プラン」を創出した近代合理主義には背反することである。そのことは充分に自覚していた。というよりも私が提唱したポスト・モダニズムは、モダニズムの否定でなくそれに対する背反であった。このことが重要なのである。

ともあれ私は「ゾーン・プラン」をもっと深め広めいきいきしたものへと進展しようと思い人口1万4000のニュータウンの基本計画、基本設計をたった一人でやり遂げてしまった。「近鉄桑名ニュータウン」であり、これは私の計画通りに実現している（図2-1）。造成量を出来るだけ少なくする案であり、これこそ虚飾を断つことであったが、この当時世に表れるニュータウンは起伏に富んだ地形を無惨に切り刻み平坦に造成するものばかりであった。このことの方が近代合理主義と当時の計画者達は思い込んでいた。当時というより現在でもこの傾向は少しもあらたまっていない。こうしておくとうわものであ

図2-2　東急美原ニュータウン

る建築が配置しやすくまた安価に出来ると信じているからであろう。しかしこれは明らかに間違っていて、造成費と建築費の合計は地形の現状をなるべく改変しない方が安い。但し高度な計画技術と思想がいる。世の凡庸な計画者にはこれがないだけである。

　これから丁度10年経って81年には「東急美原ニュータウン」の景観と植栽の基本計画を仕上げた（図2-2）。「近鉄桑名ニュータウン」はRIA在籍中に近鉄不動産の担当でありどういうわけか私はこの会社の人々に好かれ、私でなければここの仕事は細部まで一切動かすことが出来なくなっていた。RIAを辞して同じRIAの先輩の藤田邦昭の創立間もない都市問題経営研究所を手伝うことになり、近鉄不動産は藤田にニュータウンの計画を依頼して来た。私の存在を念頭に入れてのことだとこの会社の人々はいっていた。それでもこの仕事は「都市問題」に依頼されたものであるが「東急美原ニュータウン」は私の工房が単独で受託し完成させた。但し町割や道路計画等はすでに出来ていて、私には町並みの景観と各戸の庭を含めた全体の植栽計画を依頼して来た。偶然かもしれないが街区や道路等の計画は私の「桑名」に似ていてしかも原地形をなるべく改変しないよう配慮してあった。「桑名」では景観や植栽まではやっていないのでこれは私には楽しい仕事になった。

　規模は「桑名」よりも小さく人口1万弱だったと記憶する。今私の工房が制作した計画書を見ても人口計画はすでに出来上がっていたから記されていないのが残念である。このニュータウンは大阪府の東南部美原町のゆるい南斜面に作られることになっていて、絶好の敷地条件ではあった。私が特に意を注いだのは植栽計画である。今では緑したたる住宅街となっていて計画した私自身すら、ここの景観にはうっとりと見とれてしまうほどである。斜面の下から上へと東西に横長に12の水平帯を想定し、冬から秋にかけて1カ月ごとに季節の花が咲き乱れるように計画した。これを「歳時記のまち」と呼んだ。斜面に縦、即ち南北の道路は桜や柳、イチョウ等の並木としている。南河内は古墳時代以降はなやかな歴史に彩られた場所であり美原にも語るべき物語はいっぱいあって公園、広場等の門、塀、石垣、陸橋等を平安朝の寝殿様式を近代風にアレンジした意匠としたが、必ずしも私の計画通りにはなっていない。擁壁には美原の歴史事件の線刻画を画家に依頼し、抽象画風の原画まで描いてもらったがこれも実現していない。コストが問題だったのだろう。街区の家並みの景観計画の大枠は私の計画通りであるが、1戸1戸の建物の設計は私はしていない。余りに個性が強く敬遠されたのが真相であろう。これは宮脇壇が担当していて陳腐きわまりないが、それでもこの方が無難で間違いはなかったということであろう。今となってはこれも私がやったのと宮脇とどちらがよかったのか。私にもわからない。ただこれも私がやっていれば世界に冠たる住宅地風景が現出していたことは断言できる。

さてこんな二度のニュータウン計画の経験が、阪神大震災後の神戸計画にかりたてたのはいうまでもない。たった一人で相談相手もなしに二つのニュータウンを計画、実現させた経験を有する建築家は私以外にはまずいないのではないかと思うのである。そのことを誇示するのではない。その得がたい経験が重要なのである。

この二つの経験からニュータウンの計画で最も重要なことは都市にとっての機能概念をどう捉えるかということであると確信するに至った。「桑名」では商業や業務を含む中心地区、小、中学校の文教ゾーン、更に中層ゾーン、低層連棟ゾーンなどを機能別住戸構成別にゾーン割りしているから近代主義の手法を素直に踏襲しているといっていい。ところが「美原」はまさに都市計画のポストモダニズムであった。街区割りや道路等はモダニズムの手法で出来上がっていて、これに背反する形で景観と植栽を計画したのである。「ゾーン・プラン」に豊饒な断面を重ねる方式と同じ考えである。豊饒な断面は変化に富む断面でもあり、虚飾を断つ「ゾーン・プラン」とは相反するが、街並の景観や植栽は都市のゾーニング計画とは必ずしも相反しはしない。むしろ必要不可欠のことであるだろう。景観も植栽も都市にあっては「機能」なのだ。しかし近代主義の都市計画では明らかに置き忘れられていた。景観や植栽は街区割りや道路等に比べてはマイナーな「機能」として片隅に追いやられていたという方がより正確かもしれない。私は「美原」では街並の展開に物語手法を採用した。「機能」を近代主義そのままの概念として捉えるのではなく、物語化したのである。ここに「機能」の概念転換の萌芽があったと今にして思う。

さて「神戸」に戻ろう。

この計画は一口にいってしまえば神戸の市街地の人口密度を現在の2倍にし、更に100年後の総人口を2分の1に縮小するから市街地は旧市街地の4分の1となり残余の4分の3は農地か緑地に還元してしまうというものである。極めて簡単明瞭である。町割は全く一新してしまうのはすでに述べた通りであるが日本の何処というより世界のどの場所にでも適用できる小都市単位を緯度、経度1分分の矩形とし、この1単位の人口密度を1ヘクタール当たり200人と設定した。これはパリの人口密度であり、東京や日本の大都市の平均人口密度の2倍である。各単位は商業、業務、農業をも含む13単位であり、人口密度は1律200人としているから商業や業務、工業の単位では住宅は高層化するのはいうまでもない。1単位人口は神戸の場合は5万4000人である。「庭園曼荼羅」といっているのは、まず単位全体を庭園としその上に建物を建てることを構想しているからである。

まずは庭園が曼荼羅状に配置されている都市といったほどの意味ととってもらえれば充分である。さてここでの「機能」とは何か。これが本稿では問題である。庭園が主題の都市像であり、建築は背景に退いている。庭園が曼荼羅をなしている都市とは極めてユング的であり、これを私は「元型都市」空間であるといった。元型を「機能」と呼び得るか。この計画の立案時点ではそのような問いはない。今この稿を書きながらそう問うているのである。この都市像はイランの古都イスファハンをモデルにしている。あれはまさに元型的都市空間である。あの場合の都市機能としては、曼荼羅状に配置された庭園が最も重要なものとしてとらえられるであろう。庭園即ち都市生活の癒しの場であり、元型空間である。厳密にいうなら、この都市では庭園の癒しこそが最重要機能である。それと絢爛華麗な建築群が呼応する。「庭園曼荼羅都市」の構想はこう解析されるべきだった。そうしておけば発表時の難解は免れていたかもしれない。

次に「再生平安京」(図2-3)。

この計画は「神戸」を踏襲しているが、違うのはクモの巣状の線型木造建築ネットワークを提案していることである。名所旧跡を保存しているのはいうまでもない。私はかつて「京都博物館都市」を提唱し、地上は木造5階を限度とし近代的都市機能は全て地下に埋めるべきであるとした。このアイデアの模倣をした建築が最近話題になるが、私がこれを提唱した80年代半ばにはこんなことをいうものはただの一人もいなかった。むしろ狂気扱いにされかねなかった。しかし「再生平安京」では年来の持説である地下都市案をきれいさっぱり捨ててしまった。中高層木造都市を構想したのである。これは京都造形芸術大学の同僚横内敏人のアイデアである。これ以外の構想は細部に至るまで私の手になるが「地

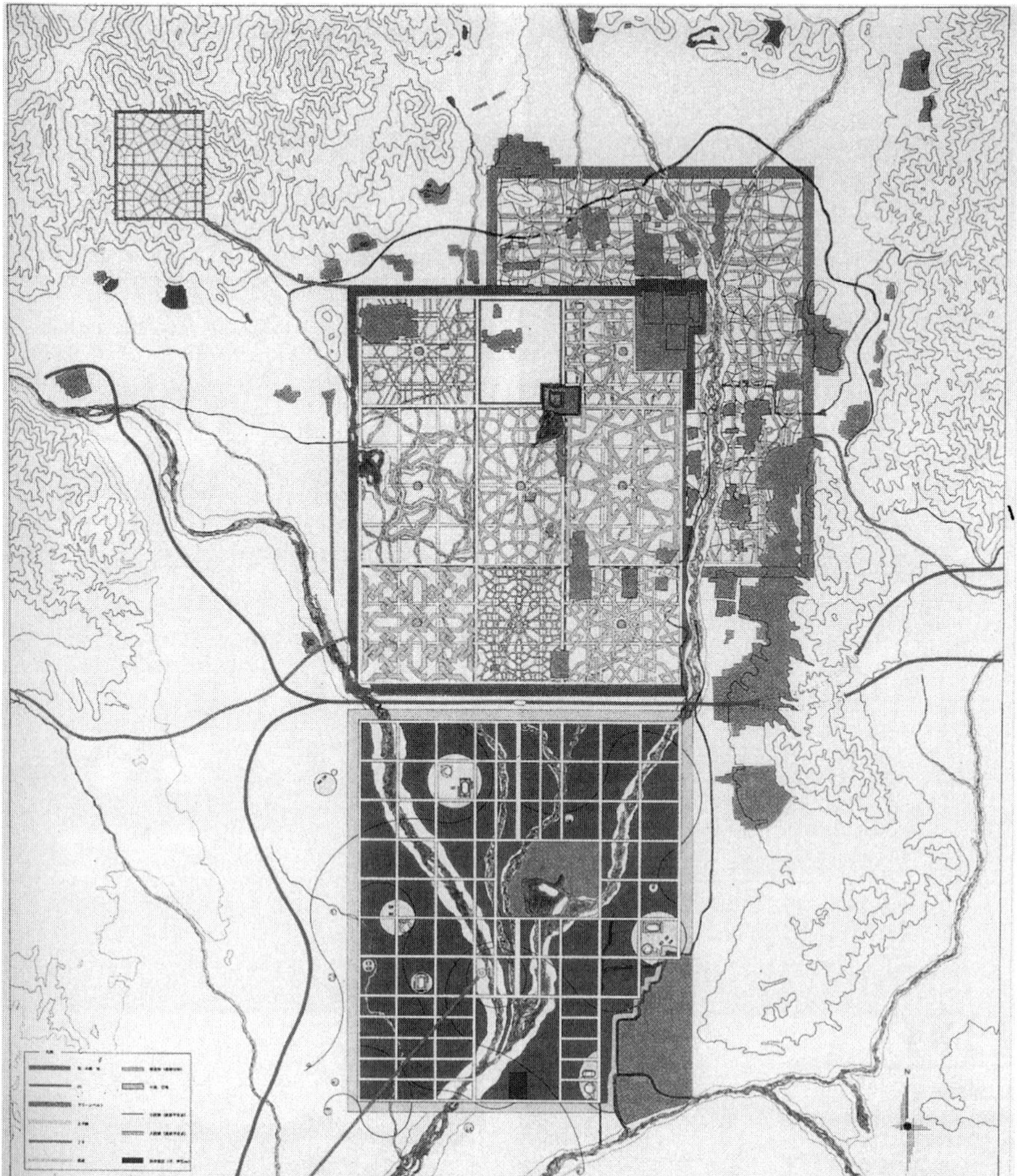

図2-3　再生平安京／全体計画図

下都市」は模倣が多く、これでは国際コンペに入選はおぼつかないという判断が私の中にもあった。この計画では線型木造建築のネットワークが都市機能の最重要プログラムである。もはや道路や鉄道ではないのだ。用途地区などのゾーン割りでももはやない。線型木造建築が張り巡らされるが、この建物の内部は立体格子の入れ子となる。この建物の細部に亘る用途が問題なのではなく主題は空間である。空間こそ「機能」なのである。少々むずかしくいうなら空間現象が「機能」なのだ。

2—2 何故鳳凰堂か

99年と2000年度の京都造形芸術大学の大学院1回生に与えた課題は「京都」ではあるが99年度は「イスラム名建築の木造化」、2000年度は「鳳凰堂細部木組の拡大による建築化」とした。「京都」を課題としたのは「再生平安京」を更に具体化してみたかったからである。線型木造ネットワークはとりあえず棚上げしておいて、まずは京都の新しい木造建築のプロトタイプを考案してみようとした。学生に出来ることはすでに実在している石造や煉瓦造等の組積造建築から木造の架構空間への転換であろうと見当をつけたのである。但し何故ヨーロッパ建築ではなくイスラムなのかは説明の必要があろう。私自身の好みといってしまえばそれまでではあるが、共同で授業を担当してくれた京都大学の布野修司も同意してくれたのだから単に私の好みとはいいきれない。以下のことは布野に説

図2-4　平等院鳳凰堂

明したわけではない。但し折に触れてはいった気はする。やはり京都の歴史が問題なのである。平安京が出来る以前のことであるから話は古い。この地は葛野（かどの）郡といい秦氏が開拓した場所であり、平安京以前は秦氏の京都南部の深草と並ぶ拠点であった。この秦氏の居住した場所は太秦（うずまさ）といい、現在でもここは秦氏関連の史跡が多い。「大秦」又は「太秦」は唐の時代、中国ではペルシアを指す名前であったから、秦氏は自らをペルシア系の渡来人であることを示していたことになる。このことが現代の京都にまで大きく影響している。京都の工芸品の繊細華麗は間違いなくペルシア美に酷似する。祇園祭の山車の側面を覆う垂幕にはペルシア紋様そのままのものすらある。これは江戸時代から伝わるとされるから鎖国時代にわざわざ長崎を通して京の町衆がペルシアから取り寄せたものなのだろう。

京都大学教授であったペルシア史の伊東義教は飛鳥時代、聖徳太子の頃にペルシアから渡来した人々が多数いて美術、工芸を含めたペルシア文化を伝えた痕跡があると言明している。秦河勝は聖徳太子の最側近であり、太子の妃が残したとされる『天寿国繍帳』はペルシア紋様であると指摘もしている。飛鳥から平城京、平城京から長岡京を経て平安京へと貴族達の居は移るが、彼等の血脈が変わったわけではない。飛鳥のペルシア文化の芽は平安京で花開いたといってもいい。京都美はペルシア美を根底としている。しかし現在の京都文化といわれているものはどうか。能、茶の湯、大和絵、友禅染、数寄屋……と京都から発生した伝統芸能、工芸、歌舞音曲などは繊細優美、幽玄、わび、さびとして特徴づけることができる。これらの京都美は明治以降そのまま日本美として諸外国から認められている。しかし近年の京都は停滞気分に覆われ活気がないことおびただしい。市民も自信

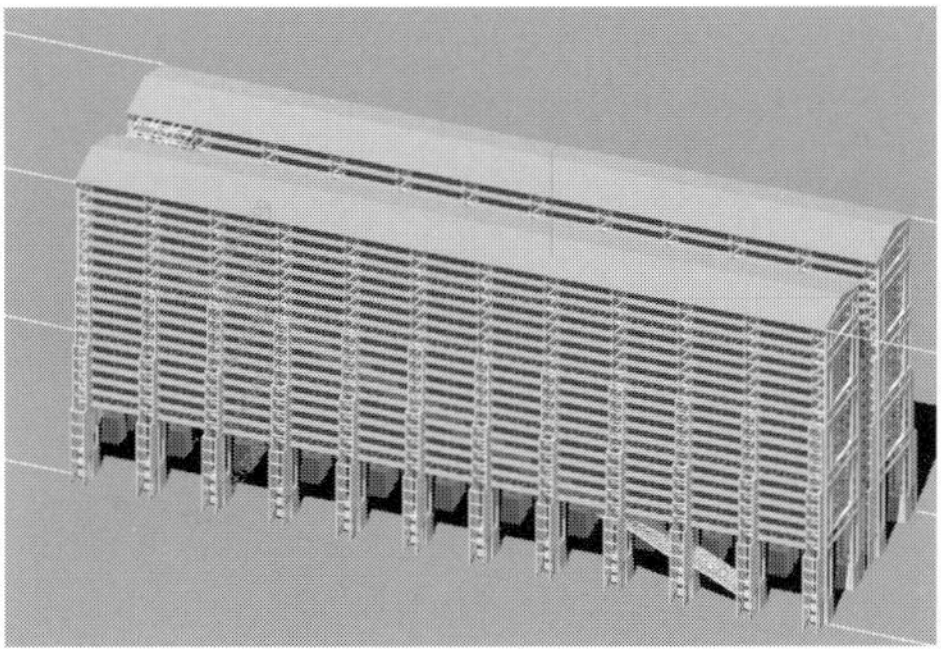

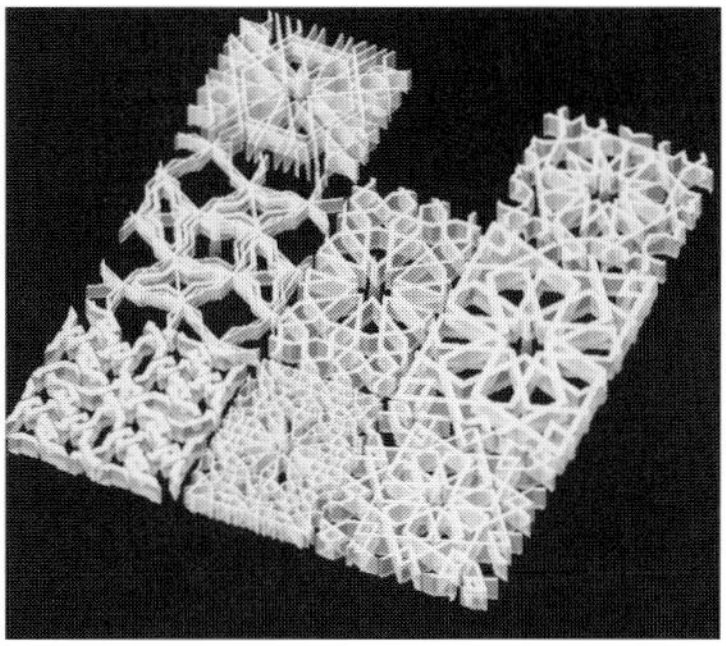

図2-5 再生平安京／線型木造建築ネットワーク

を喪失しているのであろう。これは諸外国での京都美評価の下落を意味するに違いない。京都美即ち日本美は外国人の単なる異国情緒やジャポニカ趣味の対象から一歩も抜け出せなかったということではないか。これは極めて情けないことである。

繊細優美は荒々しさ、激しさ併せもつ豪華絢爛を、幽玄はダイナミズムを、わびさびは華麗を内包してはじめて生命力を発揮する。あらゆる美は逆の美を内包する間ははつらつとした生命力を保持し続けるものである。京都が停滞衰退しているのは繊細優美も幽玄もわびさびも形骸化し、豪華絢爛、ダイナミズム、華麗を喪失してしまったからに違いない。疎水の建設、路面電車の採用、京都大学での社会主義の隆盛など明治以降の京都市民がみせた革新性も今や見る影もなくやせほそっている。しかしこれを嘆いていてもはじまるまい。京都の復興には何らかの手立てがいるであろうが、一度生命力を失った文化を蘇生させるには新しい血を注入するしかない。明治以降は「ヨーロッパ」を注入して京都のみならず「日本」は国際化したかに見えるが、結局「ジャポニカ」から脱却出来なかった。ところが1200年の都、京都にとっては「ヨーロッパ」はやはり異質すぎるのであろう。それなりに親近できる文明を探し出し、そこの古典が見せる特徴を京都美に接合する必要があろう。

但し漠然と京都美といっていても鮮明な京都美の像が結べない。私は京都美の典型は宇治の平等院鳳凰堂であると確信している（図2-4）。全ての京都美は鳳凰堂に収斂し、そこから発出する。この美は間違うことなくペルシア美に通底する。これは阿弥陀堂であるが、阿弥陀信仰即ち浄土教の極楽浄土は中世ペルシア人が信じた天国像とまるでそっくりなのだ。中世ペルシア文学の華『千一夜物語』に描写される天国と阿弥陀信仰の極楽浄土

図2-6　鳳凰堂の部分を10〜20倍拡大して平面に転換したもの（当時：京都造形芸術大学大学院生　蘇佳鴻）

は全く同じなのである。鳳凰堂は阿弥陀信仰即ち浄土教の極楽浄土を建築空間化した典型であるから、これがペルシア美に彩られているのは当然であろう。現在、イスファハンに散在する古典建築、庭園、特に建築は鳳凰堂の美を彷彿させる。まさにむべなるかなである。これらの建築、庭園が造られたのは鳳凰堂よりも７００年も遅い18世紀なのにである。この頃日本は鎖国の真只中にあったから、イスファハンの建築家達が鳳凰堂のことを知っていたはずはない。随分不思議なことではある。文明的血の近さを感じる。

ペルシアのアラベスク紋様はアラベスクの中でも一頭地を抜く精緻美であり、幽玄でもある。またペルシア建築の幾何学構成の絢爛華麗かつ精緻の極致は特筆すべき特徴である。このペルシア美を「京都」に接合するのはそれほど困難ではあるまい。私達は鳳凰堂をもっているからである。とはいえ「ペルシア」はヨーロッパよりは近いにしても、やはり異質である。この近似と異質の葛藤、相克が新しい生命を生むであろう。「再生平安京の線型木造建築のネットワーク」も実はペルシアイスラムのアラベスクを引き写している（図2-5）。これは京都全体を計画した巨大スケールの建築であるが、これを細分化して一つ一つの建築空間におとし込むには、まずイスラムの名建築を木造建築に転換してみるのが一つの手だてになる。但し建物のスケールを変えないことを前提とした。プランも余り変えないことにしている。天井高さなどの断面構成の大枠も、なるべくは守るが形態は当然大きく変わる。組積造から架構構造に変換するのであるから当然である。結局京都市内36ヶ所のスポットにこれらの木造建築を挿入することとなった。学生の計画であるから稚拙なのはやむを得ないが、それでも中にはプロの私ですら感心する計画に仕上がったものもある。

図2-7　鳳凰堂の部分を10～20倍拡大して断面に転換したもの（当時：京都造形芸術大学大学院生　蘇佳鴻）

次に鳳凰堂の細部の木組や屋根等建築の一部を切り取りそれを10倍から20倍に拡大して平面に転換した案と断面に転換したものと一つの細部に二つ案を出させた（図2-6・7）。

２０００年度は99年の３人の倍６人いたから計画総数は倍になってもよさそうなものだが、課題設定がむずかしかったのか48案ほどにとどまっている。前の年とスポットが重なっているところもあるから今後調整の必要はある。伝統木造の木組を勉強してから計画に着手すべきであったが、手順が逆になってしまい木造的でない案もあり、前年よりはバラツキが多いのは気になるところではある。正直いって私も伝統木造の木組は漠然としか知らず、布野が京都大学からもって来てくれた資料で私自身も勉強したのが真実のところである。木造は基本的にはジャングルジムの入れ子構造であり、私も木造はそれを徹底的に意識して設計して来た。学生達にもその原理は教えたつもりではあるが、これを理解し応用するのは容易ではなさそうである。私の実例が京都や京都の近くにはほとんどないため実見して参考にする機会がないのもその原因に違いない。

建築の細部を10倍か20倍に拡大して建築化するのは実は私の独創ではない。99年に学部を卒業した学生が案出したことである。彼女はイスタンブールのハギヤ・ソフィアをバラバラに分解し、その分解した部位を一様に10倍に拡大し建築化して再構成し、リベスキンドの都市像に近いものに転化していた。これを鳳凰堂に応用したというわけである。

図2-8　佳水園　村野藤吾／1959年

2―3　歴史は再生の手立てになるか

京都を考えるということはそのまま歴史をどう認識し、どう活用するかということに尽きる。たとえば町屋である。町屋の再生は随分古くからいわれ木造3階建による再生案が最も典型的な形で喧伝されたが、今までのところ見るべき提案なり実作があらわれていない。これは既存の町屋のプロトタイプに拘束され、そこから一歩も踏み出せないからに違いない。短冊型の敷地と京格子にがんじがらめになっている。これでは何も出てこないのは当然であろう。同じことが寺院、茶室など伝統領域のものにもいえる。

村野藤吾の佳水園（1959年）は鉄筋コンクリートの巨大ホテルに隣接して造られた同じホテル内の和風別館であり村野数寄屋の傑作と高く評価された（図2-8）。和風別館として依頼されているのであるから伝統様式にそれなりにのっとっていない限り「和風」とはならないはずであり事実堂々とした和風建築である。村野和風は吉田五十八が大壁数寄屋を考案し、明確な吉田スタイルを確立したのとは違って伝統にのっとり真壁構成である。但し開口部が極端に広かったり、屋根勾配が常識よりも緩かったり、鴨居の高さなども必ずしも伝統にしばられず村野流をのびのびと展開し、建築空間としては変化にも富み吉田を遥かに凌駕している。又開口部が広いためであろうが、柱を一般数寄屋なみに細くするために柱の心に鉄筋を入れておくようなことを平気でやっている。文象先生のところを辞して間もない30才をちょっと越えた頃、村野に直接説明いただいてこの建物を実見したときには驚いた。先生なら絶対に許さない虚構である。勿論私は村野の伝統破りの大胆さに目を見張ったのである。一見伝統を墨守しているかに見せて実は随所で伝統に違反し

図2-9　旧東京都庁者　丹下健三／1952年

図2-10　香川県庁舎　丹下健三／1962年

ている。この極めて文学的創作方法に私は感動すら覚えた。文象先生は造形作家としてなら何をやっても超一流になったと思えるほど美術の才能にも恵まれていたが文学的ではなかった。村野が建築家の才能として第一にあげたのが文学であり次いで数学、最後が美術だった。私自身秘かに思うところがあったので、村野からそれを聞いたときにはひざを打ちたい気持ちであった。

とはいえ村野の方法は歴史を活用する最高の手立てか、というとそれはそうではあるまい。これよりは丹下健三の方法の方が建設的である。

丹下は東京都庁舎（1952年）ではミース・ファン・デル・ローエ風のプランにコルビュジェ風ではあるがコンクリート細工でなく鉄細工の軽快なブレーズ・ソレイユを立面に採用した（図2-9）。「ミース・ファン・デル・ローエ＋コルビュジェ」とも見える近代主義スタイルを創出してみせた。丹下はこれをミースやコルビュジェの模倣と考えたのかどうかは定かではないが、同じ庁舎建築でも香川県庁舎（1962年）では「伝統からの創造」といわれる新方式を編み出した（図2-10）。前面に下部ピロティの低層議会棟、背後に高層事務棟というふうな低い回廊と高い五重塔の法隆寺の空間構成を思わせる建築である。庁舎建築のプロトタイプにもなったこの建物では各階に張り出したバルコニーを支える垂木状の細い小梁、手摺などから五重塔の近代様式への転換が明らかに見てとれた。議会棟にも連子格子を思わせる縦ブラインドが全面開口部のガラス窓の内側にしつらえられ、これが丹下の力説する「伝統からの創造」なのかと納得させられた。丹下は伝統木造建築の特徴である重層する庇、小梁、手摺、棰、連子格子、さらには回廊と五重塔の構成といったものを巧みに近代風にアレンジした。近代風アレンジとは丹下にあってはこれらのモチーフを徹底的に平滑にし直線化することであった。日本古来の固定した間仕切りをもたない融通無碍な平面構成は、F・L・ライトやB・タウトを通して近代主義に多大な影響を与えていたから、丹下にとっては「伝統からの創造」は法隆寺の空間構成を単純化し伝統建築の細部を直線化することで充分だったらしい。しかしこの安易な伝統の近代化がこれ以後の日本近代建築に不幸をもたらしたのではないか。これで「日本」は主題ではなくなってしまったのである。こうも簡単に近代化できる日本の伝統とは何と便利な歴史遺産なのかと軽視されるにいたり、丹下の弟子達も含め70年代以降の若手建築家達は「日本」を真剣に考えなくなってしまった。この傾向は現在に至っている。というよりも現在ほど強いのではないか。当然「表層日本」を積極的に拒否した私自身もその一人である。直射日光を防ぐためのすだれを思わせるレース編みにも似た金属や木材のカーテンの世界的流行はあいもかわらずの「表層日本」の流用である。

但し最近の藤森照信の草花を装着した壁や屋根のある家屋は不思議な「日本」表現として注目される。藤森によれば茅屋根の棟に草花を装着した家屋は北東北などに見られ、これも「日本」の一つだとのことである。この方式の屋根にも決まった呼称があるとのことであったが失念してしまった。しかし壁にも装着するのは藤森独自のアイデアであろう。草花を愛で枝葉に丹念に手を加えて鉢植えする盆栽趣味が「日本」というならわかるが、藤森の草花は建築と心中しているような何処か悲愴感もあり、彼がねらっているかもしれない滑稽さやアイロニーを上回ってしまっている、と私には思える。藤森のやり方は大上段に刀を振りかざした「伝統」が主題ではないし、勿論モチーフでもない。それでもこれが「日本」だよといわれると、そうかもしれないと納得させられてしまう説得力をもって

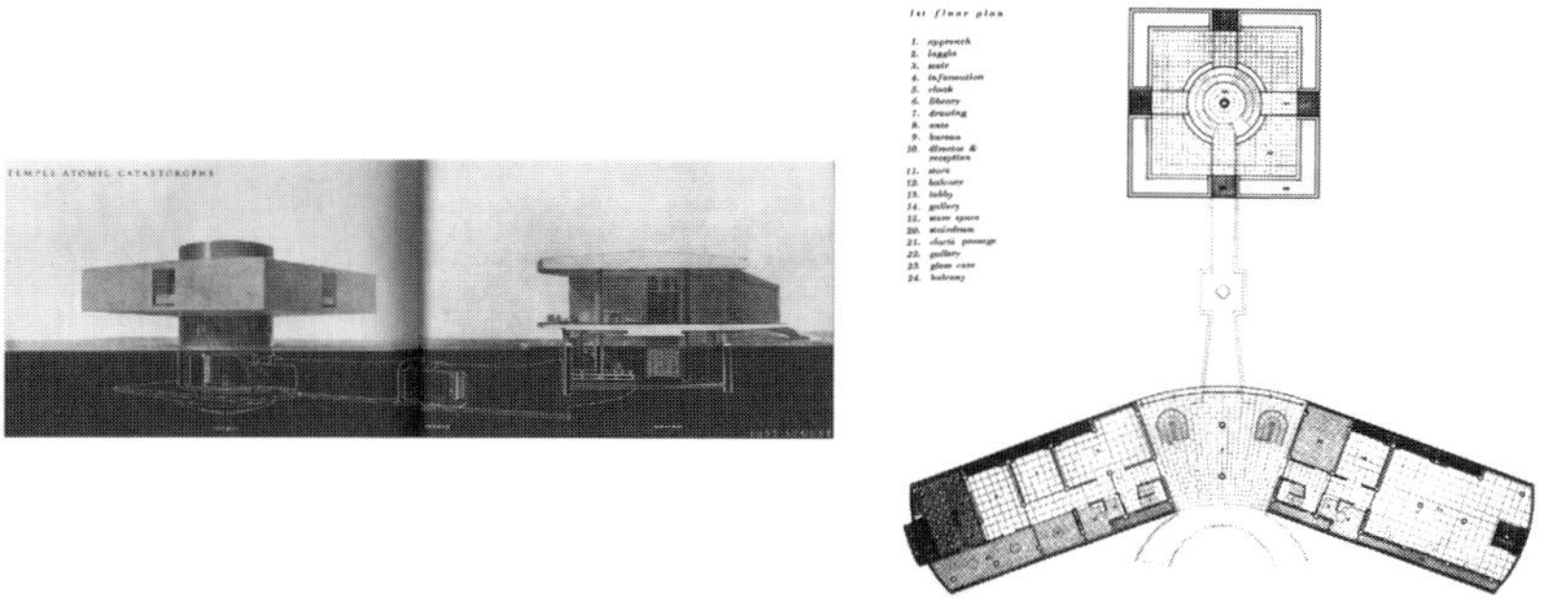

図2-11　広島原爆堂計画　白井晟一　1955年

いる。これはどういうことなのか。少年の頃打ち捨てられた炭焼きの丸太小屋の壁や屋根に草花が生えていた光景を鮮明に思い出す。湿度が高く温暖な気候の日本ならあって当たり前の光景であろう。この当たり前を藤森は故意に再現しているのであろうか。しかし現代日本には全く見られなくなってしまった光景ではある。今では消え去ってしまったありふれた「日本」を故意に新築家屋に積極的に再現することは、やはり歴史による再生への手立てなのであろうか。こんな設問自体が無意味と藤森に一笑に付されそうではあるが考えてみないわけにはいかない。

ありふれた日本の中に私達の祖先は長い間生きて来た。まるで長い長い橋を渡るように歩いてきたのに、ここ30年ほどの間にそれが切断され渡る橋がなくなって私達は谷底に落ち込んでしまったらしい。しかもそのことに私達はほとんど無自覚なのだ。幸せに現代を享受しているが、これで本当に幸福なのかと彼はいっているかにみえる。歴史とはこうして個人に現象して来るものなのだと歴史家藤森はささやいているかにも思える。それとも歴史家のニヒリズムか。

さてもう一人触れておかなければならない。建築表現で歴史を語るなら白井晟一の存在を忘れることができない。「広島原爆堂計画」（1955年）（図2-11）。直方体を円筒がつきさす極めて単純な幾何学立体と「テンプル」の前面に湾曲した平面の「ミュージアム」というだけの案であるが「ミュージアム」にはギリシア様のフリューティングがほどこされたエンタシスのある円柱が数本見えている。「歴史」を思わせるのはこの数本の円柱のみであるが、これが極めて印象的である。平滑で単純な幾何学立体の中に突如として挿入されたギリシア円柱は換喩の手法の鮮烈さを遺憾なく発揮している。白井はこんな換喩に

図2-12　余呉町森林研修センター／1990年

よって「歴史」を表現した。彼の「歴史」はギリシアの場合もあるが、日本も当然同じ手法によってできたであろう。しかし彼はそれをしなかった。斗供を柱頭に戴く円柱一本だけ起立させたインテリアによって高松伸がそれを実現して見せた。高松がこの表現手法を的確に応用して見せたということは、白井の方法が如何に普遍性の高いものであったかを示している。但しこんなシンボリズムは「歴史」と真っ向から格闘していることにはならない。

さてそれでは私が大学院生に与えた課題はどうか。まずは「イスラム名建築の木造化」である。私は建築は平面と断面に表現の殆どがこめられるものであり、立面は平面断面の結果に過ぎないと思っている。従って「イスラム名建築の木造化」は組積造建築の空間特性を変えずにどう木造化し、どう空間を変容させるかを私は学生の答えを見ながら考えたかった。イスラム建築の特徴は多用されるドームである。これは私自身実作（「余呉町森林研修センター」1990年等）ですでに木造化を試みていて、はっきりした答えをもっていた（図2-12）。しかし学生たちの提案にはこれといった目新しいものはなかった。注意すべきはやはり平面である。木造化とはいえ京都市内に立地させられ、しかも現代に使用される施設に転化させられるのであるからこれには相当の工夫がいる。たとえばモスクの空間特性を余り変えずに集合住宅に転換するといったことを彼等は課されたのである。勿論用途は彼等一人一人の自由ではあったが平面の大きさや輪郭、屋根の形状や高さを変えることは許されていないのだからこれはプロでも一苦労するはずである。

私自身モデルを創っていないのでこの結果については明確に答えられないが私ならどうしたであろうか、と自問してみる。

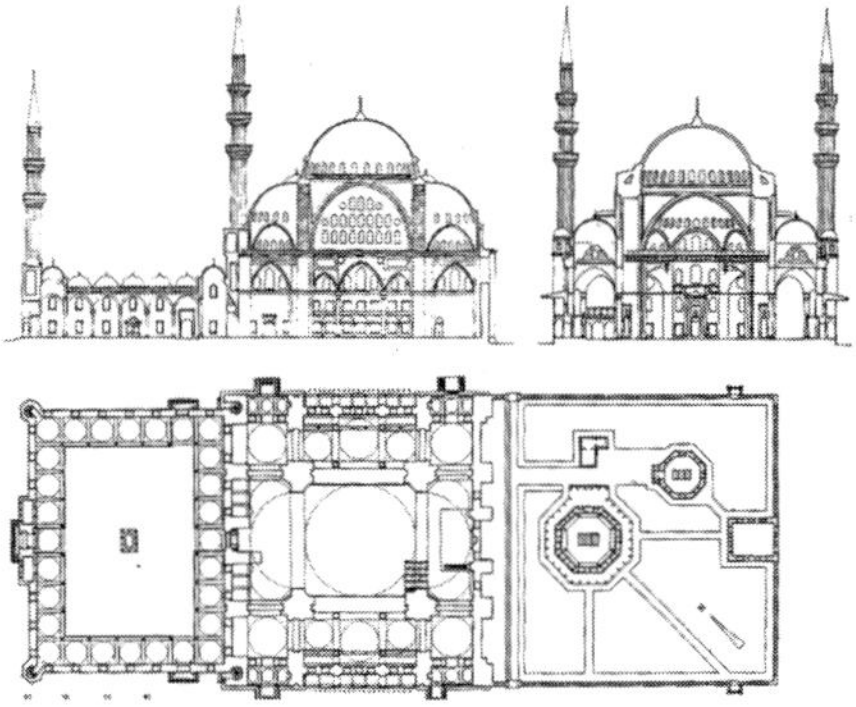

図2-13　スレイマーニエ・モスク／縦断面図、横断面図、平面図

モスクを集合住宅に転化するとする。たとえばトルコ、イスタンブールの「スレイマニエモスク」を対象にしたらどうするであろう（図2-13）。組積造を木造の軸組構造にするのはプロとしてはそうむずかしいことではない。問題は平面である。中心の大ドームの下方を逆四角錐の台形に絞り込んで四周に住戸を嵌め込む断面にするのがいいかもしれない。それともドーム下の吹抜を階段状に上部に向かってセットバックして四周に住戸を嵌め込むかであろう。勿論廊下は巨大吹抜に面しているのはいうまでもなかろう。トルコモスクの特徴である中庭を囲む前面の回廊は吹放ちとはせずガラス壁として広大な共用空間とするであろう。但しここには共同浴場や会議室、ロビーなどがとられるはずである。

図面を一切制作せずにこんなことを書かれても迷惑には違いないが、何となく空間は想像してもらえるのではないか。こうして出来上がる木造空間は立派な「歴史」の転用ではある。少なくとも丹下健三の香川県府庁とは違い、初歩的「歴史」活用ということにはなるまい。勿論村野藤吾の佳水園のような伝統引き写しとも違う。歴史空間の転換であることは明言していいのではないか。

2—4　歴史と機能

建築の機能、単純にいえば用途として歴史が直接に対象となるはまず考えられない。歴史博物館は歴史が建物の内容ではあっても「機能」は展示である。その場合に展示物が古

図2-14　ユダヤ博物館　D・リベスキンド／1998年

文書であったり歴史人物の像、遺物などその博物館の内容にそった歴史的事物ということになり、これが絵画に変わってしまうとその建物は美術館となる。これはこの種の建物が展示が「機能」であることを如実に示している。しかしこの転換を拒否した博物館例がある。リベスキンドの「ユダヤ博物館」（1998年）である（図2-14）。帯状の細長い平面を何回も屈曲させ上空からは巨大な文字に見えるようになっていて、内部にはその屈曲を突き刺すかにブリッジが架け渡され普通なら壁にかけられるべき展示物を見るためにそれは設けられるはずなのにそんな役割が与えられているとは見えない。それだけでなく壁面の多くには縦横斜めに細長い窓が穿たれ到底壁に展示物がかけられるようにはなっていない。しかも平面はやたらに屈曲を繰り返すから床置き展示にもむいていない。要するにこの建物は展示を拒否しているのである。建物全体がナチスのユダヤ人迫害を表現しているのであって個々の展示物にそれを求めてはいない。荒々しいむき出しのコンクリート打放壁も収容所の荒涼たる光景を彷彿させるはずであった。しかしこの方式はユダヤ迫害の記憶が人々の脳裡に焼きついている間はいいが、やがて長い時が流れ幾世代も後になると具体的展示のないこの博物館の意味がその時の人々には理解できなくなってしまうに違いない。この恐れがあったのであろう。コンクリート素肌むき出しの壁は平滑に仕上げられリベスキンドが意図したものとは違ってしまった。それでもこの建物が示したのは表現としてのみならず「機能」としても歴史が取り扱われうるということであった。歴史対象が生々しい近代の事件であったことがこの計画の長所にも欠点にもなってしまった。ところが確実に人々の知識となっている歴史事実を対象とするならばリベスキンドの方法はどう展開されるであろうか。

実は私が大学院生に課した「鳳凰堂の細部木組の建築化」は歴史を機能対象とする試みなのだ。こんなことが実作になるには今しばらくの時間がいるであろうがもう少しすると実際のプロジェクトが始まるはずである。学生ではなく私自身である。ともあれ鳳凰堂であるがこれを仮に「鳳凰堂計画」と呼ぶ。

鳳凰堂の木組だけを摘出するのではなく木組を含む一部を切り取りこれを20倍に拡大した平面のものと断面のものを計画、制作するわけではあるが、建物の一部だけならば鳳凰堂でなくても時代にそれほどの隔たりがなく、しかも似たような建物ならばどれでもたいして変わりはないであろう。その意味ではこの課題は鳳凰堂又は平安時代の美を機能対象としているとはいえない。しかしこの課題の目的はこうして出来上がった建物群を洛中に配置し、洛中風景全体で鳳凰堂の平安美の再生をしようということであったから、計画全体の機能対象は間違いなく鳳凰堂であった。但し洛中全体に建物群を配置するのは全体計画を散漫にしかねない。むしろある決まった一地区を定めてここに建物群を稠密に配置した方が所期の目的に叶ってはいる。その点布野修司が中心となって企画している京都デザインリーグに参加して、これを適用すると想像以上の効果を発揮するに違いない。

いずれにしても木組を10ないし20倍に拡大して木造建築とするのであるから、この計画には木造建築の特性が入れ子になるはずである。学生の力倆からそれを十全に表現することにはなっていないが方法としての可能性は極めて広大であるといっていい。それでも一つの建築としてこの「鳳凰堂計画」を実践してみた場合、鳳凰堂全体が機能対象となるであろうか。勿論繰り返しにはなるがそれはあり得ない。しかし木組を含めた細部を切りとっても鳳凰堂のエスプリがあらわれ出ていないかといえばそんなことはない。細部も鳳凰堂なのである。優れた建築は全体から細部に至るまで何重もの入れ子になっている。このフラクタル（無限入れ子）の特徴が細部を拡大して全体とする逆転を可能にする。こうすると鳳凰堂とは一見似ても似つかないのに、細部を全体に逆転して再びフラクタルとなす建築に再生する。これもやはり「鳳凰堂」なのであり、但しこの場合は「鳳凰堂」はこの建築の機能対象となっている。表現と紙一重でしかない「機能」であるのは断るまでもあるまい。厳密にいえば「歴史」の「機能」への萌芽であるかもしれない。それにしてもこうして計画された建築はどんな用途を担いうるのか。学生達もそれには大変苦慮していた。平面への適用の場合はまだしも断面適用では用途が思い浮かばないことが多かった。これは私がやってみても同じ事だったと思う。断面表現が用途を誘発するのがこの種の方法であり、私自身都市再開発計画で盛んに使った手法ではある。但し「鳳凰堂計画」のように歴史建造物の断片を発想のモチーフにしたわけではない。

都市再開発の対象地区を凝視していると、どういうわけか断面形がまず浮かんで来た。市街地の一部を切り取ったのが対象地区であるから地区の周囲とのなじみが当然気になる。しかもその周囲をどう変容させ、活性化させるかを具体的な姿形にしてみせることを私などのフィジカルプランナーは要請されている。そこで対象地区を含めた周辺区域の未来像を想像する場合には断面から想定する方が楽だった。しかるのちにその断面に合った用途を考え出すと、それは的確な未来予測になることが多かった。そうして実現した計画もいくつかはあるはずなのだが、私は具体的な実現案には関与しなかったのでその結末は不明である。「平面」は現実を引きずるが「断面」は未来を開示するとでもいっておこうか。特に都市建築にあってはそうである。

図2-15　サグラダ・ファミリア教会
A・ガウディ

「鳳凰堂計画」はそんな建築群で洛中を埋め尽くすことが想定されているが、都市再開発の場合とは発想の順序が逆である。再開発では既存の市街地が計画の与件であるが「鳳凰堂」の場合は「歴史」が与件であり、それが用途を誘発しその建物周辺地区の変容を迫るのである。

少々唐突ではあるが現在も建設続行中で更に完成まで２００年近くかかるといわれるガウディの「サグラダ・ファミリア教会」の建設プロセスも、歴史が「機能」に転化している好例かもしれない（図2-15）。ガウディ自身は中世復興を意図してこの建物の計画をし、長い年月の建設期間を企画したのであって「機能」を意識していたはずはない。しかし短期日で巨大規模の建造を日常化してしまった20世紀の後半以降の真只中にあって「サグラダ・ファミリア教会」の建造が進行中であることはガウディの意図を越えた問題を呈示しているかに思えてならない。この教会が完成してしまえば多分中世の現在にも残る大伽藍と殆ど同様な建物としてしか認識されなくなるであろう。それがどれほど優れて劇的な空間であろうともである。中世の真只中に建造されたゴシック大伽藍はその建設に従事した人々に、完成への一歩一歩が神の国への道程として時間の流れを結像させる力が備わっていた。しかし20世紀や21世紀にあってこの建物の建設に従事した人々にそんな意識が惹起するであろうか。神の国を心底から信じる人がいるとは思えない。それでもこの建造は続行されていく。となると続行だけが目的となっているといっていい。日本人の彫刻家ソトオも自分の分担が終了すればこの建造から遠ざかってゆく運命にあるらしい。この建造にたずさわった大多数の人々はソトオと同じ運命を辿ったに違いないし又辿るであろう。又それで充分納得しているであろう。この建物にとって建造プロセスこそが最大の「機能」

であろう。それ以外は無に等しいといっても過言ではないに違いない。

時代の趨勢に徹底的に逆行した建造プロセスが建築が完成することの無意味さを告示している。情報が瞬時に全世界を巡り新奇なことすらたちどころに現実化してしまう「今日」では、建築は馬尺に合わない仕事であり21世紀には廃棄される分野に違いないとは石山修武の指摘である。そんな中で完成させないために一つの建築が営々と建造され続けていくとしたらこれの意味は何なのか。

2—5　現象学と機能主義

コルビュジェは「住宅は住む機械である」と言った。まさに言い得て妙ではある。建築の機能主義をこれほど端的に表明できたことは驚異といっていい。機能主義は合理主義の一端ではあっても全てではない。従って機能主義は近代合理主義の負の遺産を全て負わなければならないわけではない。徹底した「機能」とは建築の場合微細な細部に至るまで全て合目的に作られてあることをいうであろう。自動車や船ならば間違いなくそう作られるし、そのことに誰も疑問を抱かない。それなのに建築の場合必ずしもそうはいかないと思われてしまう。コルビュジェの箴言はそのことを如実に示している。人々の建築、住宅に対する保守性への攻撃こそあの箴言だったのである。コルビュジェは建築を自動車や船を作るように作るべきだと考えたが、コルビュジェの時代自動車は確かに合目的的に作られていた。しかし船は必ずしもそうとはいえなかった。豪華客船の室内はまるで王宮のサロンと見違うばかりに作られていた。余分な重量を負担させていたことになる。船にすら余分を要求する人々の飽くなき装飾への嗜好は、コルビュジェにとって腹立たしい限りであったはずである。ともあれコルビュジェやミースなどの近代主義の巨匠によって機能（主義）は堂々と建築の第一主題としてまかり通ることになった。とはいえ「機能」が建築に於いて徹底的に追及されたのかといえば、必ずしもそうではなかった。もしそれが行われていたら建築はどうなっていたか。建築は内部に人を入れる容器であることは自動車や船と変わらない。しかし自動車や船は動くが建築は不動である。不動であること、巨大であること、この二つが容器としての特徴であり、この特徴に即した機能追求を徹底させていたら建築は現在私達が眼にしているものとは随分違っていたはずである。建築の内部で人々は動く。この動きにそって内壁が軟体動物の皮膚さながらに膨らんだり縮んだりして常にその形態を一定させないことこそ肝心だったのではないか。これは住む人の少ない住宅でなら可能だったはずである。しかしそんな住宅はついぞ立ち表れなかった。必要なかったのだろうか。それとも技術的に不可能だったのか。決してそんなことはない。住宅ならば事と次第によっては外壁や屋根に至るまで伸縮可能なものも実現可能であった。ところがそんな住宅は結局作られなかった。１９６０年代ならばこんな徹底して居住者の動きに合わせて伸縮可能な住宅が作り出される可能性があった。しかしむしろこのための技術は宇宙ステーションへと転用され、住宅にまで適用されることのないことを見極めて私などの「ポスト・モダニズム」が70年代初頭から始まった。徹底した機能追求は建築には必要ないのだ。もっと保守的なものでこそ建築はあるというのが70年代以降の潮流となったのは否めない事実である。

但し私達も決して「機能」を否定したわけでなかった。建築の主題を「機能」から空間へと変転させたに過ぎない。コルビュジェが「ロンシャン教会堂」ですでにやっていたことでもある。建築で機能追求が不徹底だったのは、伸縮自在な建築が実現可能だったとしても多人数が内部で動き廻る建物の場合、一人一人の動きに合わせて壁などが伸縮するとなるとまるでとりとめないことになり混乱極まりない内部状態を現出してしまうことになりかねない。むしろミースのように間仕切りも何もないだだっ広い一室空間にしておく方が人々のどんな動きにも対応するという至って無責任な平面技法が勝利をおさめてしまった。完全なる判断停止なのだが誰もこれに異議をさしはさまなかった。ミース流は無責任な統計的な平均主義なのであり「民主主義」にはなじみやすい長所をもっていたからである。ところがこれが近代主義のチャンピオンとされたから「機能」追求は中断されてしまった。判断停止の無責任が近代主義の主題だとしたら誰も真面目に機能追求などしないであろう。コルビュジェがミースをどう評価したかはわからないが、多分彼に対しては不機嫌だったのではあるまいか。彼の自殺もこのことと無縁ではあるまい。ミースはどうもおかしな奴である。バウハウスではあの無責任さで全身全霊生命を賭けて近代主義を創始したグロピュウスを追い出したし、近代主義でも近代主義の闘将コルビュジェを押しのけ、いつの間にか第一人者におさまってしまう。一滴の血も流さずおいしいところだけを食いちらかすのがミースであり、ミースの存在が近代主義を中途半端にしたといっていい。但しそうしたのは民主主義の弱点としか思えない極めて偽善的な統計的平均主義であるのはいうまでもない。ミースがアメリカに渡って近代主義の第一人者になったのもこのことを如実に示している。

私の72年の『空間変容術』によってポスト・モダニズムは呱呱の声をあげた。この時も近代主義については徹底的に批判したが「機能」については一切触れなかった。私は一刻も早く建築の主題を「機能」から空間に転じたかった。但し72年当時隆盛を極めていたのはスーパースタジオの「動く都市」や黒川紀章のメタボリズムであったから、修正機能主義とでもいうべきものではあった。しかし誰一人としてこれが今後の建築の主題となるとは本気に考えはしなかったであろう。

空間が主題となる場合「機能」の対象であるモノは主舞台から背後に退いてしまう。問題は人々の意識であり、極めて現象学的色彩の濃い空間認識態度が要求される。このことに気付いたのは当時京都大学の教授であった増田友也の「エスノスの風景」を読んだからである。今では書いてあったことの殆どを忘れてしまったが、増田が問題としていたのは空間であり空間を体験する人々の空間に対する意識であった。雑誌文章としては長大なものであったが生来哲学、文学趣味の濃厚な私は眼を見開く思いでこの文章をむさぼり読んだことを記憶している。あの時、空間を主題するにあたって現象学が有効であることに気付いたからポスト・モダニズムは一世を風靡した。増田の恩恵というべきであろう。今「機能」を問い直すにあたって現象学的認識法を使えないのか、とまず思う。72年当時には一度捨ててしまった「機能」ではあるが、もしあの時に現象学的に「機能」を再認識していたらどうなっていたであろうか。ポスト・モダニズムがあそこまで燎原の火に似てまたたく間に世界に広がることはなかったかもしれないが、近代主義は随分深化していたであろう。

図2-16　神殿住居地球庵／1987年

それでは現象学的機能認識である。

現象学は意識が問題であるから、私自身の住宅を取り上げるのが妥当であろう。「神殿住居地球庵」であるが、あの建物の中で球形の茶室「地球庵」の直下に食卓を置き、地球庵の南極に当たる場所には孔が穿たれ、部屋の内部の照明の光が食卓を照らすようになっている（図2-16）。従って「地球庵」全体が食卓上の照明器具ともなっている。設計当初はこの「地球庵」の真下の部屋は子供室として想定していた。断面計画は全く変わっていないから、現在出来上がっている断面形状のままで子供室であったわけである。しかし建主の奥さんがここを厨房兼食事室にしたいと言い出した。しかも球の真下に食卓を置けば面白いし、充分使えるとも彼女はいう。私も彼女の思い付きはいけると思った。「地球庵」全体を巨大な照明器具にしたのは私であるが彼女の提案がなかったら考えついていなかった。この例のみならず建物の設計の間か施工の最中に予定とは違う使用の仕方を思い付き、細部の設計を変えてしまうことはままあることに違いない。それでもこの建物の場合は珍しいのではないか。極めて個性的ともいえる球形の部屋の真下の空間の使用勝手を変えてしまうには相当の強い意志が働かない限りなかなかできることではない。あの場合建主の奥さんの意識が重要なのだ。ここは一番いい空間であり四六時中家にいる自分の空間にすべきであるとまず彼女は考えたという。

地下にめり込んだ空間であり私には窓も採れず暗くてうっとうしい場所ではないかと思われていた。それなら夜しか使用しない主人の書斎か、せめて子供部屋ではあるまいかと思っていた。しかし奥さんには暗くうっとうしいなど眼中にはないらしい。確かに隣接する部屋を居間として続き部屋にしてしまえば、そこから光が入ってくるように出来るからうっとうしさは緩和されるには違いない。とにかく彼女の場合空間の断面形状から「機能」を編み出してしまった。しかもおよそ常識から離れた意識においてである。彼女にとっての厨房は単なる調理の場所ではなかったらしい。食事室の直上の「地球庵」がまるで巨大な妊婦の腹さながらに垂れ下がって来ている真下で食事するすることの面白さが、調理の意味すら変えてしまったということらしかった。「機能」を意識を通して見るというのは彼女の態度をいうのかもしれない。通常「機能」は常識の表出として捉えられる。食事するための食卓、寝るためのベッド、そのための空間が寝室といった「機能」は誰にでも理解できる現象である。それなのに幾分か常識でない意識が働いて調理が変容されると厨房までも常識からは離れていってしまう。それでもこの厨房兼食事室は当たり前の「機能」を十全に果たしている。

「神殿住居地球庵」は特異な空間が思いがけない「機能」を生み出した例ではあるが「機能」が意識の対象となることも示している。近代合理主義の一端としての機能主義は明らかに機械主義であった。手や足等の人間の機関の代替として、しかも人間の機関が果たすよりも圧倒的に早く正確な道具や器具を生み出す機械こそ機能主義の象徴であった。その場合には「機能」は意識の対象にはなり得ない。建築に於いて「機能」が意識の対象となるのは、石山修武が一貫してやって来たモノの機能転換か特異な空間が思いがけない「機能」を生み出すときに限るであろう（＊2）。但し「神殿住居地球庵」では特異空間が思いがけない「機能」を生み出したが、必ずしもそれが特異な空間である必要はない。

要は機械主義に陥らない機能認識が重要なのである。人間の機関の代替だけが「機能」ではない。何でもない灰皿でもタバコを吸って灰の受け皿として何故これがここにあって

＊2
石山のセルフビルドは世間一般のものとは随分違っている。コルゲート・チューブは工業製品であり、家の中の部品も一通りは工業製品といえるものを使う。これは「幻庵」以来の手法であり、組立は建主と石山が少しずつやり続けるのも彼流のセルフビルドである（図2-17）。

図2-17　幻庵　石川修武

こんな作り方はこの道に全く暗い私には、それが常道なのかどうかはさっぱりわからない。少なくとも彼以外の日本の素朴な手作り派セルフ・ビルダー

とは違うであろう。建物を作ろうとする意識が違うのだと思う。石山のやり方は工業製品といっても、使い古された廃品などを建築の部品に転化しているのであって、その意味では廃品の機能転化の発見をし続けることに関心が集中しているかに見える。彼は建物を少しずつ作り続ける間中モノの「機能」に直面しているといえそうである。そういえば彼はバラックに異常な関心を寄せたのも同じ位相であり、実作以前の学習だったのであろう。彼が関心を寄せるバラックは廃品を山と積み上げた奇妙な空間だけではなかった。廃品がどう見事に機能転換させられているかということでもあった。むしろこちらの方への関心が強かったのではないか。これは現代美術の方法でもあり、その意味では特別言挙げすべきことではないかもしれないが、それを現在でも続行しているのは稀有としかいいようがない。

「世田谷村」でまず私にとって見えるのはモノの配列である（図2-18）。配列によって抒情がかもし出されるのは間違いあるまい。しかしそれは石山がねらっていることではなさそうである。勿論彼はその効果を充分意識してはいるであろう。彼の建物のモノたちの見せる抒情はやはり機能転換と深く関わっているに違いない。たとえば煙

こうなのかと問いはじめた瞬間に「機能」は意識の対象となっている。

2―6　仮想現実と機能

「空間が意味を持ち得なくなるとしたら、それは構成に原因があるのではなく、空間が空間を体験する人々に現象する、その仕方に何らかの破局が認められる時である。ある空間をたとえば暗く歪んだ空間であると意識する時、この空間は私にとって意味を持ち得るけれど、ある空間が私に何の印象も、また以前の経験からは何の脈絡も感じられない時、その空間は私にとって意味を伝達しない。従って模倣や剽窃による創作行為によって創られた空間も空間体験者に対して現象する仕方に破綻がない限り、決して意味論的に病んだ空間とは言い難い。もっと単純化して言えば、模倣や剽窃は創作主体の問題であっても、空間体験者の問題になり得ることは少ない。」（「空間変容術」『ＳＤ』72年3月号）

４００字詰原稿用紙80枚を越える長大な拙文の一節であるが、これがポスト・モダニズムの引金となった。建築の主題を明確に空間とし、空間をそれを体験する者の意識の対象として捉えて意味論を構築していく方法を提示した。もしこの時意識の対象を空間ではなく「機能」としていたらどうであったろうか。この文章がこれ以後巻き起こるポスト・モダニズムの潮流の起爆剤となるような役割は勿論果たしえず、せいぜい修正機能主義の一

図2-18　世田谷村　石山修武

突が屋根を突き破って立ち上がっていたとする。その煙突はもともとはそんなモノとして使用されるモノではなく鋳鉄の配水管として作られたものであった。それがT字のエルボー付きで煙突に転化されてしまうと、このモノは見慣れた煙突とは違う表情を見せることになる。これが抒情なのだろう。石山の建築のモノたちが見せる抒情とはこんなことなのかもしれない。

文として幾分かの意味を持ちえたに過ぎないであろう。この拙文の中で書いた記憶がある。

「空間の変容は一般的には物体としての現存する空間と体験者に現象する空間の形象の違いが明確になる時点において顕わになると言える。もっと具体的には現実に四角で何の変哲もない倉庫のような空間において天井からぶら下がった首吊死体を発見して一瞬にしてその空間が歪み、内壁の白は恐怖を誘う色彩と化してしまう。このような現象を空間の変容と呼んでいいだろう。従って空間体験者の心的現象における空間の変容と考えてよい。」（「空間変容術」）

こんな空間体験者の意識によって空間の意味を探り、それを空間創出の出発点とする。これは空間の現象学的創出法といっていい。これを「機能の現象学」としたのが前節の内容であるが、これを書くのに30年の歳月を必要としたのは何故なのか。RIAを辞してから私は藤田邦昭の「都市問題経営研究所」で都市再開発の計画の手伝いをしていた。この仕事は都心に住む人々の経済的欲望がむき出しとなり、欲と欲とが激しくぶつかり合うすさまじい現場であった。私はフィジカルプランニングの担当者ではあったが、何度かそんな現場に立ち会う機会があった。これが都心の現実であり、ドキュメンタリー文学作品が成立するにはまたとない生々しい現実ではあった。建築の主題が「機能」である確信がもし私にあったら、都心現実をドキュメンタリーの手法を駆使しながら建築計画に結実する努力をしたであろう。しかし前述したとおり、およそ建築にとっては本質的とは言えないメタボリズムなどの修正機能主義が全盛であったし、ミースの無責任近代主義にもうんざりしていたこともあり、いさぎよく都市から撤退する決意をし「空間変容術」をそのマニ

図2-19　ビルバオ・グッゲンハイム美術館　F・O・ゲイリー／1997年

フェストとして書いた。これ以後私は住宅設計に没頭し、80年代後半からは離島寒村の公共建築へと移っていった。その間一貫して追求して来たのは「空間の現象学」である。しかし一カ月足らずの間に引き続き起こった95年の阪神大震災とパートナーの構造家川崎福則の死をきっかけとして建築設計の現場から故意に遠ざかってしまった。ブランクともいえるこの5～6年間にモダニズム・リバイバルがあっという間に世を席巻してしまった。この傾向はどうなるのかはっきり言って不明ではあるが、私にはどうでもいい現象ではある。私が離島寒村に設計対象を絞り込んでいったのは、現代建築による海辺山村田園風景の活性化に主眼があったからである。「龍神村民体育館」が学会賞に選ばれると、それまで見向きもされなかった離島寒村は建築家の草刈場となってしまった（図1-2参照）。それは今でも続いているがモダニズム・リバイバルが何故そんな場所に必要なのか全く理解に苦しむことが多くなってしまった。ともあれ95年の二つの事件をきっかけに私にとっての「離島寒村」は終わった。開始者の私が終わったのだからその意味は今や無に等しい。というよりも「離島寒村」には明らかにマイナスであろう。

　都市から撤退して30年、見渡す限りの荒涼とした風景を都市は呈している。今が最もひどい状態である、と私には見える。都市に関しては国によって事情が違うため、単体の建築とは違い一律にいうことはできない。従ってこの場合は日本に限ってのことである。

　東京有楽町の「東京フォーラム」を磯崎新は粗大ゴミと酷評したが、その当の本人の東静岡の巨大ホールも同様かそれ以上に粗大ゴミである。何故あんな粗大ゴミが臆面もなく設計されていくのか。これは建築家の都市認識に対する重大な欠陥を露呈しているに違いない。何か重要なことが欠落しているのだ。たぶん機能認識に問題があるのではないか。

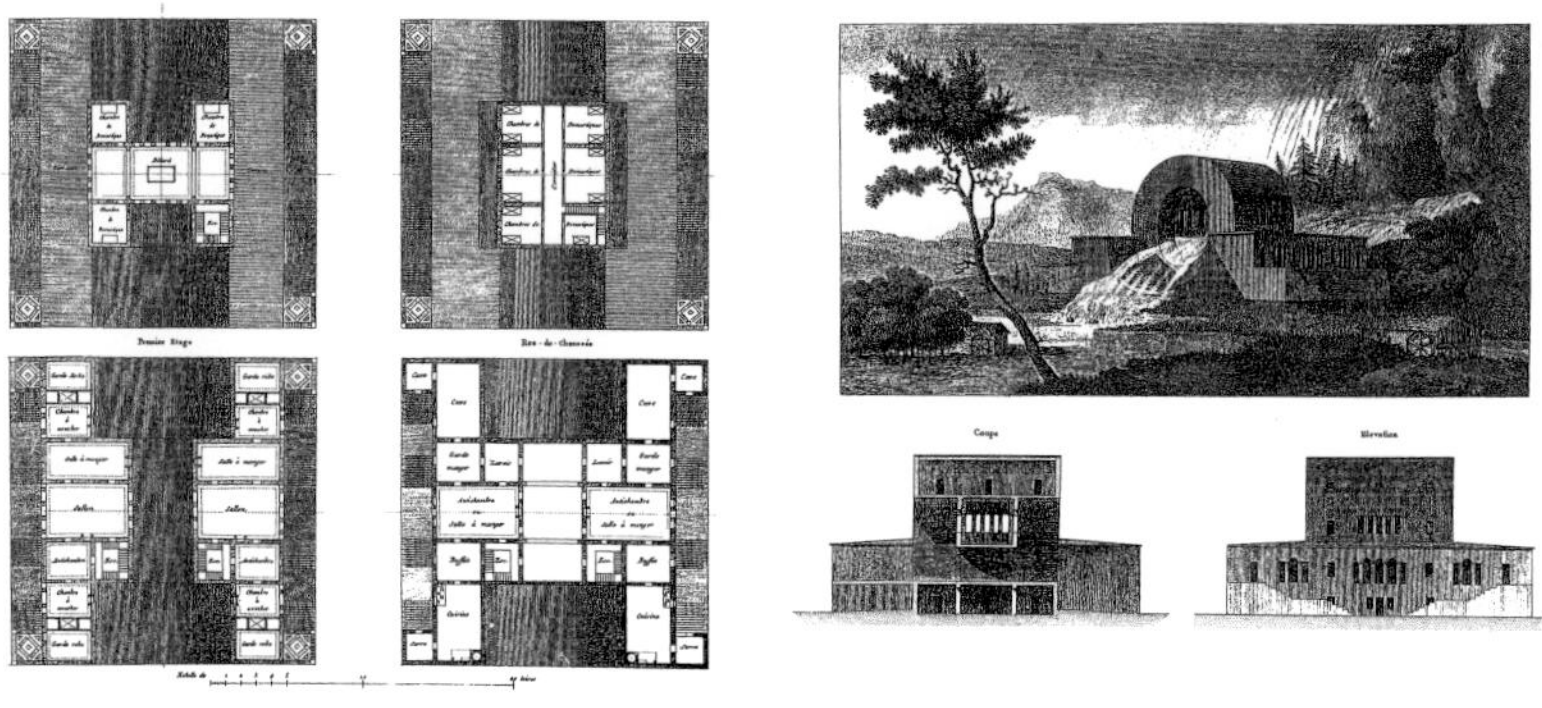

図2-20　水車監視人の家　ルドゥー

都市は種々様々の事物や情報が複雑に絡み合っているから、これを整理再構成するには「機能」に着目するしかあるまい。しかし現在まで都市風景を形成して来た建築群や高速道路、河川堤防、橋梁等は近代主義の機能概念に沿って作られて来てこの破綻である。当然近代主義の機能概念では立ちいけないことがはっきりしている。それでも「機能」は都市にとっての中心課題であり続ける。私ははっきりと都市戦線に復帰してみようと思う。そうなると必然的に「機能」が主題となる。そう思ってここまで書き続けてきたが、残すところ仮想現実と「機能」がどう関係し合いうるのかということのみとなってしまった。

　去年（２０００）の末、石山から聞いたことであるが、若い建築家達は現実の建築を作ることに殆ど興味を示さなくなっているという。彼等はＣＧの中のバーチャルリアリティの建築で充分満足しているのだそうである。これは世界的傾向であるという。また「グッゲンハイム、ビルバオ」の予想を越えた反響に気をよくしたＦ・Ｏ・ゲイリーは、ありとあらゆる曲面を多数の弟子達にＣＧ画面に出させ、それを建物の部分として使用し、圧倒的多数を集合させて一つの建築に纏めあげる設計方法を編み出し仕事の注文に追い廻されているとも言った。ＣＧの威力をいかんなく発揮させた設計法をゲイリーが確立したということらしい。その代わり「グッゲンハイム、ビルバオ」のようにまるで使えもしないチューブ状の空洞が単に外観の特異さのみに立ち表れているに違いない（図2-19）。表現のための虚偽の断面である。彼の設計法は極端な「空間の張りぼて」である。張りぼてが正当な建築に採用されたことは洋の東西、歴史上一度もないから、やがてこの方法もうたかたの如く消えてしまうであろう。しかしバーチャルリアリティはこの場合とは意味が違う。ルドゥーやピラネージなどの建たない建築も間違いなく建築には違いない。但しこの建築は永久に使用されることがないからゼロ「機能」の建築とでもいうべきなのか。当然ゼロ空間の建築であるし、ゼロ材料の建築でもある。それでも「水車監視人の家」などと題がつけられた家の絵を見ると、平面図も断面図もそろっているせいか、この建物が現実に建っている姿を想像し、どう使用されるのかも想像できてしまう（図2-20）。そういう意味では仮想の「機能」が浮かび上がって来る。それでもルドゥーやピラネージは手書きの建築であるから、その作品の数にはおのずと限度があるが、CG建築ならば無数といっていい作品が可能である。しかも種々様々な局面の空間描写が可能であり動画すら容易であるから、このバーチャルリアリティの精度は現実を写真にしたり、映像にするものと大差がない。この場合に想像される「機能」は果たしてありきたりのものだけであろうか。決してそうではあるまい。何か想像も出来ない「機能」が浮かび出してくるのではあるまいか。CGの可能性はここにあるのではないか。決してF・O・ゲイリーの方法ではあるまい。CGは空間を発見する道具ではなく「機能」を発見する道具であるだろう。バーチャルリアリティもそんな可能性があってこそ真のリアリティを獲得することになる。

仮想現実が現実の代替をするのでは意味をなさない。現実を越えてこそ意味があろう。「機能」は極めて現実的な概念である。しかも新しい「機能」自体は日々生み出されてゆくものに違いない。仮想現実には現実の「機能」がないのは当然であるが仮想された「機能」が現実世界の中では特別に発見的な形で立ち表れては来るであろう。こうなると「機能の現象学」とは紙一重ではあるまいか。意識と仮想の違いだけなのだ。このことがCGによる仮想建築の制作にあたっては重要な留意事項とはならないか。

2—7 機能概念の転換

「機能」は現象学のフィルターを通って概念転換の過程を全て終了したであろうか。実は最後の最も重要なフィルターが待ち受けていた。ユング心理学である。これを通過しない限り概念転換が行われたとはいえない。

仮想現実と意識とは紙一重であるといったが、この紙一重も見掛けのことであり相当の懸隔がある。仮想現実は如何にもありそうな無数の仮象の断片を寄せ集め構成してできる画像であるから、画像自体に深度があるわけではない。ところが意識には表層から深層まで何層もの重りがあって深度を有する。この違いは無限に大きいとすらいえる。この意識の最深層に照明を当てたのがC・G・ユングである。何事も性欲に結びつけられたフロイトの無意識はユングにあっては中間層に過ぎない。父を殺し母を犯すことを欲求する無意識、エディプスコンプレックスも中間層なのである。ユング心理学のキーワード「元型」についてはすでに簡単に説明したから繰り返しはしない。「機能」がユング心理学を通過するということは、これが「元型」になりうるかということであるのはいうまでもない。以下その検証である。実はこれが至難の技なのである。まずは最近手掛けた自作からそれをはじめるしかあるまい。「トルコ国立民族博物館」（1996年〜）これはトルコの首都アンカラの中心にある広大な都市公園の中に計画されたものである（図2-21）。アンカラはイスタンブールの陰に隠れて余り知られないが400万人を越す巨大都市である。そのシンボルとしてこれは考えられている。

古代中国の最初の統一国家は始皇帝による秦であるが、秦の北方に蟠踞する匈奴はトル

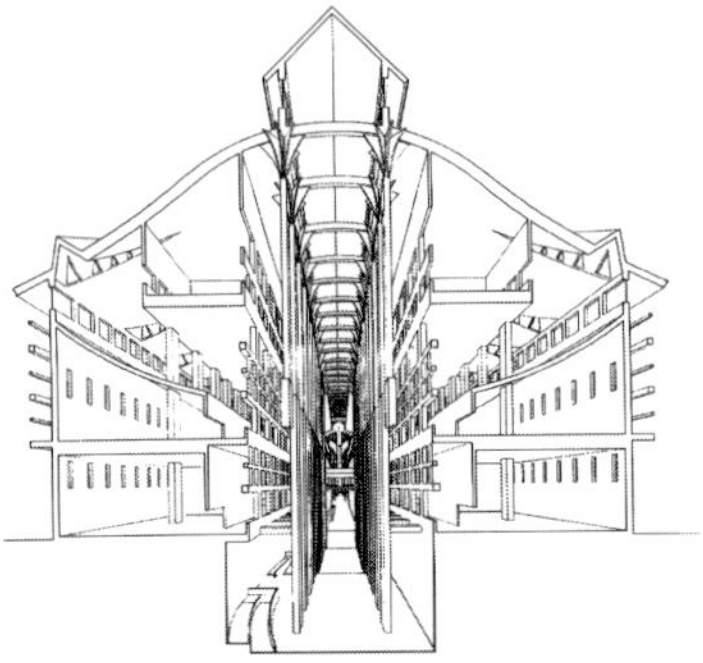

図2-21　トルコ国立民族博物館案／1996年

コ系騎馬民族だった。中国北方現在の南シベリア一帯に彼等は居住していた。この匈奴は分裂を繰り返し、ある時には鮮卑として北中国に北魏（423～534年）をつくり純然たるトルコ人としては、突厥帝国（552～657年）がありこれも南シベリア一帯を領有したが分裂して東西に分かれ、東西帝国とも滅亡後次第に西進し1037年には現在のトルコのある場所にセルジュクトルコ帝国を創り、紆余曲折の後1405年にオスマントルコ帝国に変わって現在に至る。トルコ民族はおよそ1200年かけて極東アジアから極西アジアにまで移動したことになる。移動した範囲はユーラシア大陸の半分以上に亘る。このトルコ民族の歴史博物館ということであったから、私は長さ800メートル、幅60

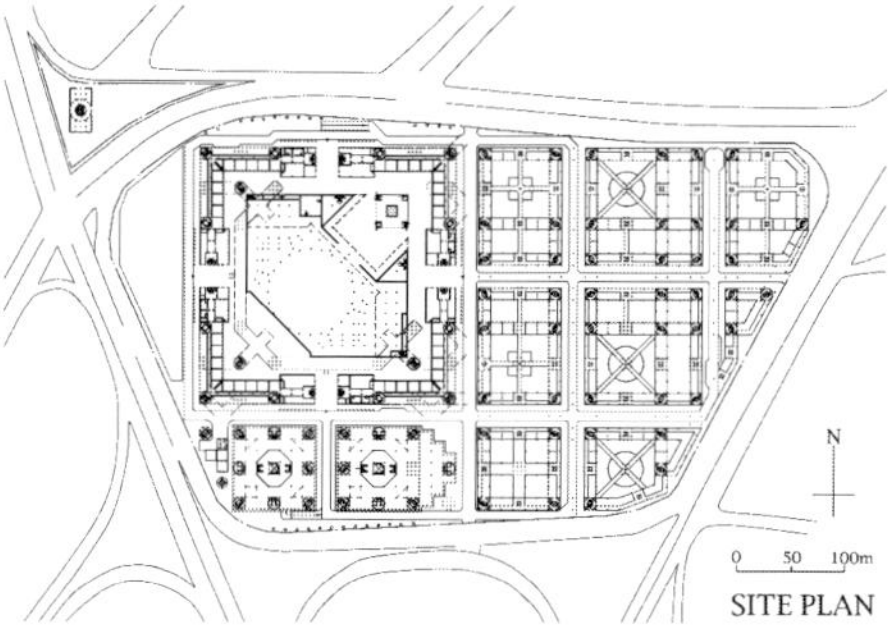

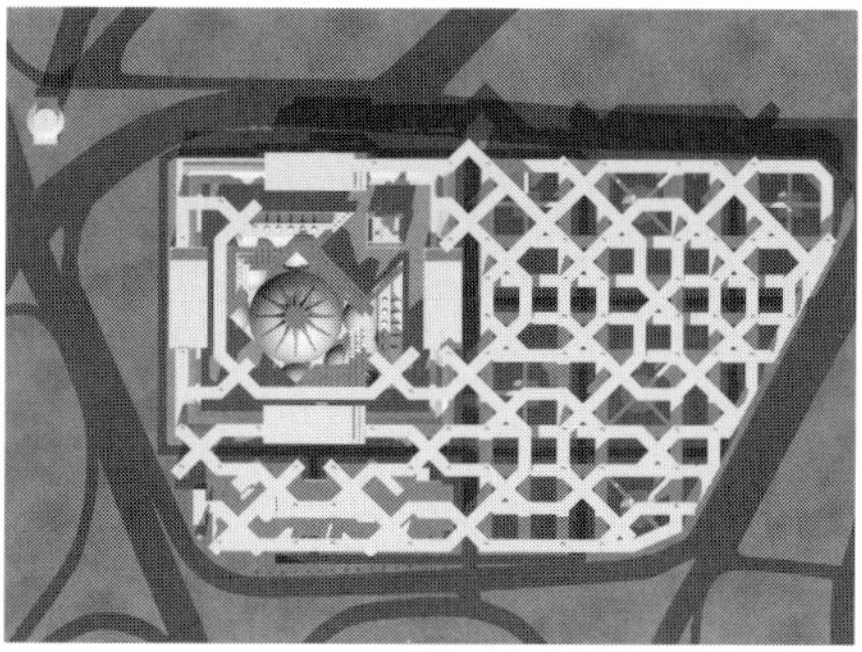
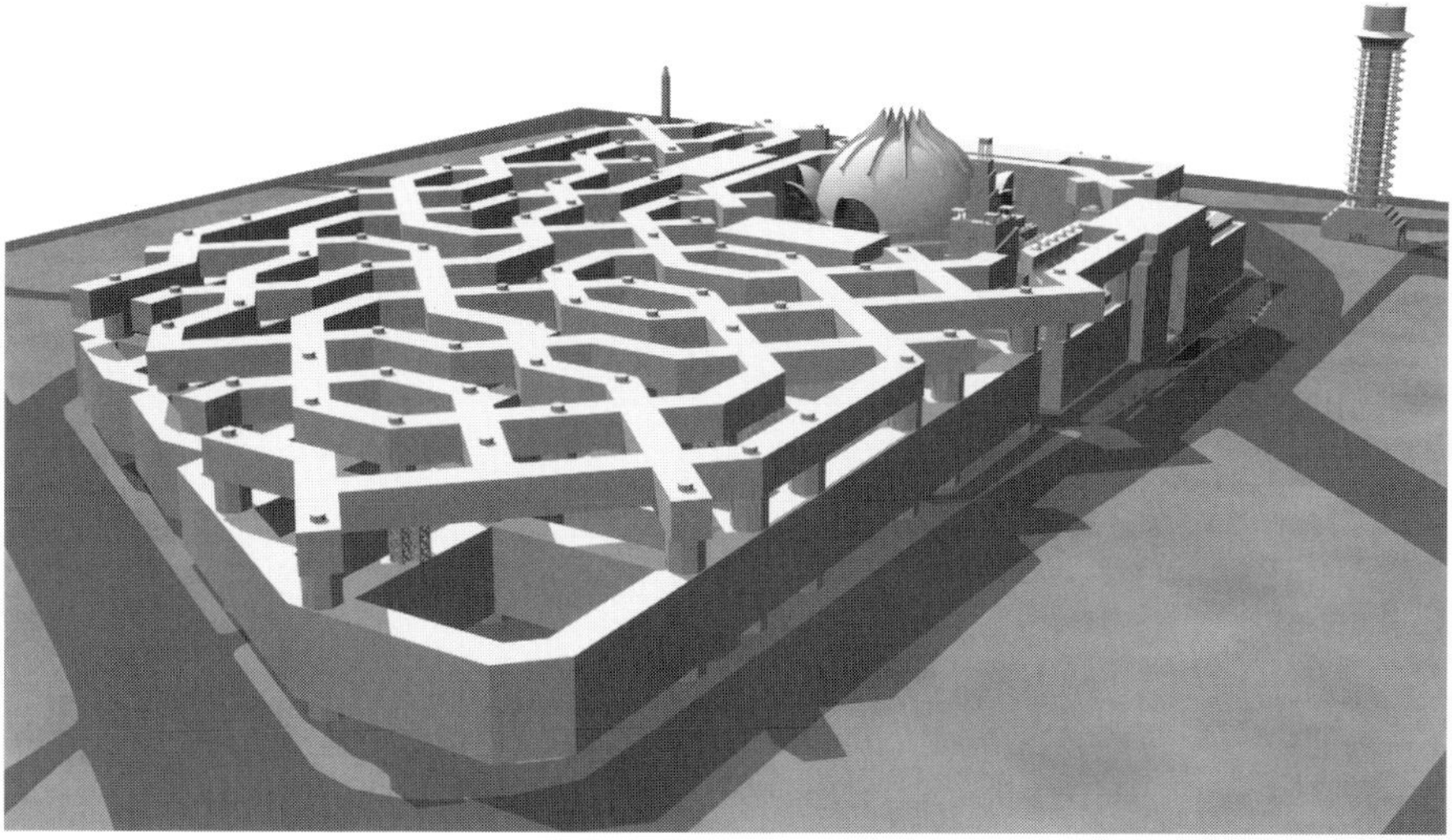

図2-22　メッカ巡礼者用宿泊施設／1999年

メートルの極端に細長い建物を想定した。トルコ民族移動の「道」を建築空間化しようと考えたからである。しかもこの建物は一直線で入口から出口まで一方的に進む展示空間であり、一度地下に降り又上るが、入口から遥か彼方に出口が見えるようにした。地下階まで降りきったあたりは1階、2階と計3層になっているが巨大吹抜の両側を進むようになっているから、この展示スペースは基本的には一室構成である。

　私はこの建物の構想の軸として「道」を意識した。当然空間としての「道」である。

　遠くエジプトの新王国時代にカルナック神殿でも「道」は見事に空間化されこの神殿の総長は400メートルはあろう。「カルナック」以来「道」が空間化された建築は数多く建てられたから、道は建築空間としては元型として意識されて来たといっていい。隊商や騎馬民族などの移動民にとっては「道」が人生の空間そのものであり、彼等が建築を構想するとき無意識裡に「道」を空間化していることが多い。中央アジアから西アジアにかけての騎馬民族系都市のバザールは明らかに道が建築空間化したものであり、どの都市でもここが最も建築空間として質が高い。少なくとも移動民か、かつて移動民だったものにとっては「道」は元型空間である。移動民でなくとも人々は先祖以来「道」を作らなかったことはなかったはずである。「道」は文明発生以前にすでに作られていたに違いないから、人類にとっては根源的空間であるといっていいであろう。ということは「道」は元型空間であるということである。しかし「道」は決して三次元的であるとはいえない。むしろ大地に刻まれた線であるから一次元空間であり、空間としては三次元空間に比べて印象度が遥かに弱い。

やはり「道」は人々が移動する線であり、空間として意識されるよりも移動という「機能」の方が強く意識されるであろう。「道」は空間としてよりも「機能」として元型化され易い。私は「トルコ国立民族博物館」を「汎ユーラシア文明センター」として構想し「道」を空間化したには違いないがよくよく考えてみれば、この建築にあっては道機能こそが強調されるべきである。入口から遥か彼方の出口が見えるという建築構成は一直線の並木のトンネルをイメージしているのであり、その限りでは「空間」が強く意識されてはいる。しかし私の無意識には巨大な廊下を展示空間にしようとしていて、この巨大廊下は当然「通過」という「機能」がイメージされている。この建築では空間が表層意識に浮かび上がっていて深層の意識である無意識に「機能」が潜んでいたといえる。

次に「メッカ巡礼者用宿泊施設」(図2-22)。この建物は「トルコ」ほどには「機能」が元型化してはいない。

たった20ヘクタールに10万人が宿泊するという強烈なプログラムなのである。ヘクタール当たり5000人の都市を想像してみてほしい。ヘクタール当たり1000人でも超高層住宅を林立させないとできないものである。それなのに建物は12階建まで、2万人が同時に礼拝可能なモスクもこの中に想定されていた。10万人の宿泊施設であるから明らかに「都市」である。デパートから個々の店舗までの商業施設や業務施設、バスのための交通施設、上下水道センターなど都市に必要なものは殆どそろえなければならない。但し宿泊室は集団部屋もあってしかも自炊できる簡易宿泊施設である。とはいっても個室も相当数要求されていた。要はこの計画のプログラムは「超高密中高層都市」の設計ということである。又メッカの市内に立地するから「インナーシティ」でもある。種々様々の「機能」がスシ詰めになったがんじがらめの計画設計条件である。

簡単に言ってしまうと地下に交通センター、上下水道施設、1階から7階までの異質部分と8、9階2階分を全面吹放ちの屋上テラス、10、11、12の3階分を特別宿泊ゾーンと定めた。条件に長期使用と短期使用の2ゾーンが設定されていたからでもある。建物下部は厳粛な正方形グリッド平面としその上部にイスラム紋様風の住居ゾーンを架構させるという空間構成をまず構想した。上部と下部の平面形が違うため、それを連結する縦動線の設定は相当の工夫がいる。上部は縦動線のシャフトが柱の役割をし、シャフトからシャフトまでのスパンは100メートルを越すものもあり橋梁の技術を使うこととし、建築空間は巨大なガーダーの中空である。こうして説明してくるとまるで機能処理に終止している

図2-23　アルハンブラ宮殿のアラベスク紋様

感があろう。こんな建物の計画は錯綜する機能の処理ができなくては成立しないから当然のことには違いない。しかし私はこの計画で主眼にしたのは機能処理は当然のこととして、やはり「空間」である。とはいえ空間イメージができたところで具体的にそれが十全な建築内容となるように構成システムを考案する必要があり、これは松本正が担当した。松本のシステムは大変優れていて空間表現のみならず錯綜した機能処理にも威力を発揮した。いずれにしてもこの計画の最大の特徴は7、8階2階分の吹放ちをはさんで上下部分の平面形が違っていることであろう。上下で平面の構成原理が違う。上部は下の道路すら覆ってしまうイスラム紋様の空間ネットワークであり、上空からこの建物を見下ろすとまるでアルハンブラ宮殿のタイルの紋様を見ていることになるはずである。というよりもこのイスラム紋様はアルハンブラ宮殿のタイル紋様をそのまま拡大してあるのだ（図2-23）。そう見えるのは当然である。イスラム紋様は幾何学図形の組合せであり、森の中の蔦が絡み合っているさまを抽象化している。森を喪失した砂漠の民の森林欲求が紋様となっている。その意味でイスラム紋様は元型である。密教の曼荼羅と同じことであろう。元型である紋様を空間そのものとして織り込んだ建築は間違いなく元型空間である。胎臓界をそのまま立体化した曼荼羅であるアンコールワットがそうであるのと同じであり、私の「メッカ」は立体イスラム紋様としてそれは元型空間なのである。このことはいいとしても、この建物の何処が元型機能なのか。それは濃縮都市であることに尽きる。道は移動を「機能」とする元型空間であるが、道にあっては「機能」の方がより元型的である。都市も集住が「機能」である。しかし元型として都市を意識した場合には稠密な集住でない限り、それらしきものは結像しない。ニューヨークの摩天楼の林立風景が元型なのはこの理由による。

それ故にこの都市風景が人々に強烈な印象を与える。「メッカ」は充分に「機能」を元型としている。

ビルバオのグッゲンハイム美術館を評価できないのは「機能」が軽視されているからである。近代主義そのままの「機能」を言ってないことはよくわかってもらえたであろう。しかし凡庸な建築家達はF・O・ゲイリーの設計態度、又は設計方法こそ21世紀的であると感心する。偽物は何処までも偽物であり、それ以上でもなければそれ以下でもない。20世紀の近代主義のユニークなところは「機能」を主題としたことである。それまでこれが主題とされることはなかった。ロマネスク、ゴシック、バロックでは主題は一貫して空間でありロココは装飾、日本の数寄屋にいたっては山水そのものである。そう思うと20世紀の出来事は5000年を越す建築史上初めてのことだったのである。

それでも「機能」が深化するためには現象学やユング心理学を通過する必要がある。このことは肝に銘ずべきである。

私は拙著『建築のマギ（魔術）』（角川書店、2000年）で、21世紀文明の主軸概念は「礼」であると書いた。高度科学技術を文明の主座に据えた20世紀文明が二度の世界大戦を引き起こしたのは、高度科学技術の成果を試してみたかったからに違いない。21世紀はこれとは逆に「平和」が主題となり、その身体的文化装置として中国古来の「礼」が再評価され文明の主座に据えられると予想した。この「礼」が建築空間化して無限入れ子を想定する重層空間を呈示した。「礼」が礼儀や儀礼化して堅苦しくなることを避けるため音楽を伴うのであるが、それを「礼楽」と言うように重層空間を創出するには瞑想を必要とする。音楽も元型に直通するのと同じく瞑想も元型を誘い出す。ただ私は三重応答方式というのを考案している。パロールと瞑想と重層空間の三重の相互応答を経て「礼」が建築空間化されるとした。「礼」の基本は二人の人間が対面するとき2メートル以上離れることであり、これは武闘になることを禁じたことなのだ。平和の身体的文化装置とはこのことを言うのである。「礼」は身体言語でもあり儀礼、礼儀、行儀といった入れ子構成であり最上位置に聖王の言動がある。詳しいことは『マギ』を参照してもらうしかないが「礼」の入れ子構造をそのまま建築化すると重層空間となるのだがこれも瞑想とパロールとの相互応答を経ない限り元型空間となりえない。しかし私はここにも「機能」を持ち込むべきであった。「礼」自体は平和のための身体的文化装置であるから、これぞ人類にとっての元型機能であったのだ。重層空間の最重要機能として「礼」が潜在していると考えるべきである。「マギ」では重層空間と「礼」を分離してしまっている。もともと「礼」から構想したのが重層空間だったのだから、これを切り離すことはなかった。但し「礼」を「機能」とするのは極めて難しい。「礼」そのものを21世紀的に再構成する必要があり、少なくともそれは建築家の私の任ではない。それでも機能イメージの中に「礼」が最重要位置を占めるという事はそれほど難しいことではない。私達日本人には中国人同様「礼」は血肉化しているからである。勿論朝鮮韓国の人々にとっても同じことである。「礼」が東アジアだけのものではなく世界概念となるに違いないから、その時こそ私達の本当の出番なのかもしれない。

2—8　都市の中のバイオプログラム

「庭園曼荼羅都市」がそれまでのあまたの都市像と違うのは都市全体を庭園として造りその上に道路や建築を配置していくということである。コルビュジェの都市像がピロティから全てが始まっているが、私の都市像は庭園が全ての始まりなのである。しかもその庭園も日本の伝統庭園の手法である「縮約」を駆使している。この都市は経緯度1分を単位として成立しているが、1単位全体に日本列島の一部を100分の1に縮小した地形を嵌め込み庭園とする。直径1キロの湖なら10メートルの池となり、深さがもし100メートルなら1メートル、1000メートルの山がその湖の近くにそびえているとしたら池の側に高さ10メートルの築山が配置されるといった具合である。勿論縮小された地形も庭園として無理の無いようにある部分は省略されたり全体的に抽象化されたりはする。要は平坦で変化に乏しい市街地に起伏をつけ変化をもたらそうとするのではあるが、都市の地が庭園であることが重要なのである。通常の都市なら市街地を覆う建物群が地であって、公園や庭園は図となっている。これを逆転するのである。「庭園曼荼羅都市」では建築や道路が両界曼荼羅のどちらかに近い配置となって1単位を形成するが、なにせ神戸の全体像を作製することに主眼があったため、個々の建物についてはそれほど考えることはなかった。しかしこの都市像に合致した建物はどうあるべきかは想定していてよかったと今は思う。建物の機能種別には関わりなく全ての建物は緑で覆われていることを前提とすべきであろう。この思いはこの計画の発表以後に計画した北九州市の再開発ビルに結実させた。建物の屋上は勿論のことファサードにも樹木を植え建築の全面を樹木で覆う「緑の立体格

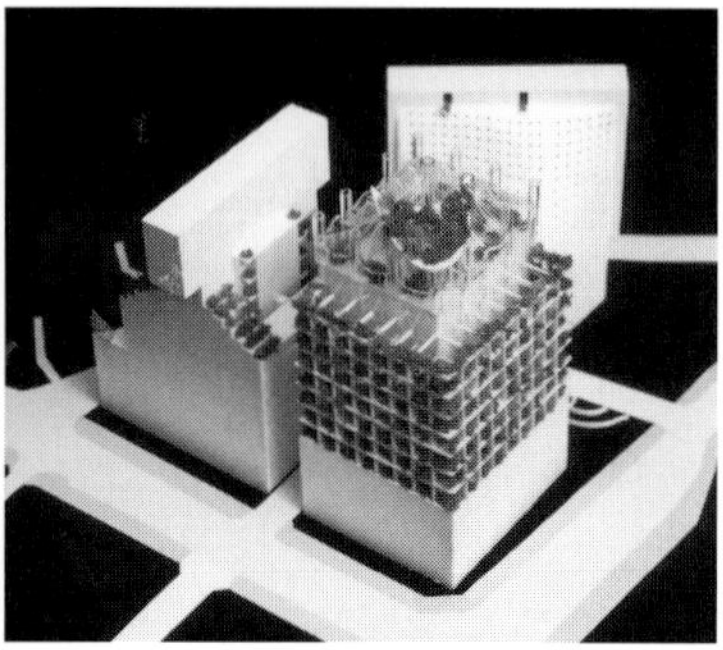

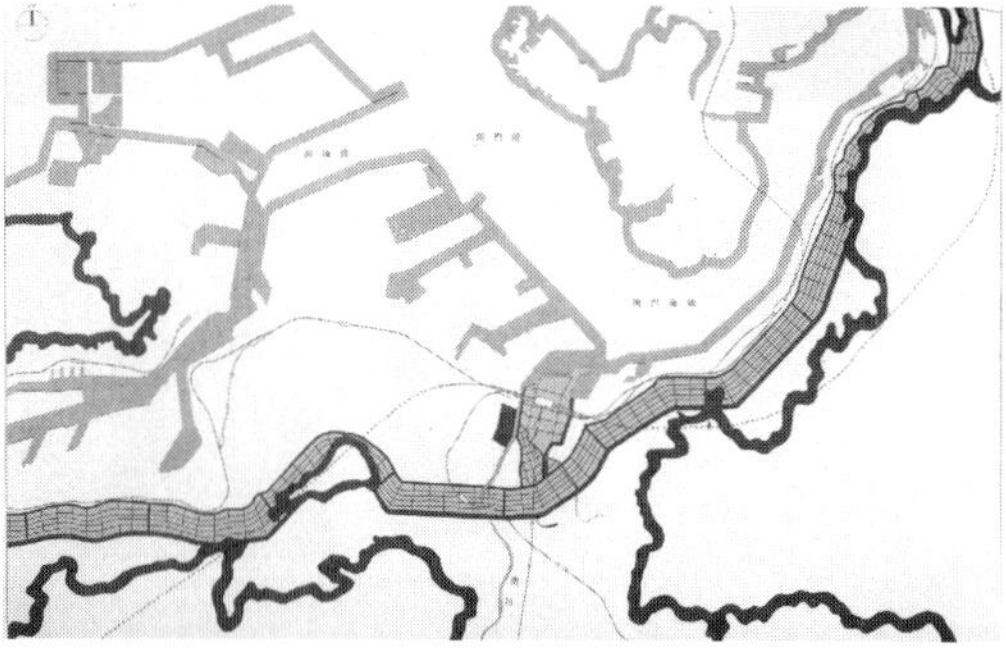

図2-24　北九州プロジェクト

子」を考案している（図2-24）。「庭園曼荼羅都市」ではいかなる種別の都市や単位であろうと、居住人口密度は1ヘクタール当たり200人と固定しているから、商業や業務施設の多い単位（「商業単位」「業務単位」）は「住居単位」よりは遥かに高層の住宅を必要とする。高層又は超高層の住宅でも緑を必要とするのは、それが人々の健康な生活のための最低条件であるから居住空間である以上当然のことであろう。しかしこれは何処までも目に見える都市風景として現出しているに過ぎず、こんな都市を創出した場合に、緑の供給維持管理などがたちまち重要な事項となって市民の負担となって来よう。このことがスムーズに運営されない限り私の計画したような都市は現実性をもたない。この運営方式をも含めた都市の生命サイクル計画を「都市のバイオプログラム」と呼んでおきたい。

今私が述べているとおりの都市を実現しようとすると、建物に装着する樹木は普通なら花卉、植木の類であり、端的にはそれを巨大鉢植にして建物の壁面を覆うことになる。勿論室内の採光にさし支えないよう細心の注意はいる。そうすると当然、この空中庭園用の種苗を開発する必要があろう。超高層の屋上庭園も含めて強風に強い花卉、植木が必要とされるからである。ここにバイオテクノロジーが要請される。そうして出来上がった花卉、植木も風によって種が散乱し、これが地上に繁茂して自生種の植物の生態を破壊するのでは何の意味もない。そんなことの起こらない種の開発がいる。「庭園曼荼羅都市」でも強調したとおり、日本の市街地人口が低密度に家屋が散漫に拡散しているため土地利用の効率がすこぶる悪い。これを集中させ市街地は土地の高度利用をし、現在の半分以下に縮小して残余の部分は農地緑地に還元すべきである。そうなると都市の建築は高層乃至は超高層化する。その時の緑のありようを想定しているのである。都市の市街地がこうなったと

き問題は緑だけではない。自然エネルギーによるエネルギー自給建築とするためには太陽光利用を考慮して、建物の南面には大きく開口をとっておかなければならない。風力の利用も必要である。こうなると植栽に必要な建物壁面は東西と北面になり、この面でも充分に生育可能な種の開発も必要になる。更に建物を構成する材料は細部に亘るまで例外なく全てリサイクル可能なものとしなければならない。それに老朽化した建物からリサイクル材を作り出す都市機能も重要となる。都市は人々の集住する場所、以上のような緑とエネルギーとモノのサイクルが目まぐるしく回転しているのを有機都市、オーガニックシティ、又はオーガニシティといっていいであろう。但しこの命名は大島哲蔵による。こんな都市はエコロジーとバイオロジーを重ね合わせた「機能」を主軸とする。大島はエコロジーのエコ（eco）はエコノミーのエコ（eco）でもあり、リサイクルなどは二つの概念の結びつきを典型的に示しているという。いずれにしても「緑の立体格子」を装着した建物で埋め尽くされた都市には「緑」を供給運搬する企業が成立することになろう。この「機能」を併せもつ不動産業も成立するのではあるまいか。勿論そうなるためには「緑の立体格子」の装着を法で義務づける必要はある。今ここで述べていることは何一つ目新しいことはない。むしろ陳腐ですらある。それでもこのことが真剣に検討され、論じられないのは私達日本人の市民意識が至って低いままであり続けているからであろう。例えば井山武司は世界に誇るべき存在であるはずなのに、余り人に知られることもなく彼のソーラー技術は遅々として普及しない。彼自身の宣伝下手も原因には違いないが、本来こういうものは本人が宣伝するものではなく誰かがすべきだとは思うが、そんな人はかつて現れたためしがない。たぶん私達日本人一般が目先の経済活動のみにとらわれ、エネルギーや地球環境

に対する危機意識が稀薄なのだ。

60年代の後半一世を風靡した黒川紀章などによる「メタボリズム」は、都市や建築を生物の代謝機構のアナロジーとして捉え都市のインフラ、建築の構造を動物の骨格にたとえ目まぐるしく代謝を繰り返す細胞を都市では個々の建築、建築では部屋にたとえた。その結果実現したのは個室がカプセルである「カプセルホテル」だけであった。あれはモノの消費のシステムを生物の代謝機構にたとえただけのことであり、大量消費社会の代弁に過ぎなかったから都市を生命のサイクルそのものとして認識しようとすることとはまるでかけ離れていた。都市の最大の課題は今や運搬などの交通でもなければ情報の流通でもない。これは人々が集住する都市としてはあって当然のことであり、建築の場合の「用途」私の言葉では表層機能と変わらない。むしろ重要なのは都市に棲息する私達人間を含めた生物一般と建物や道路などのモノとの関係である。日本のような狭い国土、しかも居住可能な平地の少ない国土の都市ではこのことが深刻な課題となる。世界の爆発的人口増大にあってはどの国、民族であっても食糧自給が第一の課題になることは火を見るより明らかである。そうとなれば市街地を出来るだけ縮小し、農地緑地を増やすしかない。これに対する解答が「神戸二一〇〇、庭園曼荼羅都市」だったわけである。とはいえこの時私自身の専門である建築に関しては殆ど言及しなかった。都市構成の要素の一つとしてダイアグラム化されていたに過ぎない。この「建築」の欠落を補ったのが「再生平安京」である。木造建築のネットワークがクモの巣さながらに都市全体を覆うわけであるが、やはり木造こそ私達日本人には最もむいた建築方式なのだ。木造建築は私達の寿命とほぼ同じくらいの耐用年限を有するし腐朽などの欠損した部分さえ新しい木材に取り替えれば１００年以上も使用可能なのだ。これは伝統的木造家屋が証明してくれる。但し木材のみでは限度があろう。高層、超高層建築を木造にするには想像を越える巨大柱や梁を必要とし集成材でまかなうにしても限度がある。構造には鋼材の使用が不可欠となる。鉄は木材同様リサイクル材であり問題はリサイクルの周期であるが、もっとことを簡単にすれば、材料としての寿命が木と鉄で同じであればいい。しかし必ずしもそうはならない。この材料の寿命の違いを考慮してなを鉄と木を併用できる建築をしかも高層、超高層で考案しなければならない。こんな鉄と木併用の混構造の建築が「庭園曼荼羅都市」では必要なのだ。

しかもこの建築は「緑の立体格子」を装着し屋上庭園をも設置しているのはいうまでもない。こうした上で本当の意味の「都市のバイオプログラム」ははじまる。これは人口密度が高く、建物が稠密な都市にこそ必要な計画、運営概念なのである。F・L・ライトの「ブロード・エーカーシティ」にみる牧歌的な「農園都市」にはそれほど必要とされはしない。

2—9　大阪の再生そして東京

大阪の政治、経済的位置の地盤沈下がいわれて久しい。勿論東京に比較してであるが、その格差は年々増大している。政治や経済は私の領分ではないからこれには手が出ないが、都市や地域の空間構成をどう改変すれば大阪が再生できるかは考案可能である。基本は政治経済ではあるが空間、わかり易くは風景の改変が人々に与える影響も実は予想以上に大きいものである。

大阪市の再生もまずは空間からとすれば、原理的にはここも「庭園曼荼羅都市」としてであろう。但し大阪は豊臣秀吉が町割した時の縦横無尽の堀を特徴としこれを基軸として構成されて来ていたのに、戦後自動車交通の利便のため次々と埋め立てられ今は殆どその姿を消してしまっている。上部に架橋された高速道路を取りはらってでもこれを全面復元する必要がある。というよりも高速道路こそ近い将来不用となろう。いずれにしても堀こそ大阪の都市風景の元型なのである。ヴェニスがそうであるのと全く同じことである。まさに「水の都」に返すべきなのだ。「庭園曼荼羅都市」は緯度経度1分を1単位とするから堀の全面復元以外は町割りは一変してしまう。鉄道路線も変更している。それでは実際にそうしなければならぬのか。そんなことはない。大阪の「庭園曼荼羅都市」になるべく沿うように都市空間を変容させていけばいいのであって、町割や鉄道は基本的に今のままでいい。大阪の場合「庭園曼荼羅都市」はどこまでもモデルに過ぎない。大阪は神戸と違って歴史都市だからである。

しかしこの計画だけで大阪のエネルギーは復興できない。フツフツと沸き上がってくる商都としてのエネルギーを空間的に再生するとすれば以下の工夫がいる。これは思いつくままにほぼ一年前にメモしたものではあるが、今再読してみても基本的には改めるべき個所は見当たらない。

大阪線型再開発構想　―関西空港から梅田まで―

府民構成の変革―移民特別区域として―

・大阪府下には大阪市内猪飼野地区を中心に在日韓国朝鮮人の居住地が密集し、日本の他地域とは違った住民構成をなしている
・要するに大阪府民は他国籍人に対して極めて寛容であり、閉鎖的日本の精神風土とは違った精神構造を有している
・日本は島国のせいか他国籍人が流入して来ることに対して極度に警戒し閉鎖的である
・限られた国土に外国人を無制限に受け容れることは日本人自身の貧困を招く危険があり、この閉鎖性もやむを得ないと言える
・しかし今や世界は一国のみが自閉できる時代ではない
・経済のグローバル化がその典型例であり、日本もその恩恵に浴して現在の富裕をかち得た
・従って何時までも外国人の流入を拒否する閉鎖政策を固持することはできないであろう
・と言っても彼等の無制限の流入も困る
・このアンビバレンツを打開するには日本の特定の地域に移民特別区域（以下特区）を設定し、特区外への移住を禁じればよい
・移民特区として最もふさわしいのは大阪府全域であろう
・ただしこの場合、移民には年令以外には特別厳しい制限を設けない方がいい
・多分最初に移民して来る層はアジアの貧困層であろう
・これを低賃金労働者として受け容れること
・住宅を無料で貸与すること
・勿論能力のある者に対してはそれ相応の待遇をすべきことは言うまでもない

真の意味の国際交流

・貿易等の経済のみのグローバル化には限度がある
・当然人的交流を含めたグローバル化こそ真の国際交流であり、移民の受け容れはその端的具現化である
・大阪府の全人口の5割近くが移民で占めるようになったら、大阪府はまさに国際地区となるであろう
・ここに移民若年労働者層が集中すれば、当然大阪府全域は異常な活気を呈するに至るのは明らかである
・そうなれば経済の活性化など立ち所に実現するであろう

大阪府全域の商都化、上海化

・2000年現在中国最大の商都上海はたかだか7～8年でまるで見違える都市に変貌した
・浦東地区のみならず旧市街地全域に亘って再開発し、超高層ビルが林立する
・このことの成功、不成功はもう少し時が経ってみないとわからないし、況やその是非については今論じられるものでもない
・重要なのは事実である
・2000年現在建設ブームは一段落し、経済も一時停頓しているかに見える
・しかしこれは一時のことであり、近い将来この東京の5倍以上はあろうかと思える巨大空間及び建築ヴォリュームの中で人々が生き生きと活動する時がやって来る
・ここは世界商業の中心となり得る都市空間として整備し終えたのは確実である
・大阪も商都、上海に敗けないだけの空間、建築ヴォリュームを構築しなければ永久に蘇生でき

ずマイナー都市として沈没したままになってしまうであろう
・大阪府全域を移民特区化し、活性化し、同時に積極的に都市再開発を推進すべきである
・移民特区化と都市再開発は大阪蘇生活性化の車の両輪なのである
・この二つが成功すれば大阪府全体は間違いなく上海と並ぶ世界の商業の核都市となるはずである
・大阪府の人口８００万はその意味ではむしろ少な過ぎるきらいすらある
・その不足を移民で埋めるのである

線型再開発

・現在少子化が進みこのまま推移するなら、50年も経たずに日本の人口は半分以下になると予想される
・日本の国土からすれば現在の半分ほどの人口が適正規模であろう
・しかしそうなると経済的活力が衰退してしまう危険もある
・これを補うのが大阪移民特区化構想である
・大阪の一点のみに猛烈なエナルギーを集中し、日本全体の経済活力の衰退をふせぐのである
・それが堺以来の歴史的商都大阪の役割である
・世界的人口爆発により近い将来食糧問題が深刻化して来るであろう
・当然自給自足が求められるようになり、日本も無秩序に拡大した市街地を縮小し市街地の過半は農地に還元する必要に迫られるであろう
・これに対処するには市街地の人口密度を上げる必要があり、１ヘクタール当たり１００人の東京ですら現在の2倍にしてもパリ並みである
・従って日本全土の市街地人口密度を2倍とし、人口の自然減で半減するとすれば市街地面積は

現在の4分の1に縮小できる
・従って現在の市街地の4分の3を農地に還元すればいい
・しかし大阪府全域移民特区に限っては例外とする
・勿論市街地の人口密度は現在の4倍以上に上げる必要はある
・市街地全面積を4分の1に縮小しても、こうすれば総人口は減少しないことになる
・それではこれをどう具現化するか
・大阪市梅田から難波、堺、泉佐野、関西空港までの地下鉄御堂筋線から南海電鉄線沿い幅500メートルを容積無制限地区として再開発すればよい
・但し臨空タウンは全面的に超高密度業務地区として整備する必要がある
・即ち高速鉄道を中心に幅500メートルの線型都市再開発を推進するのである
・しかもこの地域の人口密度は全域1ヘクタール当たり800人以上でなければならない
・勿論この地域には業務、商業その他の機能も混在するのであり、それに住居も加わると言うことである
・市街地の縮小と線型再開発は同時に行われなくては意味がないのは言うまでもない
・完成までの目途は20年である
・線型再開発地区の住居には、それ以外の地区民をそれまでの住居費と同額家賃で賃貸入居させる
・ここ以外の地区で空家となった住居には、移民を無料で入居させる
・ただし持地、持家の人々も何らかの処置により線型再開発地区に移動することを義務ずけなければならない
・又都市交通には自動車は廃棄の方向に向かうであろうから、大量交通として鉄道、物流は地下ベルトコンベアーによることになろう

線型再開発地区外地域の市街地構成

・線型再開発地区は泉佐野から梅田まで約40キロ、幅500メートルであるからほぼ2000ヘクタールである
・この地区は高密度地区として1ヘクタール当たり800人を居住させるとして、総人口は160万人強である
・大阪府総人口を現在と変わらないとして、残り約600万人分の市街地は「庭園曼荼羅都市」の構成に準じる
・但し南海電鉄沿線の泉佐野、貝塚、岸和田、津大津、堺、大阪の各市ともに現在の市街地の4分の1に縮小するわけであるから、各都市間にグリーンゾーンが生じて来る
・従って沿線各都市の市街地を串差し状に線型再開発地区が貫通するという構成になる
・線型再開発地区以外の市街地の再構成は完成まで100年が目途である

2000年2月15日記

このメモの方策は全体として途方もなく現実性がないと思われるであろう。大阪の政治、経済の現状からすればそうに違いない。ここでは批判よりも問題提起が重要なのである。大阪「庭園曼荼羅都市」にこの線型再開発を重ね合わせると私の再生計画は完結する（図2-25）。こうしておいてこの計画の問題点を取り上げる。

物事を実現するには当然適切なタイムプログラムがいる。「移民特区」も「線型再開発」も同じことには違いない。「庭園曼荼羅都市」は神戸計画でその概略は説明しているので省略する。まずは「移民特区」である。大阪府全体をそうするかどうかは今はおくとして、

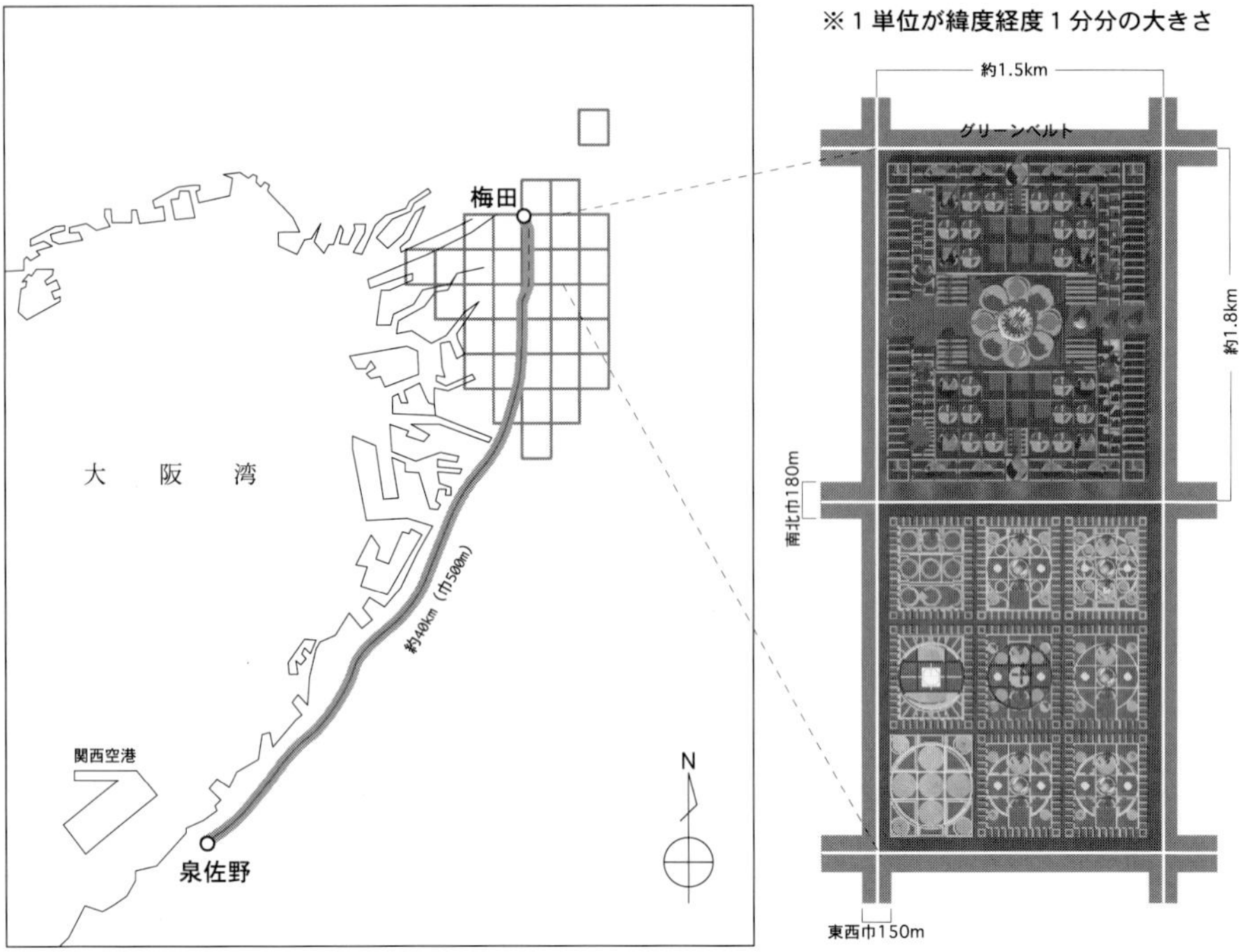

図2-25　大阪「庭園曼荼羅都市」と「線型再開発」

移民がスムーズに行われるためにはアジアや東南アジアと日本との経済格差が問題であるに違いない。低賃金ゆえに企業はきそってアジア、東南アジアに進出し生産部門を移してしまったのだから、今さら何故移民が必要なのかとなろう。大阪活性化にそれが欠かせないかは説明しているから省くとして、経済格差をどう処理するかは重要である。政治、経済にうとい私にはその解決策といってもおいそれと思い浮かぶわけではないが、まずはじめには例えば中国人のためにある特定の場所を用意して、そこで旧来の生活に近い状態を現出できるような一種の租界が必要となって来るのではないか。植民地時代の征服民族の租界とは逆ではあるが、ここでは彼等の母国の貨幣価値に近い物価の物品を流通させ彼等の生活を保障する必要があるのではないか。移動の際の交通費は相当の補助をすべきであろう。勿論住居も当然である。そうしないと移民たちと大阪府民、さらには他府県の人々や他民族との直接交流も生ぜず移民効果が上がらないであろう。安価な労働力を得るのが目的ではないにしても、こうするとそれは容易であるに違いない。時間が経つにつれて移民の経済レベルも上がるであろうし、又上げる

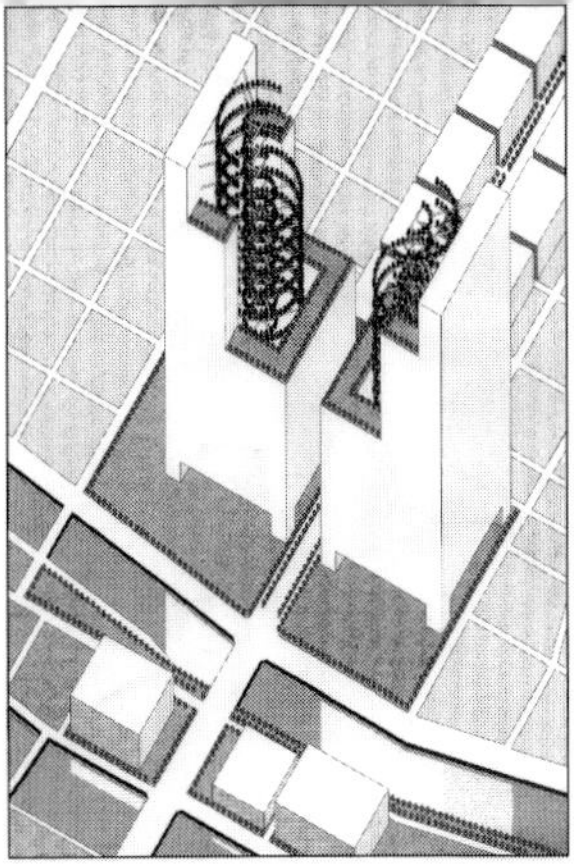

図2-26　御堂筋ツインビル構想

ように大阪府民一体となって努力すべきである。最大の眼目は各民族の文化の生き生きとした交流のはずである。これが成功すれば大阪府全体の国際化は招かずとも向こうからやって来る。勿論日本全体に対する国際的寄与はいうべくもない。「線型再開発」。これを実現させようとしたらまず最初に着目すべきは「りんくうタウン」である。現在計画は頓挫し進んでいないらしいが、あれは当初の計画に問題があったのではないか。幕張の小型版をイメージしていたらしいが、幕張は住宅も立地させつつ計画を進行させていたが「りんくう」はどうもその気配がない。これではいけない。320ヘクタールの敷地にニューヨークのマンハッタンを移して来る位の思い切った構想が必要である。但し「線型」の起点としてヘクタール当たり800人で25万6000人（320×800＝25万6000）の超高層都市としたらいい。これだけの人口を想定すれば、相当規模の商業スペースも見込める。但しはじめに作る建物は業務と住宅の併存機能であり、業務人口分の住宅をその建物に設けられている必要がある。関西空港を最大限に活用できる企業の業務スペースとそこで働く人々の住宅を一つの建物が内包してあるべきである。現在ツインタワーのうち片方のみしか完成しておらず、しかも空部屋が多いと聞くが当然であろう。あの建物の中に住宅がないからである。ひょっとしたらあるのかもしれないが、たとえツインビルとしても規模が小さすぎる。私は去年（2000）一一月に日本経済新聞に請われて大阪御堂筋活性化の一方策として中之島の南対岸に御堂筋をはさんだ高さ360メートル68階建のツインビルを構想した（図2-26）。但しこれ以外は高さ30メートル（大阪市ではスカイラインを40メートルでそろえるようすでに決定済というからそれならそれでいい）でそろう現在のスカイラインを守るべきというのが私の主張ではある。これは大阪の都心であるから

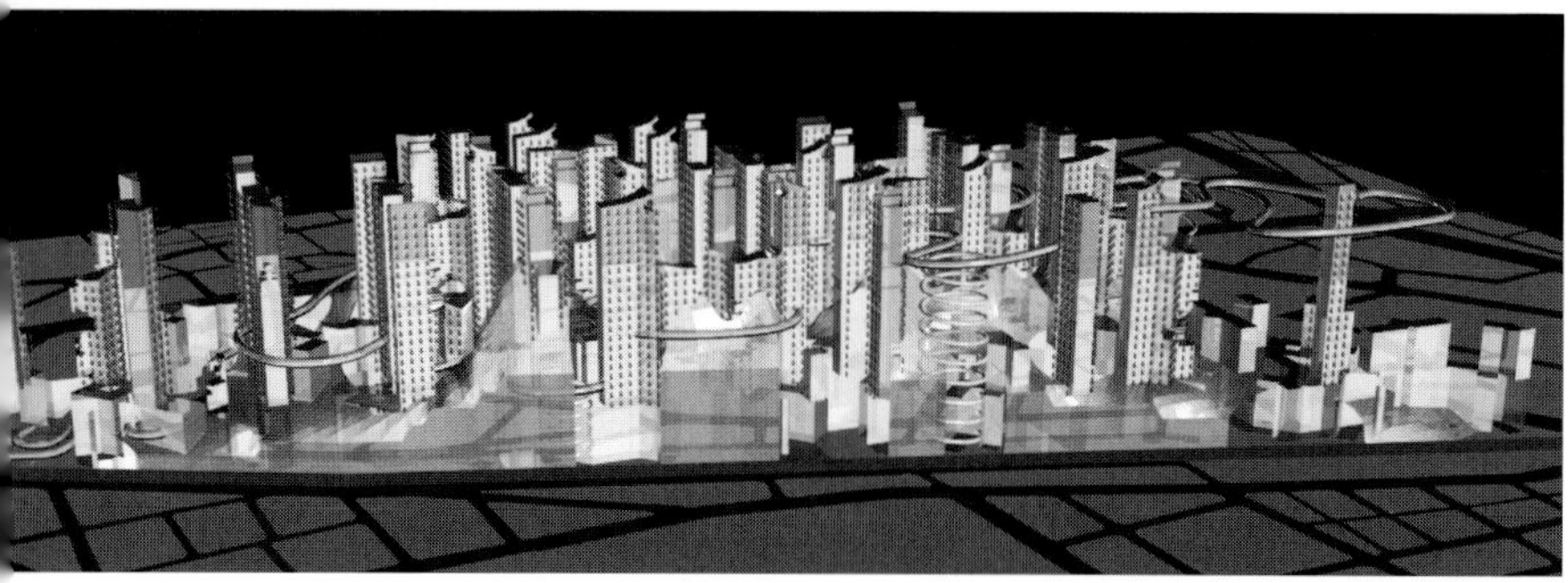

図2-27　大阪駅北地区国際コンセプトコンペ案／2003年

商業、業務、住宅も含めインナーシティとしてそれ以外の機能も包含した一種の立体都市である。片方の建物で90万平方メートルもあり、余裕をみて一人当たり100平方メートル占有するとして、9000人の人がこの建物の中で住みかつ働ける。勿論「緑の立体格子」は装着している。「りんくう」ではじめに作られるべき建物はこれほどの規模は必要ないとしても、似た空間構成にして平面100メートル四方、60階、高さ270メートルの建物を想定すれば総面積38万4000平方メートルである。ここで一人当たり占有面積を100平方メートルとすれば、ほぼ4000人の人が働き居住できる。細部に亘る計算ではないから、確言はできないがこのビルでは2500人の業務スペースとその2500人分の家族（単身か夫婦が主）が居住可能である。この建物の敷地を仮に3ヘクタール居住者5000人とすると、ほぼヘクタール当たり人口1600人である。この規模の建物が50棟あれば「りんくう」は成立する。但しこれだけでは商業その他施設が想定外であるから、計画が進行して人口が定着するに従って必要機能を充実させていけばいい。この都市の性格は業務、邂逅であり、普通なら「ビジネス・コンベンションシティ」とでも呼ぶであろう。この場合の元型機能はニューヨークと同じ「集住」であるが元型空間としては「海」より他は考えられない。海辺の建物は全て海に張り出し海底からの柱で支えられかつピロティとする。こうすれば厳島神社と同じく「海」を空間化した建築が連続して立ち表れ絢爛華麗な海辺風景を現出することになるであろう。

　次にもう一案。JR大阪駅北地区（もと貨物ヤード）24ヘクタールにヘクタールあたり1500人、計3万6000人収容の移民センター及び立体大学として再開発する。題して「国際交流学術センター」。もちろん業務、住宅、商業、大学など文化施設の超高密度

ガラス被膜の築山内部の見上げ

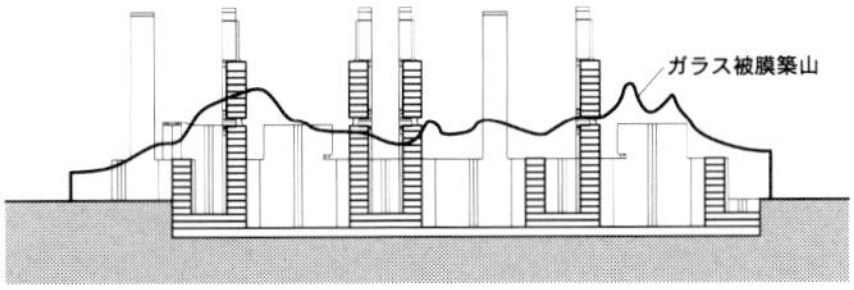

空間構成概念図

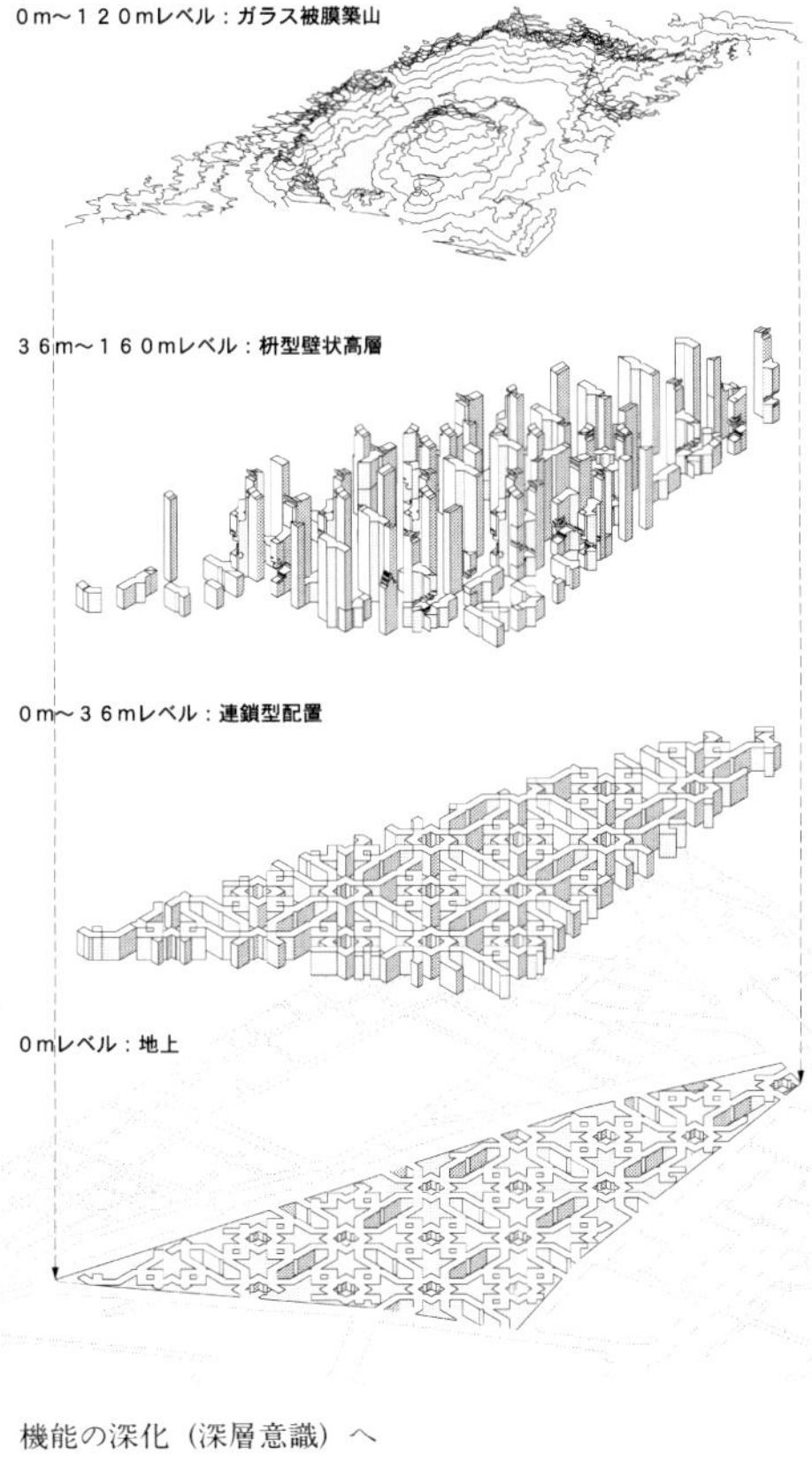

混合スペースである。ここは大阪線型再開発の起点として構想している（03年、大阪駅北地区国際コンセプトコンペ案）。敷地全体を築山とするが地表はガラス被膜であり建物はこれを突き破って設置される。築山には巨大植木鉢によって樹木も繁茂し人々も散策可能な空中庭園超高密度空間である（図2-27）。

さて東京であるが大阪の再生と基本的には変わらないが首都であることが最大の武器であり、大阪とは違って移民特区を作る必要はない。但し現在の都市風景の混乱は早急に改変すべきであり、この場合の東京の元型空間は皇居を起点とする「渦巻」であり、これは徳川家康の江戸の町割に起因する。もっと明確には東京は「とぐろ」であり「蛇」である。これを元型空間として東京の風景を改変すればいい。

第3章　新世紀の都市像——庭園曼荼羅都市

阪神大震災はすでに忘却の彼方である。
何を学んだのかも忘れ去られようとしている。
あるいは学ばなかったのかもしれない。
震災の最大の教訓は震災が容易に忘れ去られるということだ。
それさえ忘れられている。
何も変わらなかった。
制度的な枠組みは何も変わらなかった。
もちろん、被災地のこの間の体験はかけがえのないものだ。
その経験はいずれ日本を変えるだろう。
復興の過程で、悪戦苦闘する建築家達、プランナー達は真に尊敬されるべきだ。
その悪戦苦闘の中に未来への光明があるはずだ。
一筋の希望を見いだすべきだ。
しかし、にもかかわらず、問題は被災地にのみあるわけではない。
制度的な枠組みが変わらないということは、どこでも同じということだ。
だから、希望は今僕らのいる場所でも見いださなければならない。
阪神大震災直後、復興計画を模型にして、仕事を無心にいった建築家がいた。
無数のコンサルが復興計画を買いに市役所に日参した。
実にさもしい。
彼らに何のヴィジョンがあったというのか。
無神経な建築家にとって、震災は、震災特需にすぎない。
関西の建築業界は密かにほくそ笑んでいる。
そうした中で、あるプロジェクトを考え続けた建築家がいる。
阪神大震災の経験を真に受け止めるために。
日本の建築と都市はおかしい。
どうあるべきか。
未来に生き残る建築思想を一つのヴィジョンとして描くべきだ。
ありうべき未来都市の姿とシステムを。

（布野修司）

神戸二一〇〇計画の七原則

1　癒しの都市風景と庭園曼荼羅
2　自動車交通の全面廃棄と高速道路跡地による列島縦断連鎖住居の設定
3　土地公有化と一戸建住戸の全面禁止
4　家庭全エネルギーのソーラー化
5　グリーンベルトによる地区の隔離と自給体制
6　都市内人口の均質配置
7　残余旧市街地の緑地返還

3―1　計画の動機と阪神大震災

震災が露出したもの　―制度の破壊等

１９９５年１月17日未明に生起した阪神大震災は日本の都市の脆弱性を極端に露呈してしまったのは誰の記憶にも新しいであろう。日本の都市というよりも、それは現代文明の脆弱性と言う方が正鵠を得た表現であるかもしれない。被災者から直接聞いたのでは、一番困ったのは下水・便所が使用できなくなったことであった。上下水道が完備しているのが現代都市の「近代化」の指標であったが、強烈な地震はその完備したはずの下水道管を破裂させ一瞬にして使用不能としてしまった。勿論家屋が倒壊し5000人にも上る死者が出たのであるから、上下水道の破裂などそれに比べたら微々たる現象ではあろう。

しかし幸運にも生存できた人々にとっては、便所が使用できないことは多大深刻な事態であったのは間違いない事実ではある。これは上下水センターによる上下水の集中コントロールシステムの弱点をもろに露呈したことである。

建築にあっても冷暖房の集中コントロールシステム、即ち集中冷暖房が「ビル近代化」の指標とされた時代を経て、現在の分散システムに次第に改良されてきたのも、建物の各部分によって冷暖房の使用時間が異なるのに、集中方式では一定の時間帯にしか冷熱気を供給できない不便さを克服するためであった。同様今度のような地震の場合、それ程被害のなかった場所でも断水し、結局は便所を使用できない何とも滑稽な事態があっちこっちで見られることになってしまった。上下水の中枢機能を地区単位に分散しておれば、こんなことは起こらなかったはずである。何も上下水道などの物理的機能の麻痺だけが問題なのではない。政治、行政の中央集権システムも全く同様の弱点をこの災害で露呈したのは周知のことであろう。

自然の超越力の意味　―地球マグマの噴出と表層破壊、文明との対立闘争

文化と文明の違いはよく議論されることであるが、文化（culture）の語源は類語かもしれないが耕す（cultivate）であり、文明（civilization）の（civil）は市民のといった意味の形容詞である。文化は土地を耕す農耕と近似したより自然性の高い状態を言うのに対して、文明は市民即ち都市社会を前提とした文化様態を指し、文化よりも高次の段階で

あると言ったことを聞く。土木技術を civil-engineering と言うのは都市造成技術を指しているのだから当然であろうが、日本では土と木を対象としたより泥臭い技術のイメージが強いのは、本来的な意味での西欧的都市社会が成立しなかったのだから致し方あるまい。

社会は実は人間以外の生物、例えば蟻や蜂などにも見られ、根源的には種が保存・生存するために集団となって一糸乱れない活動を展開するシステムのことを指し、また社会は文化の表出体であることからすれば、人類にあって文化とは優れて実存的集団概念であると言えるかもしれない。文明人は明らかに技術的である。人類が地球表面殆ど隈なく棲息する現代にあっては地球表面そのものを文明が覆い尽くしている、と言っても過言ではあるまい。特に近代主義と言われる技術過重の文明に至って人類は「自然」を駆逐することにほぼ成功したかに見える。文明は「自然」と対立する概念であることは断るまでもないであろう。

ところが阪神大震災は地球内部のマグマが噴出し地殻を震動鳴動させ、人類が営々と築いてきた地表の文明をいとも容易に破壊へと導いてしまった。というよりも、文明をあたかも嘲弄するが如くに強大な挑戦状を自然が叩きつけたのである。人類が種を保存し、生存させるために文明の構築が必須の要件であったことは、ここ一万年の歴史が教えてくれるが、現代のように技術が過度に高度化してしまうと「自然」が都市の背景に隠れてしまい見えなくなる。震災はその背後の自然の超越力が顕現したまさに「神の御技」であったかもしれない。

震災現象と私

私が住む奈良県中部の町、田原本でも家は大きく揺れ、驚いて飛び起きたくらいであったが別に何の被害もなかった。大阪の工房でも本棚から本や書類が少しばかり落ちた程度に過ぎない。300メートル東の三越が半壊したというのにである。3日後友人と2人で西宮に行き、倒壊した建物を見たし、人々がウツロな眼をしてさまよい歩く様も見た。さらに地震後10日には神戸三宮、元町の惨状をつぶさに見て歩いた。ただし人々の眼からウツロさは消え始めていた。生き始めたのだと神戸元町に事務所を持つIは言った。

私にとって阪神大震災とは何なのか。この日から来る日も来る日も考えたが直接被災していない私にはやはり他人事に近かった。

しかし5000人の死者は何であったろうか。決して新生神戸が理想都市として再生されることはあるまいという確信だけは揺るがなかった。某社の設計施工の建物が密集する三宮、元町ではその殆どが倒壊、半壊したのに、私や友人達の設計した建物の殆どは無傷であったところからすれば、5000人の死者は劣悪な建物が引き起こした人災の犠牲だったことは明らかである。それなのに大新聞その他のマスコミはそのことを一切報道しないではないか。こんな精神構造の為政者や知識人、その他の関係者では新生神戸（または阪神）を理想都市として構想計画することは有り得ないと思ったものである。

そこで、私は私にとっての阪神大震災を、100年後の神戸を構想計画することでもって密かに表明すべきではないかと考えた。それはとりもなおさず5000人の死者に対する鎮魂となるであろう。

郵 便 は が き

料金受取人払

豊島局承認

7957

差出有効期間
平成17年11月
30日まで

（切手はいりません）

1 7 1-8 7 9 0

1 8 4

東京都豊島区池袋2-72-1
日建学院2号館

(株) 建築資料研究社
出版部 行

お買い上げいただいた本の書名	お買い上げ書店名

小社出版物についてのご意見・ご感想などお書きください。

書籍雑誌注文書

書店様へ

このハガキは番線ご記入のうえ投函して下さい。

(番　線)

お客様へ

小社出版物のご注文はこのハガキをご利用下さい。

ハガキは①お近くの書店にお渡しになるか、②直接投函して下さい。

①の場合、書店よりご購入いただくことになります。

②の場合、小社より代金引替（送料は一律600円）の宅配にてお送りさせていただきます。尚、ご注文の代金は本体価格＋税となります。

書　　名	部数	定価（税5%）
合　　計 （②の場合のみ送料 ￥600）		

送付先 住　所	〒　　　自宅・勤務先（どちらかに○）
氏　名	
TEL	（自宅）　　（勤務先）
会社名 所　属	

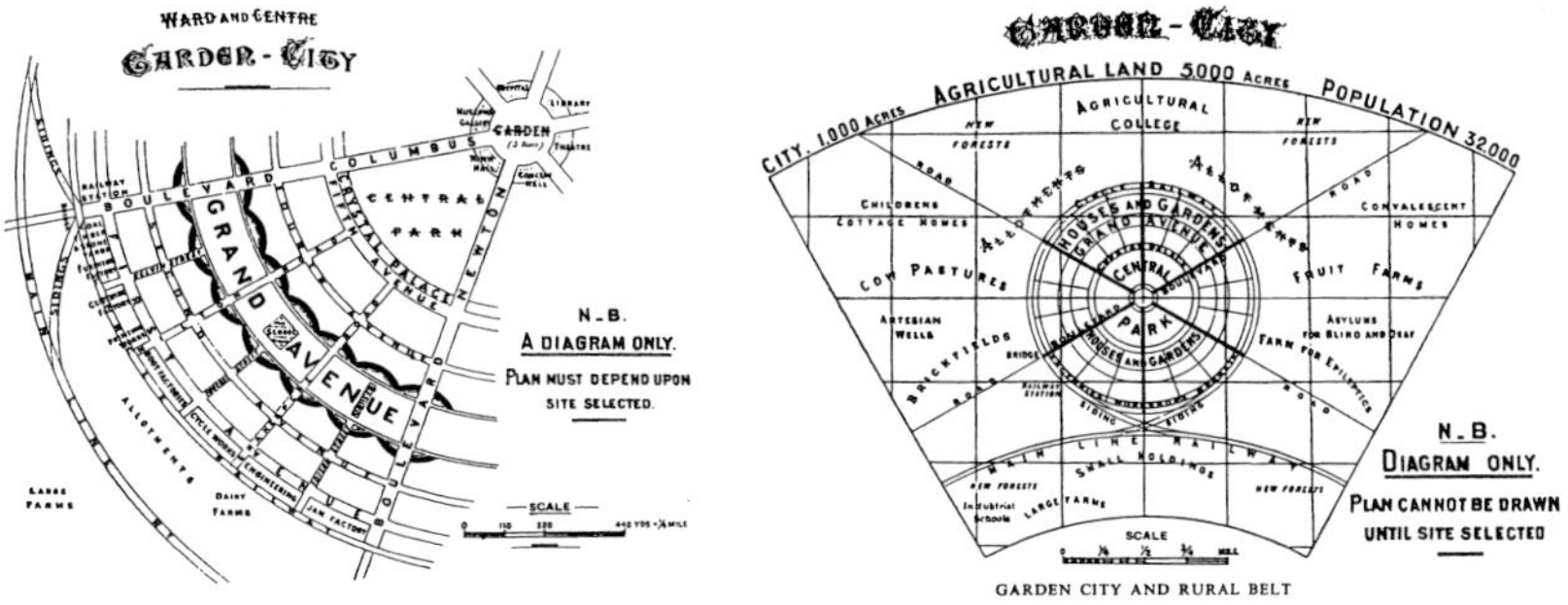

図３-１　田園都市　ハワード／１８９８年

３―２　近代都市計画批判

ハワード―思想レベルに達しない稚拙な空間形態

エベネザー・ハワードの『明日の田園都市』は１９０２年に出版されているから20世紀初頭の画期的な都市計画理論であることは、まず誰しも異論のないところであろう（図３-１）。また、この本に描かれている都市モデルも極めて美しくかつ明快である。扇形のほぼ２４００ヘクタールの大農場の中心に直径２・２キロの円形、４００ヘクタールを市街地とする小都市を配置する。この小都市は同心円状に構成され、円の中心に直径1キロの円形の中央公園を配し、それをガラスの「水晶宮」で取り巻く。「水晶宮」は商店街となり冬期には植物園ともなる。要するに巨大円形温室を一大デパートとしても使用するという構想である。市街地の外郭に一皮薄く工業ゾーンが取り巻き、中央公園と工業ゾーンの間には5本の環状道路が同心円状に作られ、特に3番と4番目の街路の間は「壮大な並木道」となり、この中に小学校と教会が配置される。それ以外のゾーンは全て庭園付住宅即ちガーデン・ハウス用地である。市街地４００ヘクタール以外の２０００ヘクタールの大農場の中には農業大学、寮、コテージ風ホーム、森、花園、乳牛牧場、職人の家、煉瓦工場、工業学校、保養地、果樹園、病院等が点在することになる。

この図式のとおりそのままに実現していたら「田園都市」は歴史的存在になったかもしれないのに、実際に出来上った二つの都市は至って平凡なのである。中央の公園もなければ「水晶宮」の商店街もなく、極くありふれた郊外都市風景となっている。既存の集落を取り込んで作られたせいではあろうが、ハワードには建築家の素養が殆ど欠落していたの

図3-2　ブロードエーカー・シティ／F・L・ライト

であろうか。理念図式を現実に適合する段階で凡庸化してしまった。都市を構成する諸要素、公園、ガーデン・ハウス、「水晶宮」の商店街、工場等の配置を美しい紋様として描く能力を全く欠いている。紋様を描けないのであるから、況んや空間表現など期待すべくもない。この余りに酷過ぎる低建築構想能力のためハワードのユートピア理念はここを訪れた者に何の感動も呼び起こしはしない。残念至極である。

ライト　―自然主義と文明の論理矛盾

フランク・ロイド・ライトの「ブロードエーカー・シティ」は農園都市とでも言うべきものであり、そこには果樹園や大農場の中に工場群を始め飛行場や動物園、植物園、水族館、大学、レース場、その他スポーツ・レクリエーション施設まで完備している（図3-2）。住宅の殆どは2階建てのガーデン・ハウスである。但し都市全域を四等分する東西・南北の大道路が直交し、これは高速自動車道である。大農場に都市機能をできるだけ付加した快適・健康な都市を構想しているが、果してライトが想像したこんな都市が実現したら快適・健康であろうか。

古代以来、都市とは人類の欲望の結晶であり欲望の集積が集住をもたらしたとも言える。逆に農村は自然に親和する心性の強い人々の場所であったと言える。但し都市の巨大消費を支える都市隷属民として農民が位置付けられてきたのも歴史的事実には違いない。ライトはそんな都市と農村の支配・隷属関係を絶ち切り、双方を合体することでもって歴史的悪習を排除しようとした。このことは充分頷ける。

しかし、現実にこの「ブロードエーカー・シティ」に近似した都市は合衆国では郊外都市として出現してしまったと言えまいか。これでは都市と郊外の支配隷属関係として都市・農村が転回したに過ぎない。基本的構図は変わらず、唯、近代以前の農民のような都市隷属民が見掛け上存在しなくなっただけである。

何故こうなってしまったのか。農村に居住する農民が全き農民たり得るには文明を捨てる禁欲生活をしない限り成立しない、ということに起因する。農業は最も自然状態に近い文明行為であるために、反自然的欲望を否定しない限り成立しない。それなのに欲望の結晶としての都市機能を誘引しようとするのは明らかな論理矛盾である。この論理矛盾故に「ブロードエーカー・シティ」は郊外型都市としてしか実現されなかったのである。

バウハウス——単調な合理主義と弛緩した空間構成

ワルター・グロピュウスは都市全体を構想することはなく、またバウハウスのメンバーでも同様、都市全体を構想した例はなさそうである。グロピュウスの関心は住宅の有り様に向けられていた。彼は集合住宅として板状アパートの方式を開発したのであるが、特に留意したのは、太陽光が一定時間以上射し込むに必要な隣棟間隔についてであった（図3-3）。

彼の理論を真面目に実践したのは日本住宅公団団地であるが、余りに几帳面に南面する板状アパートを配置したため単調過ぎて住むには楽しい場所とならなかった。ヨーロッパの近代住宅団地もグロピュウス理論を応用してはいるが、これ程硬直した建物配置にはなっていない。ミース・ファン・デル・ローエが総括したドイツのワイセンホーフのジードルンクの住棟配置は当時の有名建築家達を参加させたこともあるのか、至って自由であり

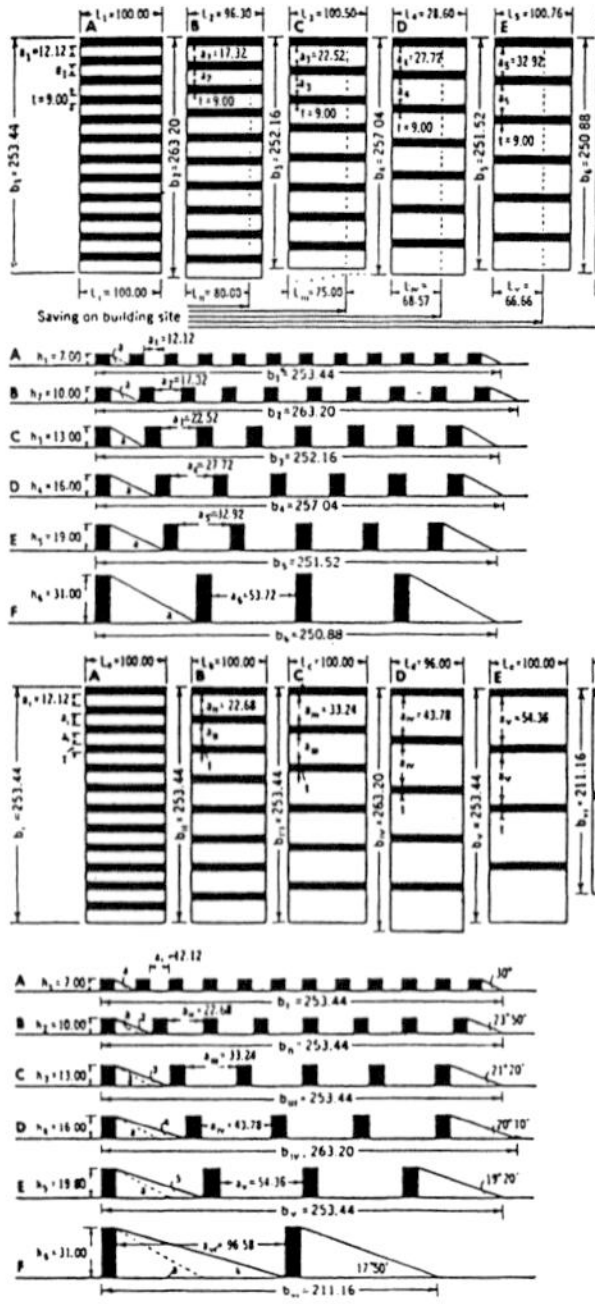

図3－3　矩形の敷地に建物のブロックを平行配置したアパートメントの高さと、間隔に対して建築敷地面積を比較した図表／W・グロピウス

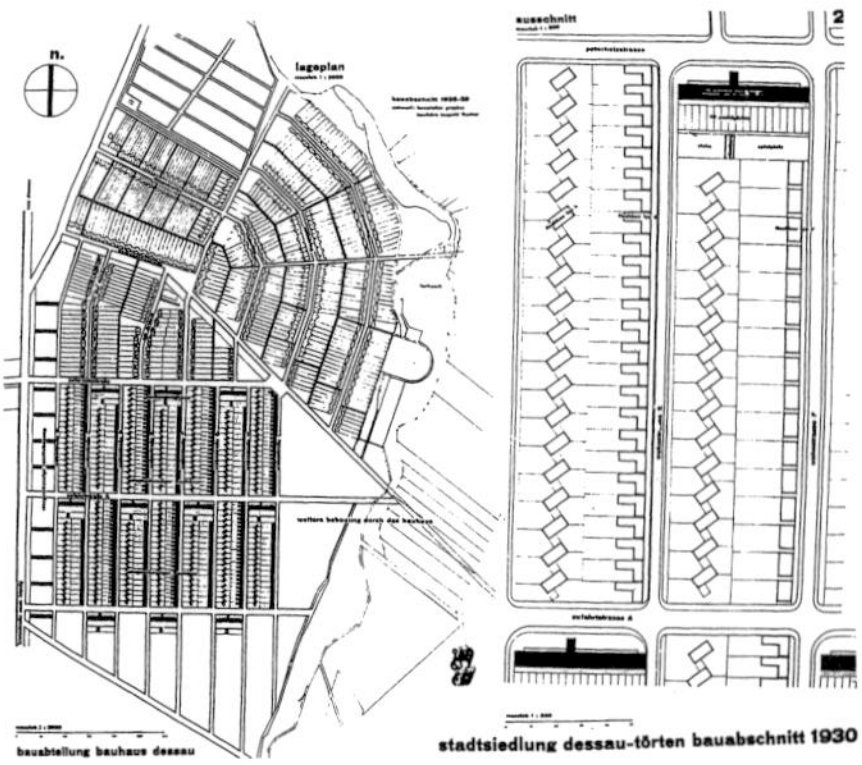

図3－4　デッソウ近郊のテルテン集合住宅　W・グロピウス／1930年

住棟方式も板状あり箱型ありのバラエティに富む。しかしグロピュウスが構想した集合住宅は板状アパートの南面配置が基本であったのは間違いない（図3－4）。

グロピュウスの建築理論にあっては場所・地域・国家の相違・特性に関わりなく、人々の生活にとって普遍的な汎用性のあるスタイルこそ選択されなければならず、その基本理念は合理主義であった。従って、彼は世界の同心円構造なるものを構想していた。またデザインの公分母といったことも強調していた。これはピラミッド状のヒエラルキーを以って構成されることの多い現実社会の習性を解体し、真に合理的で水平・平明な全人類的普遍世界を現出しようとしたグロピュウスの悲願でもある。しかしグロピュウスの都市像なり住居集合のイメージは余りに単調であり退屈極りない。

結局彼の理念は建築空間なり都市空間なりに現実化される時には細部が等閑視され過ぎ弛緩したものとしてしか現出しないことになってしまう。一人一人の人間の個別存在に対して無関心過ぎたのではあるまいか。

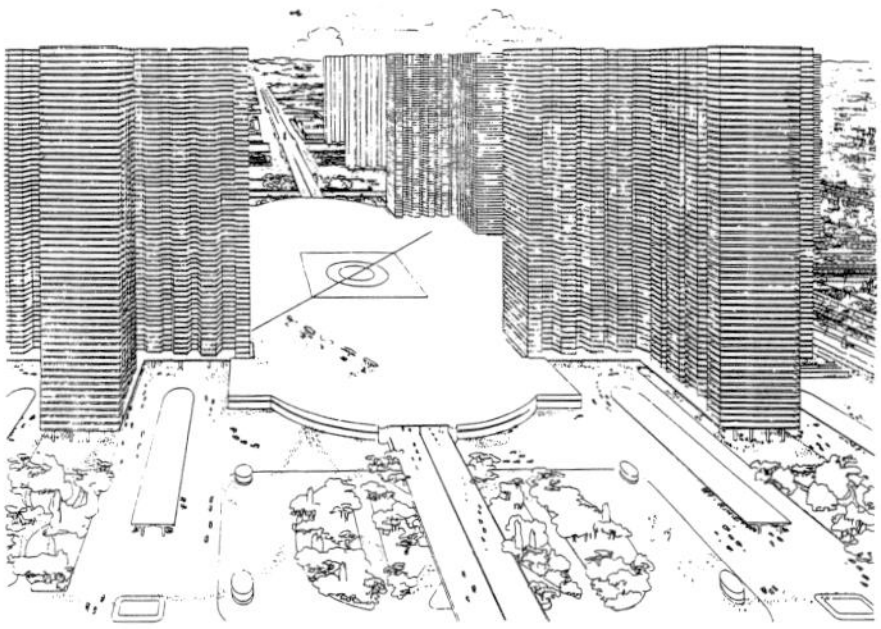

図3-5　300万人のための現代都市　ル・コルビュジェ／1922年

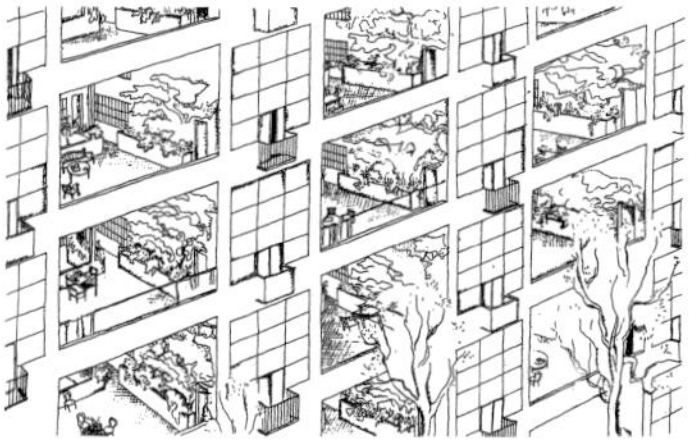

図3-6　アパート正面のディテール　ル・コルビュジェ／1922年

ル・コルビュジェ　―空間組織、または構成の空疎さ

ル・コルビュジェの「輝く都市」は革命的都市構想であったし、これをモデルとした巨大都市が世界の至る所に出現した。とはいえ新都市として構想されたものは少く、殆どは既存の都市が再開発される時か新地区が付加される時に、この都市イメージがモデルとされることが圧倒的に多かった。北朝鮮の平壌（ピョンヤン）は朝鮮戦争で無一物となるまで荒廃したから、まるで「輝く都市」そのままの都市として蘇生した。これは北朝鮮の主たる建築家・都市計画家の多くがパリに留学したことと無縁ではないとのことであった。確かに高層や超高層建築が散在し太陽と緑には充ちている。しかし建物と建物の間隔があき過ぎていて、まるで落ち着かない。ここには犯罪者が隠れる場所がなくゴミを捨てる隙間もないから極めて清潔ではある。しかしここに住みたいとはどうしても思えなかった。

コルビュジェの「300万人の都市」であるが、中心の十文字型の超高層オフィスと中層のアパートのみで構成される都市空間は余りに単調であるし又執拗に同じ単位が繰り返される住居集合も空疎に過ぎる（図3-5）。但し、卓越した空間創出者であったコルビュジェであるからアパートの空間構成には見るべき所が多々あるのも事実である。アパート全体が立体都市となっていて、建物の至る所に二層分の大きな孔があいてそこが小庭園状のテラスとなっている。従って、住戸もメゾネットである（図3-6）。

コルビュジェにあっては都市空間の空疎さは問題ではなかったのかもしれない。彼が最も実現したかったのは立体都市としての集合住宅であったのであろう。それは後にマルセーユのユニット・ダビダシオンで一応実現するのだが、残念ながら小庭園付テラスは計画されていない。多分建築コスト上の配慮から不可能だったのであろう。しかし、彼の描い

図3-7　長期間にわたる視覚的制御に関する想像図／K・リンチ

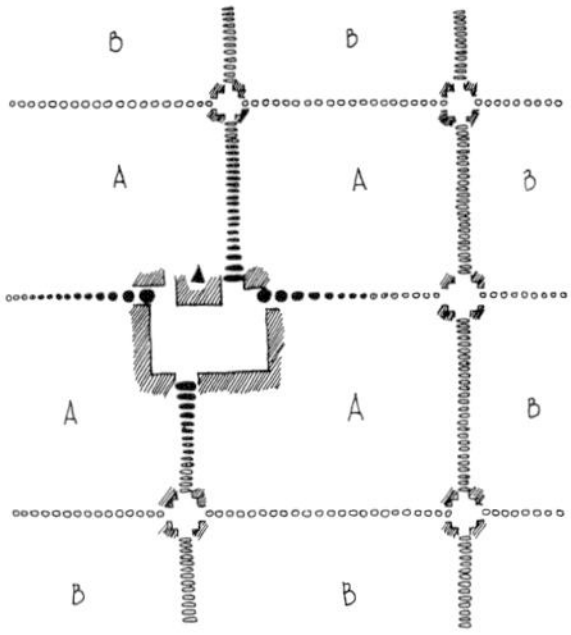

図3-8　都市成長の模擬的なプロセス／C・アレグザンダー

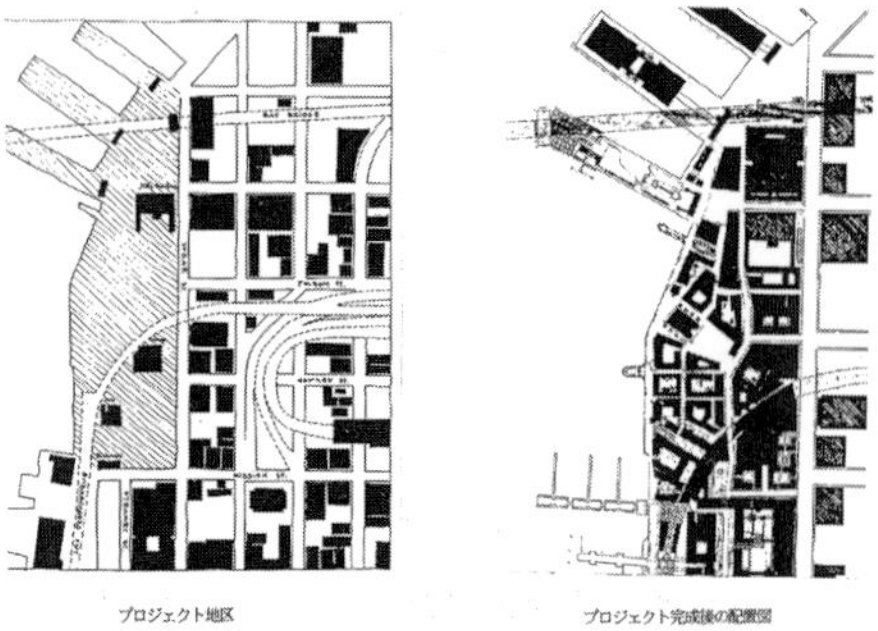

た都市イメージの空間的空疎さはそのまま世界に蔓延してしまったのだから、犯した罪は大きいと言うべきであろう。また彼自身の構想で実現した新都市チャンデガールの空疎さもわざわざ断るまでもあるまい。

ケヴィン・リンチとアレグザンダー　――都市景観の現実容認と解釈（批評と思想の欠如）

ケヴィン・リンチは、グロピュウスやコルビュジェが構想した住居集合や都市のイメージが単調・空疎であって、これを手本として出現した都市空間は到底既存の歴史都市空間に匹敵できないという反省から出発している。彼は歴史都市空間の隙間に着目する。即ち道路、広場、中庭その他であり、特に道路から広場、広場から中庭、道から中庭への移動に際して空間が視覚的にどう変容していくかを考察し、その視覚的空間変容の新たなる物語を既存都市に付加しようとする（図3-7）。それは極めて小規模の再開発となるかもしれない。もともとは敷地計画の技法を研究していたのであるから、都市空間の活性化はそこから発展した研究課題だった。

従って、彼の提案は極めて現実的ではあるが既存都市に対する批判が明らかに欠如している。というよりも、無批判に既存都市を容認している。容認するにしろ否定するにしろ確たる都市認識が他者に伝達されなければ広汎なる影響を及ぼすことはできないであろう。

同様のことはアレグザンダーにも言える。彼の場合は既存都市の再開発が主題であり、そのプロセス計画は極めて緻密であり傾聴に価するが、やはり既存都市に対する批判が全く欠如してしまっている（図3-8）。リンチにしてもアレグザンダーにしてもグロピュウスやコルビュジェの近代主義理念による都市像に疑問を呈しその疑問と批判から歴史都市

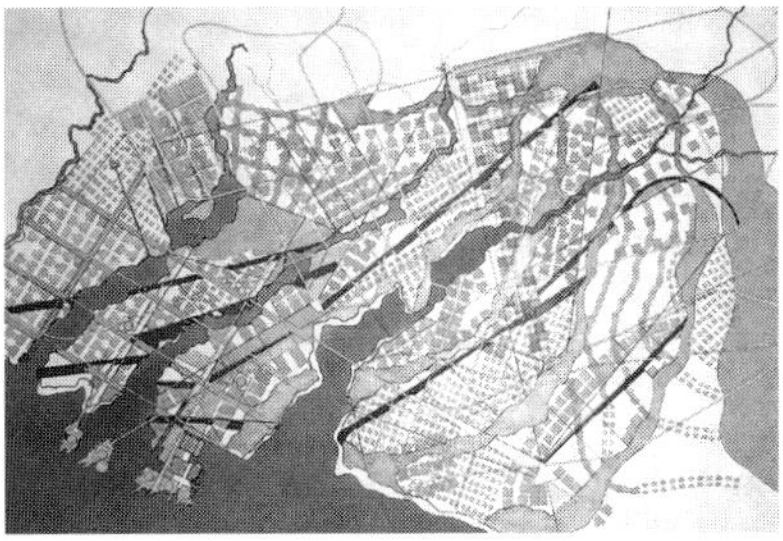

図3-9　アーキグラムの近代都市イメージ

や既存の都市の改良に注目する。そのことは充分理解できる。しかし、彼等がそれなら如何なる都市を最良のものと考えるのかは全く伝わってこない。現実主義者の通弊である。この点建築家のアルドゥー・ロッシは明快である。都市とは芸術品であると言い切り、理想とする都市を具体的に数例挙げている。勿論イタリアの都市であるが、時間による変容を前提としながらその総過程が芸術であると言っているのはさすがである。これならば再開発にも一定の方向性が指示できる。

アーキグラム　―形態のロマンティシズムへの傾斜

アーキグラムは最初都市がそのまま巨大ロボットとなったような計画案を作っていたが、丁度日本でも黒川紀章のメタボリズム都市の提案や建築が世を賑わしている頃であって、よく似た印象を受けていた。勿論アーキグラムの提案の方が明快であり、かつ、より理念的に徹底されていた。彼等の都市案や建築計画は黒川とは違って実現されることがなかったこともあり純度の高さは敬服に価した。丁度大阪万国博の頃であるから１９７０年前後のことになる。この後アーキグラムの活躍はなかったと思う。ところが90年近く、即ち20年近い沈黙を破ってアーキグラムの総帥ピーター・クックが20年前のロボット都市案とはまるで印象の異なる都市イメージを提示した。「層状都市」などと名付けられていたが、一口に言うなら植物に侵蝕されて今や溶け出しかけている近代都市のイメージなのである（図3-9）。丁度ニューヨークが廃墟化して摩天楼や道路等に植物が繁茂し都市全体が植物のために溶解しかけている様を想像すればいいであろう。

カンボジアの歴史的傑作アンコール・ワットとアンコール・トムの2建築のうちワット

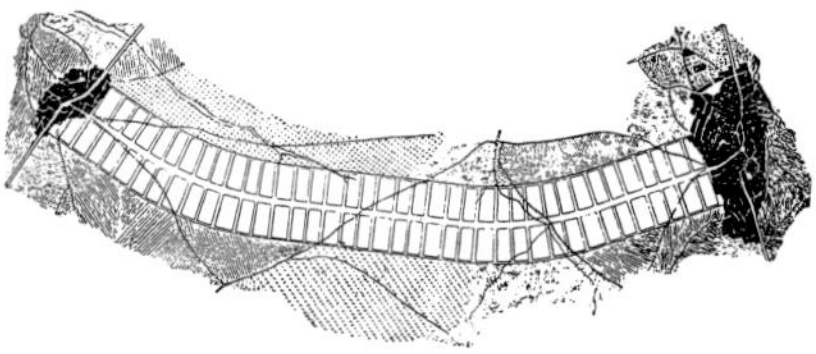

図3-10　線状都市の理論　アルトゥーロ・ソリア・イ・マータ／1880年代

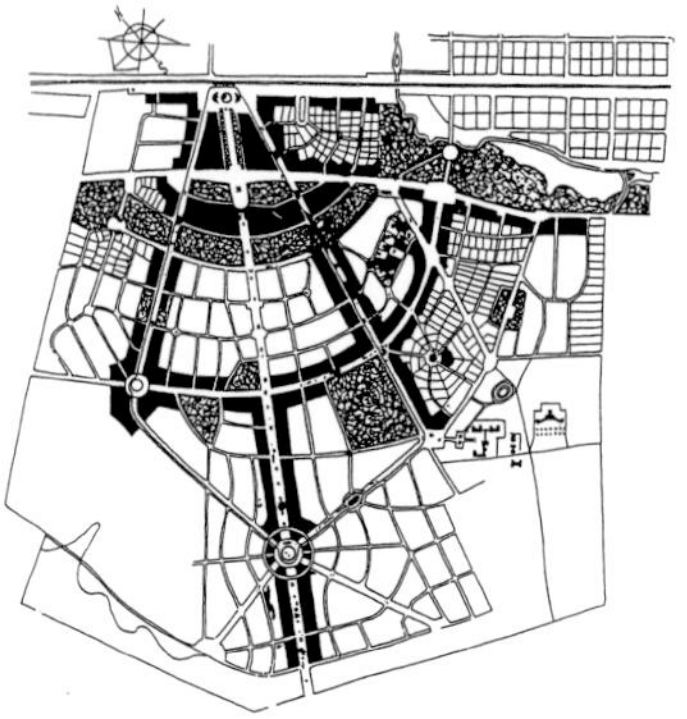

図3-11　プロゾフスカヤ・モデル都市　セミョーノフ　1912〜13年

の方は修復されているから問題ないが、トムは廃墟化して建物の床や壁、屋根などに樹木が生え繁り幽霊的薄気味悪さを醸し出している。

ピーター・クックはそれにインスピレーションを受けたのかもしれない。ともあれ立体植物園都市とでも表現すべき内容であり、注目に価する提案であることは言を俟たない。しかし、廃墟化した後の近代都市の様相を如実に見せているとはいえ、余りにピーター・クック自身のロマンティシズムの匂いが強過ぎる。容易に想像可能な都市像であって恐ろしく悪魔的であるから小説の舞台としては絶好であろう。かつ痛烈な現代文明批判にもなり得てはいるが余りにも文学的に過ぎまいか。

ロシア・アヴァンギャルド　―空間破壊の現象学

1880年代にスペインの都市計画家ソリア・イ・マータの提案した「線状都市」は極めて革命的で、かつ現実的な都市イメージを提供していた（図3-10）。大都市と大都市を結ぶ幹線の幅500メートルの大道路さえ作れば、それがそのまま都市となるとした。帯状輸送幹線を中心に水道・ガス・電気等のエネルギーはもとより学校・庁舎・住宅、更に庭園等、ありとあらゆる都市施設が完備した線状都市が可能であり、将来はこんな線状都市がユーラシア大陸を横断するようになるのではないか。即ちマドリードから北京までの幅500メートルの線状都市を彼は構想したのであった。コルビュジェの「輝く都市」もこれを剽窃していると言われている。セミョーノフのプロゾフスカヤ・モデル都市も注目される。これはハワードの田園都市をロシア化した最初の計画例である（図3-11）。

ロシア革命後、共産主義の理念と合致した都市像を追求した都市計画家の中の指導者に

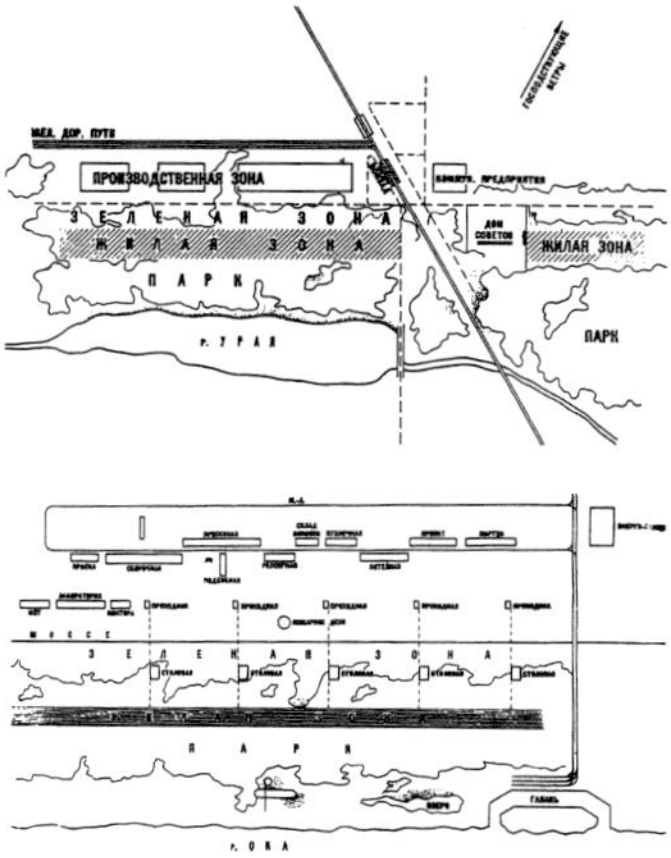

図3-12　マグニトゴルスクのシェマ／ミリューチン　1930年（上）、及びアフトストロイのシェマ　1930年（下）

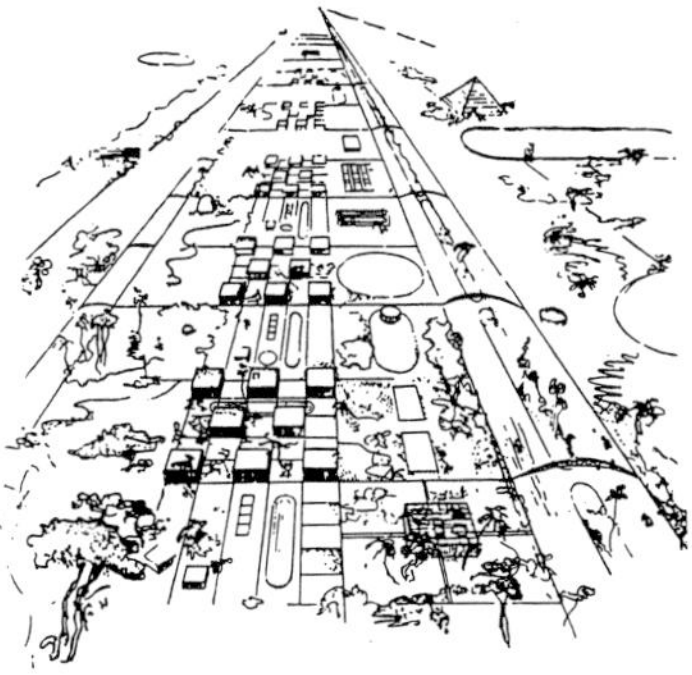

図3-13　マグニトゴルスク・コンペ案　レオニドフ　1930年

ニコライ・ミリューチンがいる。彼は古参のボルシェヴィキ幹部で蔵相でもあったが、それを辞して新しい都市像を追求した（図3-12）。それはソリア・イ・マータの線状都市に強い影響を受けたものであった。イ・マータ同様幅500メートルであるが、都市全体が平行する数本のベルトコンベアによって構成される流れ作業的都市機能を構想していた。徹底した作業効率を追求すると斯様な都市となると言うのである。勿論ベルトコンベアは比喩であり道路や鉄道である。線状都市は金太郎飴に似て横断面は一様であるが、都市に中心は必要なく通勤の無駄もなくなる。要するに、徹底的に旧来の都市空間構成を否定し解体してしまうのがミリューチンの理想であった。

このミリューチンの理論を建態化したのがレオニドフのマグニトゴルスクのコンペ案である（図3-13）。線状都市ではあるが、むしろ自然回帰も見られ庭園を通って住戸に至るゾーンも考案されていたりしている。

いずれにしても、線状都市案は徹底した合理主義・機能主義理念の表出であった。存在や身体に即して成立・構成されている歴史都市を徹底的に破壊することが目的であったから、逆に実現性に乏しかったとも言える。人間存在としての身体は極めて保守的であることをロシア・アヴァンギャルドの都市計画家や建築家は認めることができなかった。

3―3　曼荼羅都市論

曼荼羅都市の存在論的意味　―元型都市

「庭園曼荼羅都市」である。今何故曼荼羅なのか。曼荼羅は周知のとおり、平安初期に弘法大師空海が中国から招来した真言密教の宇宙図であるから恐ろしく古く黴臭い。更に密教図像であるからには、この意味を知ることは通常の娑婆に生きる者には許されないことでもあった。衆生は胎蔵、金剛の両界曼荼羅をうやうやしく崇めるしかなかった。しかし20世紀になって曼荼羅は見事に復活した。それは固定した両界曼荼羅として、即ち伝統的図像として復活したわけではない。また宇宙の中心としての大日如来やその他諸仏の意味が復活したのでもない。復活したのは概念としての曼荼羅である。

精神分析学者C・G・ユングが夢の結晶として深層から沸き上がってくる根元的イメージとして曼荼羅を再評価したのである。ユングが精神病者の治療に夢を活用したのはフロイトの第一の高弟としては当然のことであった。

しかしフロイトは夢は全て性的欲求の表れであり、精神病は性の抑圧に起因するから病者の見る夢によって如何なる形の性抑圧なのか判断し、その抑圧を解放してやることでもって治癒へと向かうとした。この提示が極めて革命的であったのは人間を種の保存にのみ意味を有する性に繋縛された存在と見なしたことである。幼児にすら性欲求があり、母親の乳首を噛む行為にすでに母を犯し殺そうとする性的欲求が潜在していると見、これをリビドーと名付けた。排泄の快感も同様であると言う。フロイトの考えは極めて明快であり、特に第一次世界大戦で見せた人間の残虐さに対して絶望し、獣性を抱えた存在として人間

図3-14　ユングの曼荼羅夢／1927年

を認識する恐ろしく悲観的人間観を抱かざるを得なかった思想界に広汎で深刻な影響を与えた。フロイト思想の有効性は現代に至るも殆ど衰えていない。

しかしユングはこんな人間観にはどうしてもついて行けなかった。彼は人間に本来的神性を垣間見るタイプであった。夢は性的欲求の表徴だけではない。もっと聖なる宇宙的形象を示すことも充分にあるのであって、精神病者の治癒の過程を観察していると極めて高次の段階に達する夢があることに気付く。病者の初期の夢は、なる程フロイトが指摘するとおり欲望の渦巻く汚濁の世界だった。しかし、それから次第に明るく透明となり、最後には整然とした幾何学紋様を描き、かつ発光・放射する抽象図像を夢見るようになる。これをユングは曼荼羅夢と呼んだ（図3-14）。

曼荼羅夢は人間の深層に眠っている聖なる世界が表層の欲望的世界を突き破って顕現する宇宙イメージであると考えた。但し深層のすぐ上層には当然の如く動物としての人間の獣性も蠢いている

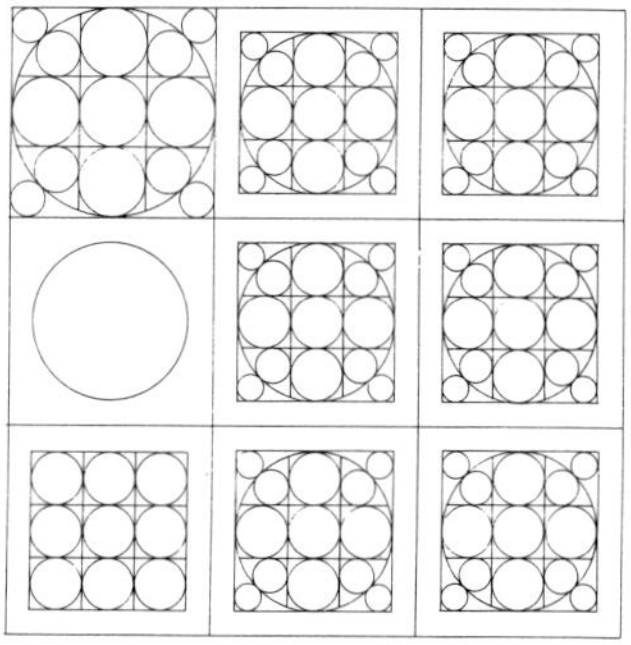

図3-15　金剛界

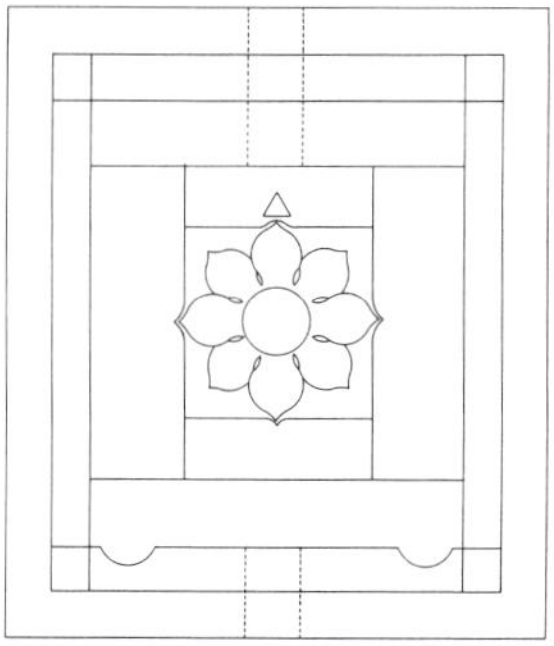

図3-16　胎蔵界

のであって斯様な獣性から聖性も含めた潜在意識が夢として立ち表われる図像を、彼は元型と呼んだ。勿論図像だけではない。神話などの言語表現も当然の如くそのイメージは元型である。

とはいえ、ユングが目指したのは聖性であり、これが現代に至るも多数の支持者を獲得できない原因となっている。元型とは集合の無意識が形象化したものであるから、その最上レベルはプラトンのイデアに殆ど近い。いずれにしてもユングが真言密教の曼荼羅を集合の無意識の最上レベルの形象として再評価したのである。従って曼荼羅図像に依拠してイメージする都市像は人間存在の最深・最上の宇宙像でもあると言うことができる。

こうして構想される都市像を「元型都市」と名付けたい。但し残念なことに、建築・都市計画の専門家は明快な合理主義に浸っているためかユング理論の直観性が理解できなくてやたらに反発のみが強い。5000人の犠牲者を出した阪神大震災後の復興神戸を構想するのに合理的科学主義だけで死者の霊は鎮魂されるであろうか。深い深い疑問である。

曼荼羅都市の図像学的意味　—イスラム金剛型・インド胎蔵型

金剛界曼荼羅は全体を9分割し各部分も更に9分割されている（図3-15）。この図像は宇宙の化身である大日如来の種々様々の局面を81の部分で描ききっている。即ち全体を無限に分割していく世界の様相を表徴している。胎蔵界曼荼羅は中心の蓮華座上の大日如来を世界を構成する無数の諸仏が同心角状に取り巻いている（図3-16）。太陽を中心に惑星がそれを取り巻いて回転しているのに酷似した構成である。前者が一即多ならば後者は多即一を表徴していると言っていい。こんな普遍的世界像を建築や都市の構成原理として応

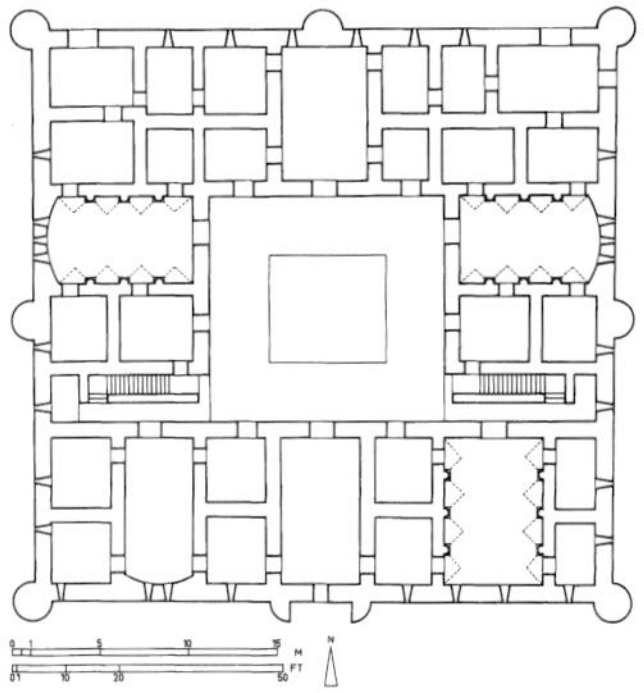

図3-17　カスル・ラハーナの小さな「砂漠の城館」平面図

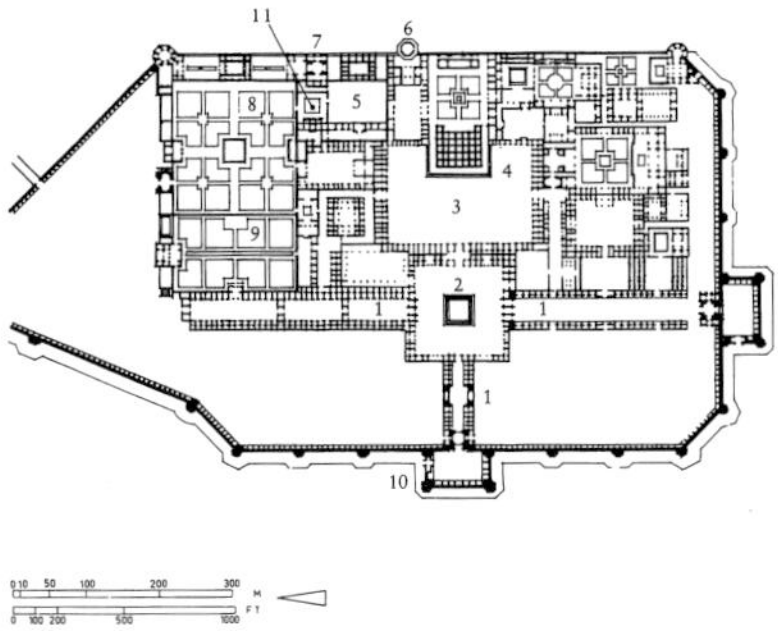

図3-18　デリーに建設された「赤い城」シャー・ジャハーン平面図　1638年

用してきた文明がある。イスラムとインド文明である。

都市像として金剛型の最も典型的なのは日本の平安京であるが、平安京は街路が碁盤の目状であって東西南北の大路が10あるから、まさに9分割・9分割の計81分割構成であるからそのまま金剛型には違いないが、唐の長安とは違って街路に城壁を巡らす立体的、空間的処理が余りなされていないこともあり極めて平板である。従ってこれは何処までも平面的過ぎ、例として取り上げるには躊躇せざるを得ない。とはいえ、世界の他の歴史都市でもやはり平面的パターンに傾き過ぎているきらいがあり、ここでは宮殿・神殿の中でも巨大で都市的スケールで構想されたものを例として取り上げたい。

ヨルダンのカスル・ラハーナの小さな「砂漠の城館」は建築としても極めて規模の小さいものであり、せいぜい縦横共に30メートル強の正方形平面を9分割し中心のみは中庭となり、中庭を取り囲む8部分は更に小分割された部屋となり一つの部屋は小さいもので4メートル四方程度のものもある（図3-17）。これが都市的スケールに拡大されるとインド、デリーの「赤い城」のように隔壁が空間化され回廊になったり、小部屋の1列連繋する細長い棟となる（図3-18）。小さな「砂漠の館」では部屋となる部分は中庭となって、都市ならば建物で覆われている部分に対応する。それでも「赤い城」は内城ですら幅1キロ、奥行き500メートル近いから充分小都市程度の広さはある。イスラム都市は広大な中庭を有する建築が無限に広がるオアシス都市である。「赤い城」も都市に於ける街路が空間化されたとも考えられる。回廊や細長の棟によって囲まれる中空は庭園や広場でありオアシス都市と構成原理は何ら変わらない。

胎蔵界曼荼羅を都市的スケールで建築空間化した典型はカンボジアのアンコール・ワッ

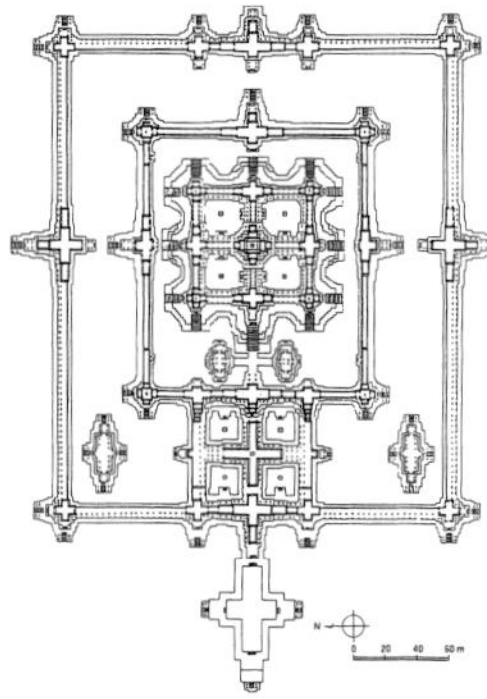

図3-19　アンコールワット平面図

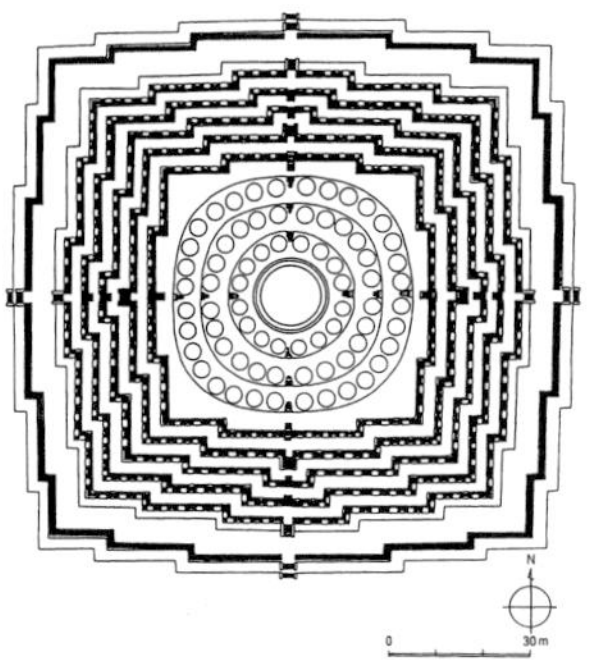

図3-20　ボロブドール平面図

トであろう（図3-19）。これはヒンズー寺院である。この寺院は外郭壁は縦横３５０メートル弱、２５０メートル弱であり、内郭は縦横ほぼ２００メートル四方であるから都市的スケールとは言い難い。中心の平面は田の字型構成でその更に中心の塔が最も巨大であり、田の字をなす回廊の各交点８ヶ所が塔となっている。即ち中心の巨塔を８つの塔が取り巻き、更に同心角状に2重の回廊が田の字平面構成の回廊を取り巻く。但し、田の字回廊の塔も四隅は高く中間のものは目立って低い。同様のことは中心田の字の回廊を囲む中間回廊にも言え塔は四隅は高塔で中間は目立って低い。更に外周の回廊には目立って低い塔だけが取り付けられている。この建物の三重の回廊は内部のものほど高いから外部から3段構えのジグラート状に見える。

いずれにしても都市ならば街路に相当する部分が回廊であるのはデリーの「赤い城」と同様である。建物が覆っているべき街区は中空のテラスとなっているから、空間化された胎蔵界曼荼羅と言って間違いあるまい。塔は諸仏、中心の巨塔が大日如来であるのは言うまでもない。アンコール・ワットがピラミッドやパルテノンに匹敵する名建築であるのは宇宙図像曼荼羅を実に見事に空間化しているその元型性にあるのではないか。この建物から中空を抜き去ったのが巨大段状ピラミッドのボロブドゥールである（図3-20）。これは真の立体胎蔵界曼荼羅であって中心の大日如来像を取り巻いて諸仏像が配置されている。ともあれ「赤い城」、アンコール・ワットに顕現している空間両界曼荼羅を拡大すればそのまま都市空間として現実化可能である。街路に相当する部分が回廊、街区が中空として構想することの元型的意味を示唆してくれていることを銘記すべきである。

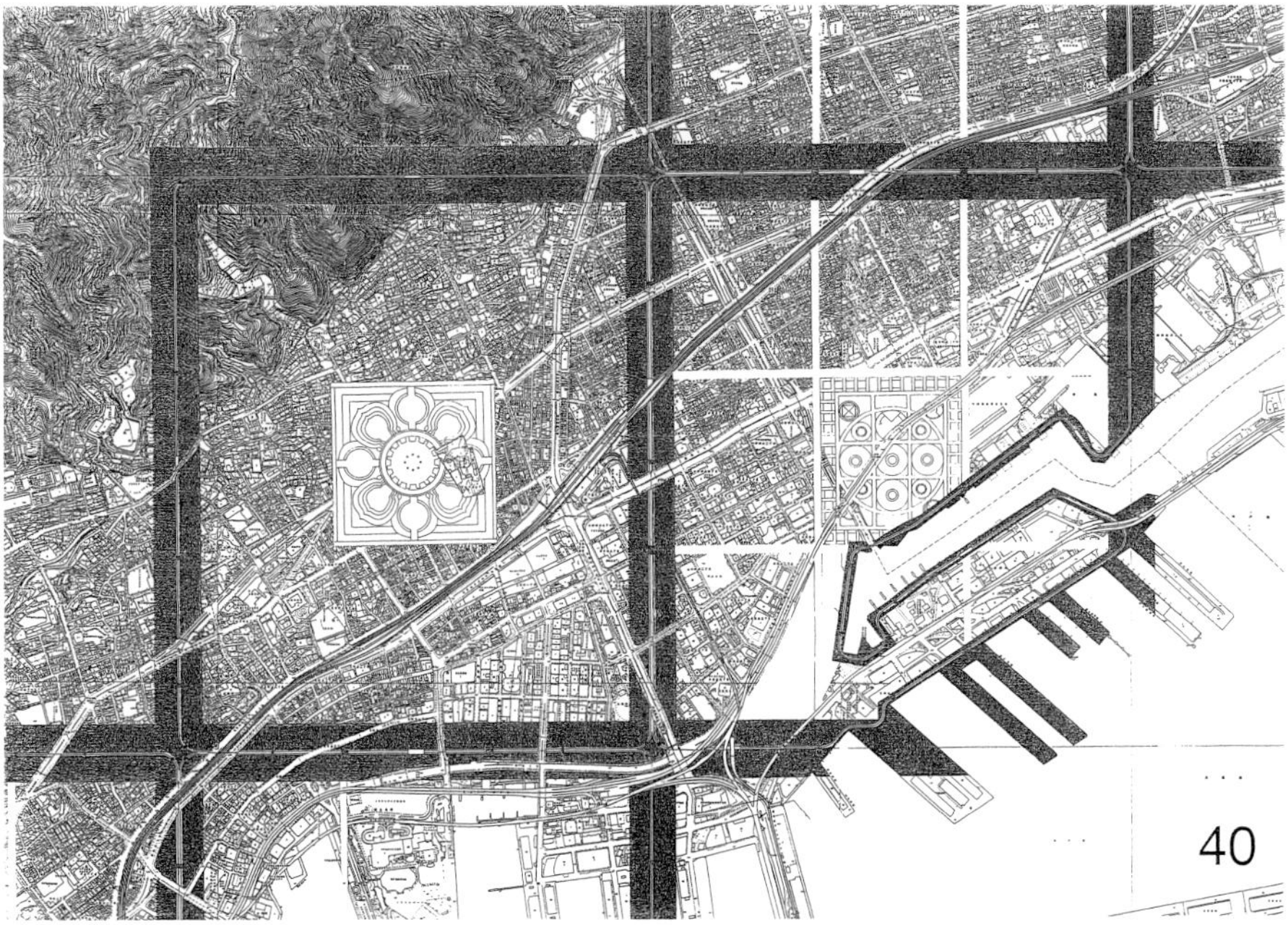

図3-21 プロセスプラン40年後

曼荼羅都市の計画学的意味 ——構造の消滅、元型空間の涌出

骨格のない都市とは街路のない都市と同義と考えて、まず間違いはあるまい。街路のない都市の典型は住戸同士が接し合い、無限に拡張していっている砂漠の都市である。街路がないため各住戸へは屋上から階段で中庭に下り、そこから入って行ける。こんな都市に街路が持ち込まれても街路自体に一定の秩序がなく極めて迷路的である。いずれの場合でも各住戸は中心に中庭を有し採光・通風は全てこの中庭から得ている。住戸の密実な部屋と中空の中庭との面積比は右記の住戸の場合は部屋面積の方が圧倒的に大きいが、これが逆転した場合にはそんな住戸が隣接して無限に拡張する都市として「赤い城」やアンコール・ワットの様に街路が密実空間化した都市の様相を呈して来るに違いない。曼陀羅都市は「赤い城」やアンコールワットが拡大したものとして想定されているから、原理上当然、骨格即ち街路のない都市なのである。それよりも面妖と言わざるを得ないのは、こんな曼陀羅都市が神戸などの既存都市を再開発して出現して行く過程である。１００年後に神戸は曼陀羅都市として現出するのであるが、１００年の間に街路を始め建物その他の都市構成要素が徐々に変化して行く。

＊3
風水にあっては龍脈と龍穴が重要である。龍脈とは大地の気が可視化されているものであって山の峰が連続している様と考えてほぼ間違いない。即ち気は山の峰伝いに移動すると言うことである。龍穴とはその気が地上に噴出して来る孔である。風水適地をモデル化するとそのまま女陰である(図3-22)。

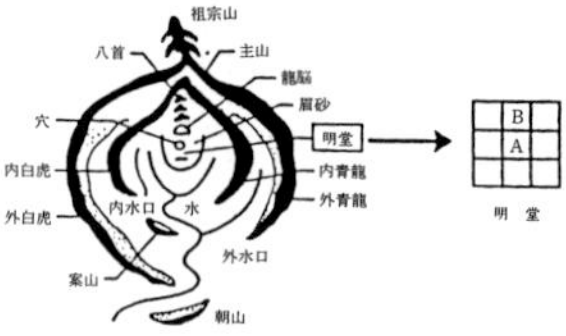

理想的風水地形と明堂。Aにはじめは宮城があった。
北魏洛陽以後、宮城をBに置くようになった。

図3-22　理想的風水地形と明堂

南に開いたUの字型の山脈(龍脈)中に穴、龍穴があり、二重の山脈は陰唇、穴は膣である。山脈の内側には孔の左右、即ち南北に二筋の川が流れ南で合流する。陰核に当るものが孔の上、即ち北にある八首である。女性の性器のアナロジーとして風水適地がモデル化されているのは、大地を女性乃至は母性と考えていたことであり地母神のイメージと共通するであろう。龍穴に

その変化の方向が既存都市の骨格である街路を上敷にしてそれ以外の空間様相、即ち街区の空間様相が変化に向くのであればそれ程の問題はないであろう。巨大再開発をしても街路構成が基本的に変容しない限りその都市様相にそれ程大きな変化は表れない。

しかし出現するのは曼荼羅都市空間であるから、既存の神戸とは全く様相を異にしている。現在の神戸は西南方向を主軸とする街路構成であるが、１００年後には正確に東西・南北の直交軸を建物配置の基本としているから、それだけでも充分に違っているのに、両界曼荼羅が空間化されるのであるから、再開発して出現する中間期（例えば40年後）の様相は既存の都市空間と再開発空間がほぼ同程度の割合で共存する、至って奇妙なものになるに違いない（図3-21）。神戸の中心、三宮、元町地区の一部５００メートル四方を空地にし、そこにイスラム都市、たとえばイランのイスファハン５００メートル四方をそのまま嵌め込んだとしたらどうであろう。周囲の街路と新たに嵌め込まれた街路とは多分巧く繋がらないであろうし、まず第一に空間様相がまるで違うものが接している奇妙な現象ができるはずである。しかも曼荼羅都市空間は元型空間である。対して既存の神戸は一応は近代都市空間として成立している。近代都市空間は合理主義・科学主義を主調とするから元型空間とは対極であろう。そこに突如元型空間が涌出したかに出現するのである。この段階が最も元型空間の特質を露出するのではあるまいか。都市計画学的意味とは今までは制度・機能等を主眼とする土地利用・交通システムその他の提案の妥当性・有効性を問題とすることであった。従って再開発にあっても土地利用効果・交通システムの改善等の極めて功利的な価値評価を基底として計画されて来たし、現出する空間も既存都市の功利的側面を拡張して来たに過ぎない。例えば商業床面積や住宅床面積が増加し、自動車道路が

は都市や住宅、更には墓陵が作られる。逆に言うと都市や住宅、墓陵等の適地を探し出すのが風水術であり、龍穴は地の気が噴出して来る場所であるからここに都市、住宅、墓陵が作られるのが最も望ましいことになる。「龍脈の図」でも判るが極めて明瞭な図像又はモデルとして表示し易い内容を有している（図3-23）。

図3-23　龍脈の図

この図を見ると地球の襞である山脈が身体であり、頭部が明堂に当る人工空間、住居、墓陵で、両手（前足）は平野（又は海）に張り出した山の端を示していることが即座に了解できる。龍という想像上の動物と自然の地球の図像的相似性に着目しモデル化してしまう思考法は相似象法と呼ばれるが一見素朴な相似象法も実は自然・宇宙の摂理を的確に指示していると考えられる。

整理されて来たといったことである。

ところが曼荼羅都市空間が突如涌出した場合はどうなるのか。勿論商業や住居といった空間は都市としては必須の要素であるから当然備えている。しかし人々の深層に訴えかける空間であり、又人々の深層に眠る集住空間のイデアであるから、在来の計画学的意義によって評価可能なものではあり得ない。都市は建築以上に近代主義の牙城であり得た。しかし21世紀以降の都市は近代主義的価値観から脱却するであろうし、まずは計画と言う概念が成立しなくなるであろう。

3—4　「場所《トポス》」の解析と対応

地形不改変の原則・地形特性の強調

風水術、陽の気が強過ぎる神戸の地形もそうであるからと言ってみだりに改変することは許されまい（＊3）。処がここ30年来神戸市は六甲山を切り崩し瀬戸内海に巨大な人工島を造成して来た。勿論為政者にとって「風水術」と言った迷信的とすらいえない地理・自然認識などとは無縁であろうから山と海に土地を得る一挙両得の都市開発を非難されるいわれなど全くないに違いない。風水術についてはさておき、自然の大改変は余程の必要がない限り避けるべきであるのは生態系への深刻な影響などから最近特に常識化されていた。それを無視した結果が今回の大震災であったと言う声も聞くしそれは間違いのない事実であろう。自然はやはり人間存在にとって厳粛だと言うべきである。従ってこれ以上の地形改変は戒めるべきである。北に六甲山を控え南は瀬戸内に開いた南斜面の地形は、住まうには好適にも思えるがやはり開け過ぎのきらいはある。

　この欠点とは必ずしも言えない「不足」を地形不改変としながらどう克服するか、これは神戸最大の課題ではあるまいか。勿論海岸線も現在以上の改変は原則としては行わないのである。両界曼荼羅の集合を平面の基本形態として想定したのはそのためである。曼荼羅は癒しの図形である。大震災により破壊された都市が蘇生するには在来の町割を完全に改変し、しかも地形不改変の原則は固持する必要がある。一度死滅に至った都市は癒しが求められるのは必然の成行きであろう。その癒しこそが曼荼羅である。

　しかし平面図形である曼荼羅を都市区画の基本形態として癒しがもたらされる保証が何処にあろうか。単なる幻想に過ぎないではないか。京都の碁盤の目状街路のことを思い浮べてみよう。至極明快な町割、正確に東西・南北に直交する街路は迷路とは正反対の安心感を歩行する者に与える。道を迷うことがまずない。これが京都の特徴であり、町割の明快・明晰さこそここの市民に明澄な知性を付与してきたのではなかったか。パリの放射線型街路網はその中心の凱旋門を常時意識させ市民に権威意識・中華意識を植え付けている。このことからしても平面図形のもっている観念的連想性は都市区画として使用されてもことの外有効であることに気付く。両界曼荼羅の集合を基本図形とする都市区画もその意味では充分以上に市民に癒しをもたらすと信じていいであろう。

　南に開き過ぎた南斜面の地形に西南に帯状に延びる碁盤の目型区画の現在の神戸の町割は、まるで特徴に乏しく当然地形の本来的「不足」を補塡する類いの形態になっていない。

曼荼羅をユングは夢の結晶化と再評価したが、相似象法である風水術のモデルも同様極めて夢的である。しかも気と言う不可視の宇宙エネルギー（と言えるなら）を可能な限り可視化しようとする中国的地理認識は現代に於いても充分な有効性を発揮し得るであろう。

　神戸は東西に六甲山が横たわり須磨の辺りで西南に折れ海に突き出している。六甲の南は薄い平地でその更に南は瀬戸内である。多くの川（水脈）が六甲から瀬戸内に南北に平行して流れている（図３-24）。

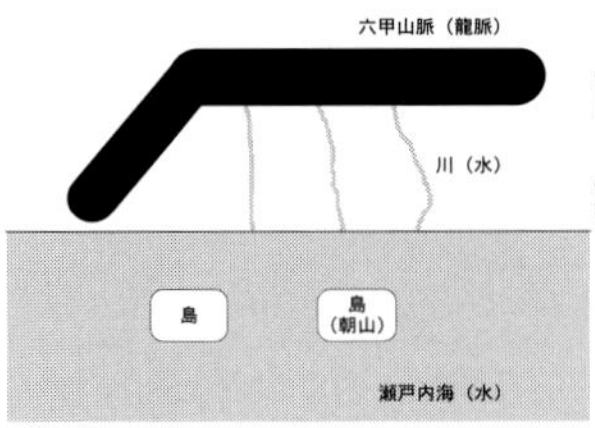

図３-24　神戸の地形模式図
　南に開き過ぎた地形で単純過ぎるきらいがある。こと更に風水術的地理理解をしなくても以上の地理的特徴と都市としての奥行きと襞のなさはこの都市を味気ないものにさせている最大の要因であることは誰しも了解できるに違いない。この欠点を是正する方法が必要である。

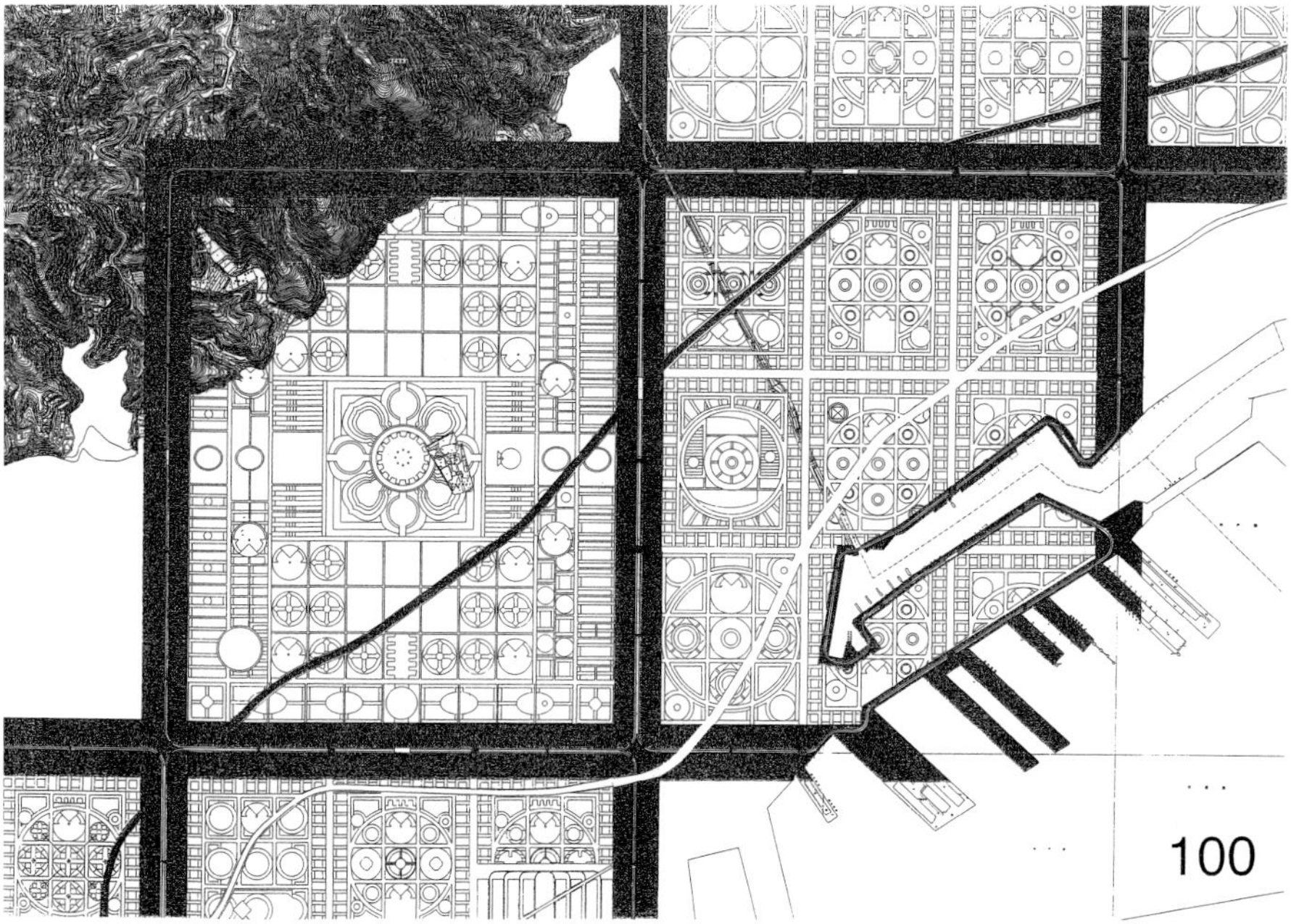

図3-25　プロセスプラン　100年後

ここに両界曼荼羅集合の区画を導いたら、この都市に欠けていた陰翳に富む風景を現出することになるであろう（図3-25）。それが又5000人の死者の鎮魂になるのではあるまいか。

東西南北格子の地球被覆　—地球論理の表出

都市が国土のなかで成立しているのは最初に何人かが強烈な意思をもって国土を分割し、更にそれを細分割することを何度も何度も繰り返し、最後に一定の広さを得て計画造営した結果であるとも言える。平城京や平安京などの都や江戸などの城下町の場合は当て嵌まるが、自然発生的な集落から徐々に都市に変化していったものはそうは言えないのではないかと訝る向きもあろうが、実はこの場合ですら集落を形成した人々の意思が明確に働いているから都市創成の位相としては何ら変らない。21世紀は現在以上に情報が瞬時に地球を駆巡るであろうから、かつて国土を分割・細分割して都市を設定した行為は地球全体に拡大されると考えてよい。計画対象が国土ならば、その国土の地形的特質によって分割・細分割の形態も規制され、当然他の国土の場合とは違って来よう。日本ならば弧状列島であり主軸は大きな円弧を描くに違いな

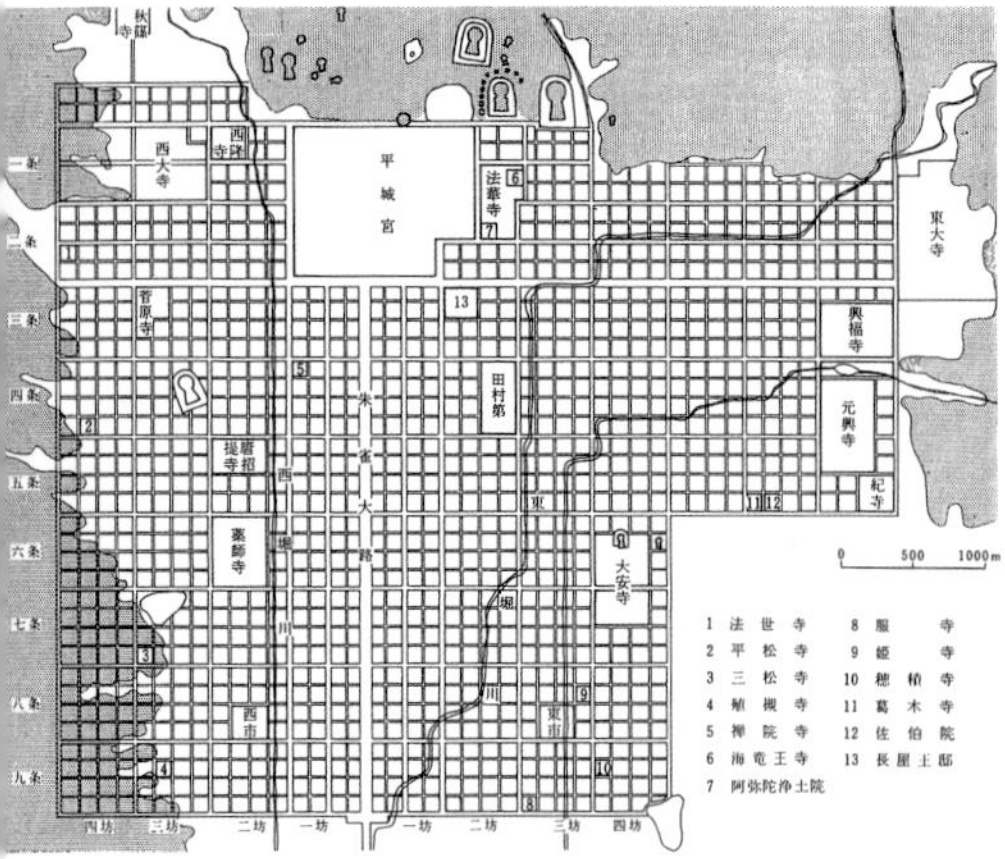

図3-26　平城京（地形保存の典型）

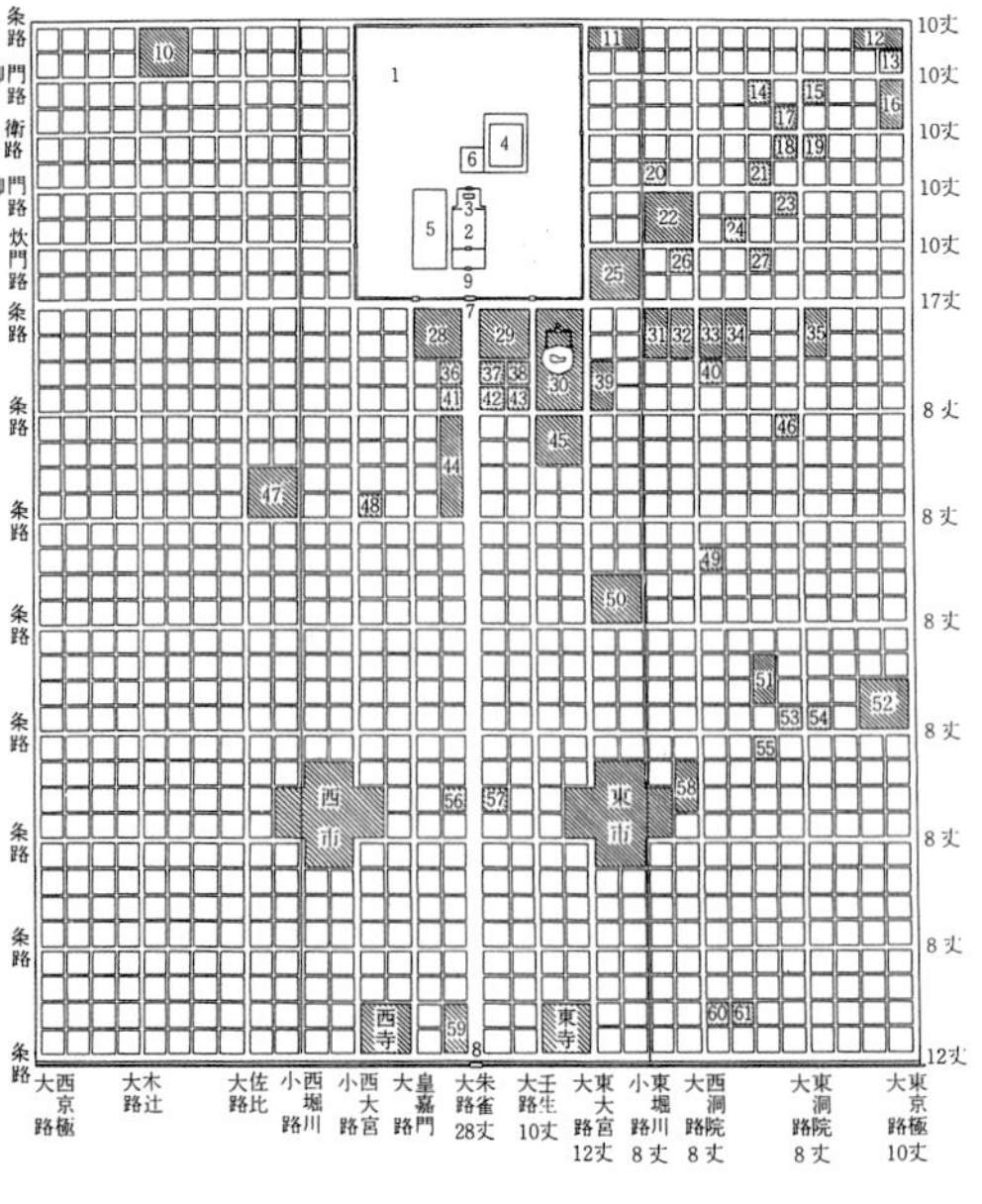

図3-27　平安京（典型的金剛型）

い。平城京（図3-26）や平安京（図3-27）は中国の都城を模倣した故に円弧を描くべき主軸には沿わずに正確に東西・南北の二軸が直交する碁盤の目状になっている。中国の都城がそうであるのはあの広大な国土と平野に出来上がる都市であるから、その広大な平野を分割するには極めて均質な方法がとられなければならないことに尽きる。勿論君主は南面するのが中国の古代からの習慣であったから宮殿は正確に南面していなければならず、それ故に都城の街路は正確に東西貫通していなければならなかった。しかし本来君主の南面もあの広大な国土と平野故に南中時の太陽にでも対面しない限り視線の方向を定め難かったからに違いない。こうして正確に東西に貫通する街路を設定してしまえば、より均質的な分割方式として正確に南北に通じる直交街路が生み出されて来るのは必然の結果だったであろう。

地球を分割するのは緯度を刻む緯線と経度を刻む経線である。これは地球上の如何なる場所をも指示し得る唯一絶対の方法と考えてよい。従って神戸二一〇〇計画にあってはこの緯度・経度に依り各1分分を分割の基本単位とする。神戸市の場合緯度1分分は約1・8キロ、経度1分分は約1・5キロである。

処が驚いたことに平安京も1単位が緯度・経度1分分なのである。平安京は南北5・31キロであるから緯度3分（5・4キロ）、東西は4・57キロで経度3分（4・5キロ）となっている。平安京も9分割の金剛曼荼羅になっているが、これは模倣の対象であった中国唐の都長安よりも厳密な宇宙的街路構成となっていたことを示している。当計画に於いて普遍的地球分割線を都市構成の基本軸としたのは地球の何処の場所であろうと位置指示が明確にできる利点を活用したかったからである。要するに住所表示が緯度経度でなされ、それはとりもなおさず地球論理を一都市に表出したことを意味する。

特異地形に於ける主軸設定

極めて均質な地球分割線に沿って区画する方法を採用したからと言って神戸の地形は何ら変るわけではない。北側に六甲山が脊梁さながらに横たわり南に瀬戸内海が広がり、かつ現在の都市軸は西南に傾いているのもこの地形的特質と無縁ではあるまい。特にJR山陽本線が東西線（緯線）に対して三宮・元町辺ではほぼ西南45度に傾いているのは明らかに海岸線の方向と平行して軌道を走らせたことに由来している。従って地形の制約を強く受けて軌道が敷設されたことがわかる。都市が立地するその場所の地形が平野の様に拘束

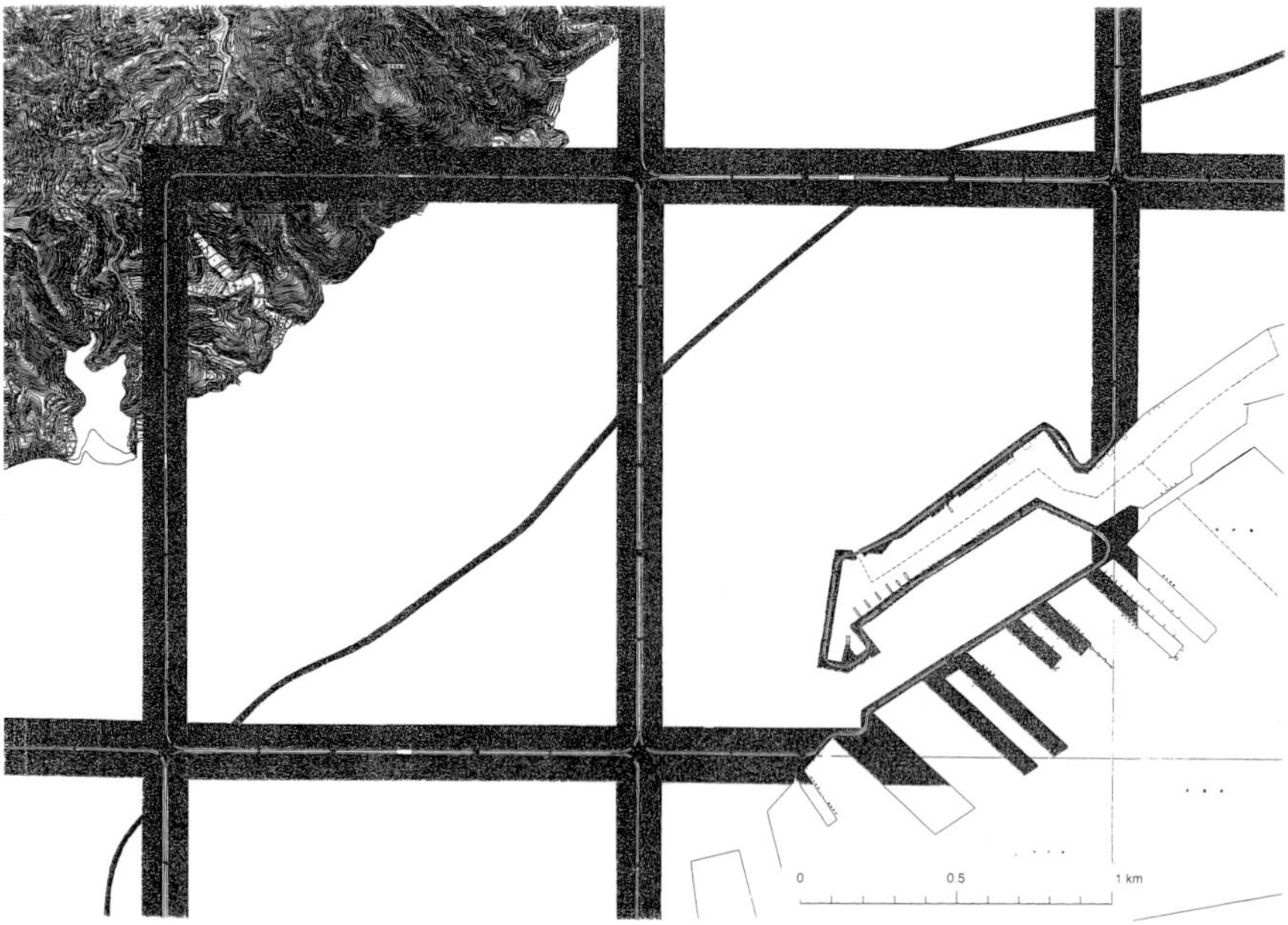

図3-28　都市軸（鉄道敷堤）

する条件として弱い場合は別として大概の場合は山や川・海等の地形に左右される。

現代都市の場合最も強い軸性を示すのは鉄道であり、これを都市構成の主軸として見直す必要がある（図3-28）。正確に東西・南北の直交軸を構成の骨格とはしていても、これと主軸を重ね合わせる必要は必ずしもない。すでに完成された都市であった神戸であるから主道路の方向や鉄道等の示す方向には歴史的意味が重くのしかかっている。街路は一新するとしても、鉄道の方向まで変えてしまわなければならない理由はない。と言うのも山陽本線は全国土を縦貫する主線の一つであるから、最もオーダーの高い交通機関である。かつ地形特性からその方向は決定されているのであるから、その方向は尊重すべきである。それでは何故主軸を設定するのか。当計画に於いては歴史、即ち時間が空間を貫通する。その歴史・時間が主軸であるから主軸の設定は歴史・時間の痕跡を半永久的に保存することでもある。それでは鉄道に立ち表れる歴史・時間とは何なのか。これこそ唯一の「20世紀と言う世紀」の記念である。神戸二一〇〇計画に於いては20世紀の殆どは否定され、20世紀間の神戸市とはまるで異なる様相を呈する様計画されている。その全否定に近い20世紀の中で残存するのがＪＲ山陽本線と新幹線である。新幹線は新市街地を通らないから市街地に残存するのはこれのみとなる。

それならば20世紀は21世紀以降にとって無駄な世紀であったのだろうか。歴史に無駄があるとは思えないからそんなことは断じてあるまい。むしろ20世紀は世界革新の世紀として記憶される可能性は依然として高いであろう。高度に発達した科学技術、核エネルギーの発明、コピー生物の出現等は殆ど生命にとって悪魔的と言っていい事件である。飛行機を発明し高速で地球を移動できる世界の狭小化も記憶していい世界の変革である。しかしそれが人間存在に果して幸福をもたらしたのか。それとも不幸を招来したのか。20世紀末の現在、今の所よくわからない。しかし生命にとって疎害要因である科学技術の殆どは廃棄すべきであろう。人類は間違いなく最大多数の最大幸福を目指して来たのであるから最大多数にとって不幸の要因となるものを維持・保存するいわれはない。しかし高速鉄道ならば人間存在も生命をも阻害することにはなるまい。

特異主軸と東西南北格子の関係

20世紀を記念するための主軸山陽本線は都市歩行を妨げないためにも断続的オープンカットの地下軌道とする。オープンカット以外の地上は基本的には高さ3メートル程度の土堤である。上部平坦部は道であるが両側の斜面は芝生が敷きつめられる。要するに地上から姿を消した軌道の代わりに土堤が生み出され主軸として空間化されることになる。曼荼羅を平面構成とする都市空間に当然種々様々の機能と形態の建築が建ち並ぶが、この主軸である土堤は建物を切り裂いて延びていく。この都市内にあって最もオーダーの高い空間として設定しているのだから当然の処置である。同様河川も地形不可変の原則から建築を切り裂いて流れる。更に高速高架道路跡地を利用した国土縦貫連鎖住居も土堤・河川と同様の扱いとなる。従って整然と東西南北に直交する区画にこれも整然と東西南北に面して建つ建築とはまるで無関係に斜めに横切るのは土堤と河川と連鎖住居のみである。従ってこの三要素は極めて特異な空間になる。特に土堤と連鎖住居はほぼ平行して都市を斜めに切り裂いて横切るのだから異様であろう。連鎖住居は高さ10メートルから20メートルとなるから都市を切り裂く印象は強いであろうが、土堤の場合は高さ地上3メートル程度であるからむしろ建築の谷間と言ってよい。この谷間にトポスの意味が隠される。トポスとは建物や広場等を受け容れる物理的容れ物としての場を言うのではない。これをプラトンはコーラと言った。ギリシアではそこに人間が住みなしたことも含め種々様々の記憶を折り重ねている場所をトポスと呼んだが、コーラを物理学的場と言うならトポスは現象学的場所と言ったらよいのか。自然の地形でも谷間は山頂と違って深い陰影をおびる。従って山頂は小説や詩の主題や背景となることは少ないが谷間は目立って多い。現代文学でも都市の中のビルの谷間に蠢く人間模様を主題にするものは数限りなくある。神戸二一〇〇に於いて土堤が現出する都市内部の建築の谷間は現代都市のビルの谷間とは様相が異るのは言うまでもない。まず建築の高さは平均して20メートル程度である。勿論商業や業務ゾーンは30メートル位にはなるが、土堤の幅自体が20メートルはあり更にこれによって分断される建築もスカイラインとなるべき輪郭は飛梁に似た扱いとされるから一見谷間の空間も華やいで見えるはずである。むしろ散策の恰好の場所となるのではあるまいか。いずれにしても20世紀が刻印されている土堤はこの都市が存続する限りこの都市が出現した世紀を人々に記憶させることになる。時間が空間を貫通すると言ったが、本来可視化し難い時間を斯様な方法で可視化するのは、この主軸である土堤が重要な機能を一切負担しないことでもある。建築が機能から解放され空間に力点を移行していったのは20世紀も80年代であったが都市は97年現在でも機能から解放されていない。主軸である土堤の非機能性はその意味で都市が空間性へと昇華する記念碑的事項なのである。

3—5 神戸二一〇〇計画に於ける諸提案

区画単位としての緯度・経度

地球分割線である緯度線・経度線を基準とし、その1分分を1単位として100年後の都市像、「神戸二一〇〇計画」が計画され、その意味についてはすでに述べたので、それがもたらす計画学的効用について記す（図3-29）。

建築でも都市でも、更には地域でも、計画する時には基準となる寸法を設定し、単位となし、この単位格子を下敷きにして計画図を描いていくのが極く一般的な作業方法である。単に作業方法というのではなく、基準寸法即ちモデュールに依拠しない限り、平面計画が定め難いのは計画者なら誰しも実感しているであろう。それを緯度・経度によろうというのである。

この場合は緯度1秒約30メートル、経度1秒約25メートルであるから、南北に対しては

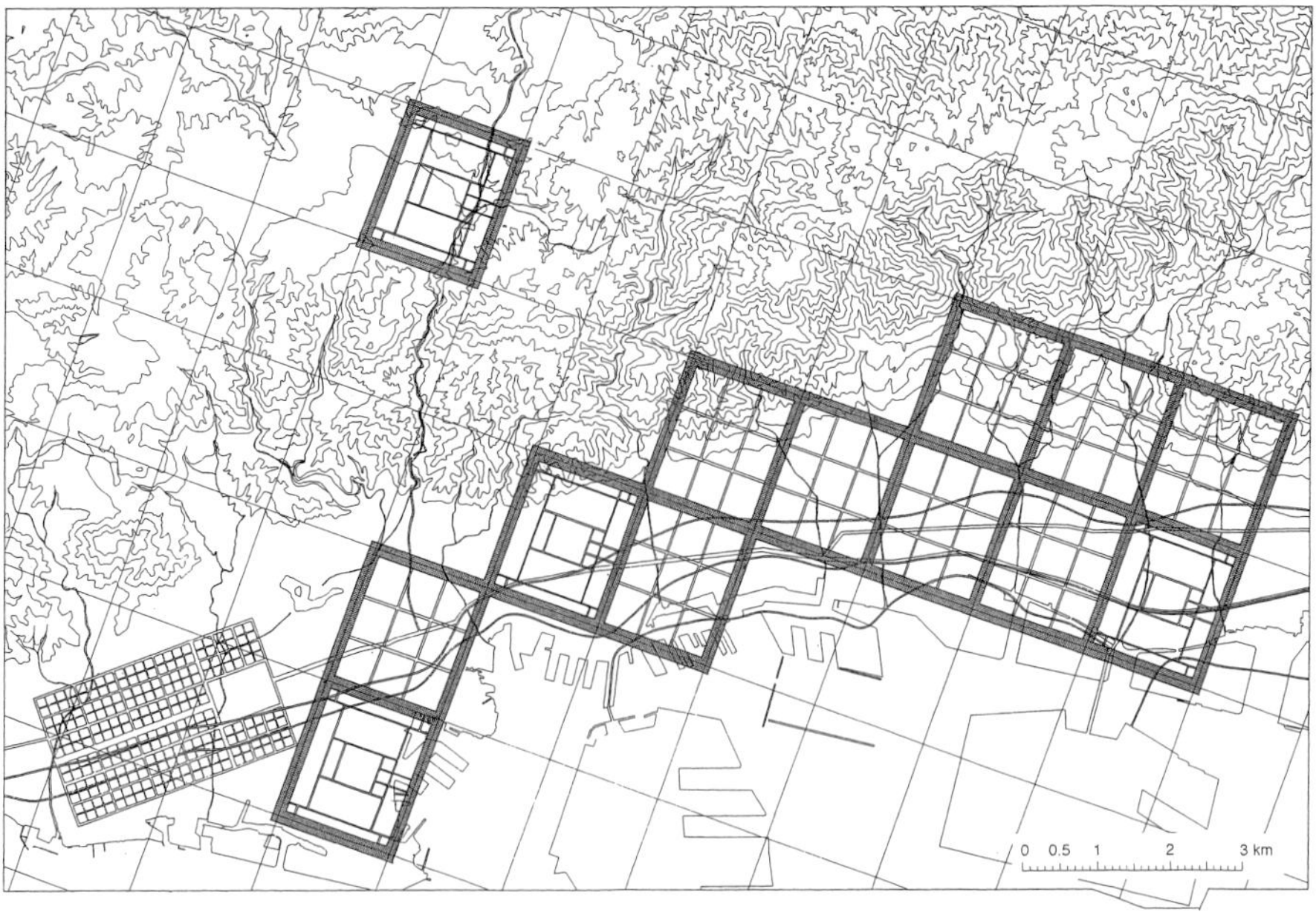

図3-29　緯度経度による区画（格子の縦横は緯度経度それぞれ1分に相当）

30メートルを東西に対しては25メートルを基準寸法と定めた。都市計画スケールでは、一つの大きな建物程度であるため極めて微細なディテールだから、まさに建築に於けるミリ単位に相当する。こうしてディテールにまで及ぶ基準寸法を設定しておくと、当然計画がディテールまで配慮されるのを予め準備しておくことになる。しかも地球分割単位だから極めて普遍性の高い寸法であり、場所の地形特性や歴史的条件に拘束されなくて済む。計画の始めに当たっては、その場所の個別性にとらわれるよりも、より抽象的な拡がりを意識している方が的確な回答を得る可能性は高い。建築家、ミース・ファン・デル・ローエのユニバーサル・スペースはその意味では呼称が示すとおり、極めて宇宙的、普遍的空間認識であった。但し、これのみで終ってしまうと「場所（トポス）」からの反撃に遭い、計画は至極平板で無味乾燥となる。モデュールが宇宙的、普遍的であるほど「場所（トポス）」の個別性に対応し易いはずである。

地区の隔離と自給体制

当計画は当然のこととして近代都市計画批判、現代都市批判が骨子である。近代都市、特に現代都市の特徴は、中心に

図3-30　グリーンベルトによる地区の隔離

コミュニティセンターを有するワンセンターシステムに顕著に表われている。しかも都市全域は土地利用形態によって区別する用途地区制度である。ところが、今回の阪神大震災はこのワンセンターシステムの欠陥が見事な程露呈してしまった。用途地区制度は確かに都市の土地利用方式としては機能別であるから効率的であるのは言を俟たない。しかし、この効率は産業社会としてのものであって、人々が日常生活するのには必ずしも利便であるとは言い難い。大震災では、まず上下水道がセンター給排水システムであるため、被害の直接目立たなかった地区でも断水となり、炊事や排便が不可能になってしまった。これが分散型の給排水システムならば、被害状況の違いによって復旧の速度も自由にコントロールできたはずである。上下水道は機械的システムであるが、ワンセンターシステムの都市構成は、当然中心に人々を集めるために交通機関を中心に向けて、密度を高めるように計画している。これが国家レベルにまで適用されたのが現在の日本の東京一極集中である。このピラミッド型国土構成、都市構成は政治的には中央集権を助長し、経済的には効率至上主義の土地利用形態を生み出した。

　これを徹底的に打破し、一人一人の市民が日常生活を営む上で利便、快適な土地利用構成とすべきである。そのためには、エネルギー、食糧、日用品等が自給できるシステムがよい。交通の中心への集中も排すべきである。最小限、地区を自給可能にし、他地区を頼らないためにも地区と地区が空間的に隔離していることが望ましい。勿論交通の隔離ということではない。この空間隔離装置として、地区を取り巻いて南北に幅150メートル、東西に幅180メートルのグリーンベルトを設置する（図3－30）。これは心理的には充分に隔離効果を発揮するであろう。

ミニトレーンによる交通体系

当計画は後述するとおり、自動車交通の全面廃棄を前提としているため、それに代る交通体系を提示する必要がある。JRの鉄道網は日本列島殆ど隈なく張り巡らされていると思えるが、実際には相当疎密の差があり、自動車交通が廃絶された後に、それに代り得る程に密度は高くない。そこで緯度・経度1分の直交格子を全てに鉄道のネットワークを重ね合わせ、この1格子の中間点に駅を設置すると、全ての点（場所）は駅から1キロ以内となる。神戸にあってはグリーンベルトの地下にこの鉄道を走らせる（図3－31）。ある単位にあって、時計廻りに一周するのであれば、隣接する単位では逆廻りである。いずれにしても一つの単位ではその外郭であるグリーンベルトの下を常時一方向に周回していることとする。こうすれば各駅で乗り換え可能にしてあるから、相当に隔てた場所にも数回乗り換えを繰り返すなら行くことができる。

この場合の車輌は大型ではなく、小型であって、要するにミニトレーン方式としてこの鉄道網を整備する。一単位を周回するだけの鉄道では、多方向直進の現代の東京の地下鉄

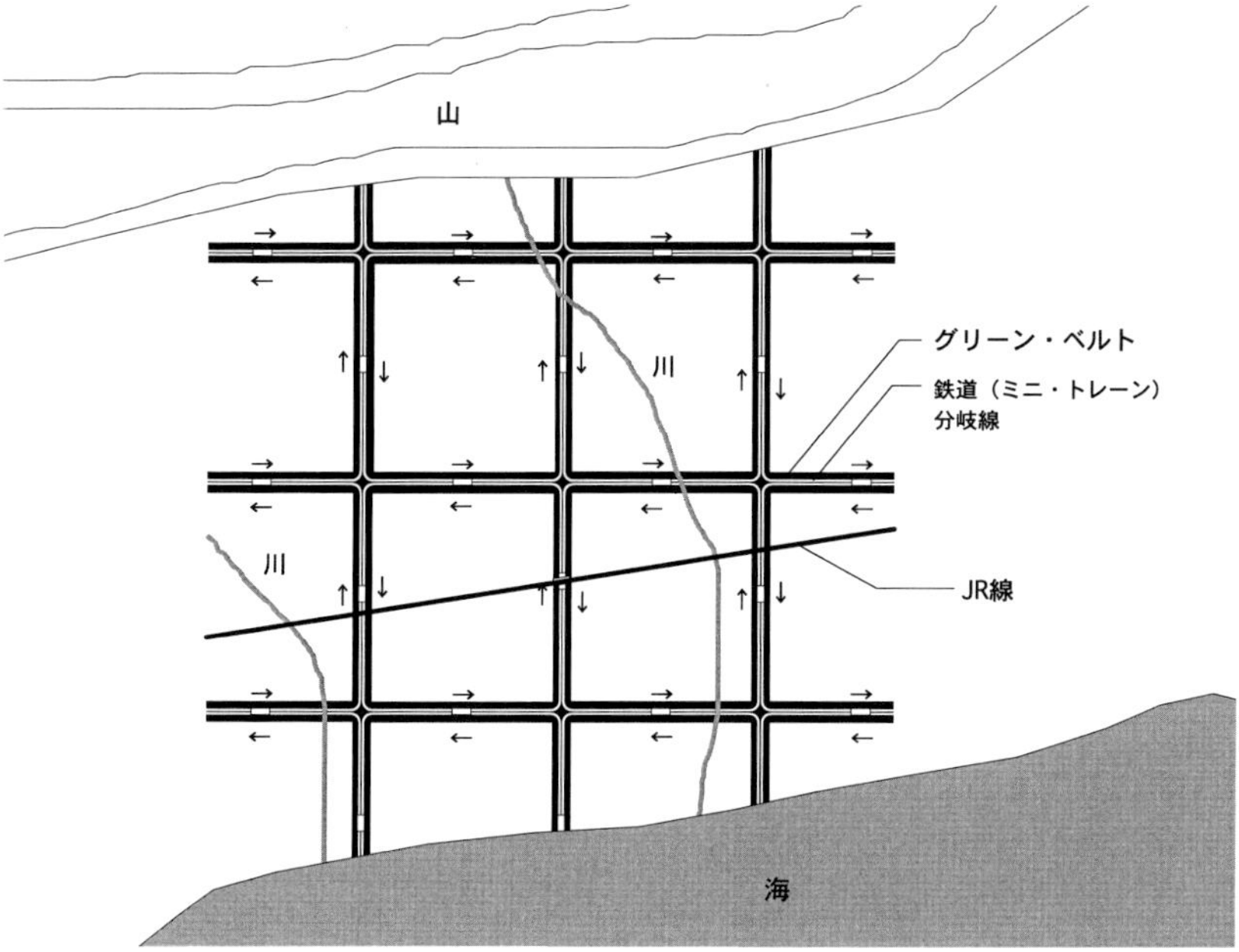

図3-31　交通網システム図

に比べて、乗り換え数も増え、不便ではないかと疑問を抱くかもしれない。実は、その不便こそ眼目なのである。各地区が自給する独立性の高い領域として設定するためには、交通の便は必ずしも最良の条件にはならない。むしろ積極的にこんな交通体系に変換して地方、地域、地区の自立を図るべきである。但し、国土を縦貫するＪＲ線は温存する。神戸では山陽本線であるが、串刺しされた二単位毎にミニトレーンに乗り換えられるようにする。それならば東西方向では均等に山陽線を利用できることになる。但し、南北方向では原理的に必ずしもそうはならないが、南北に奥行の浅い地形であるため、単位が三つ以上重なることがなくそれ程問題にはならない。ミニトレーンの駅は、外郭グリーンベルトの中間点であるが、山陽線は必ずしも中間点を通過してはいないから、山陽線との乗り換え駅（即ちミニトレーン軌道との交点）は、ことによって南か北に極端に偏ることもある。

近隣住区方式の再評価

近隣住区理論は、現代の巨大消費の大都市の実態とは隔絶しているとして排斥されてきた。この理論は確かに教科書的である。大都市、巨大都市といえども小都市の集合と考えら

図3-32　標準単位

れ、小都市にあっては職住が近接し、学校、病院、市役所等市民サービス施設、商店、その他市民生活に必要な種々様々な施設が過不足なく配置されていることが望ましいのは言うまでもない。しかし巨大消費の中核としての現代都市では、住居が地価の安い郊外に移転し、長距離通勤となり、その代り都心を巨大稠密な商業空間が覆い、これを取り巻いて業務ゾーンが成立する。東京・大阪・名古屋等は勿論のこと、世界の巨大消費都市も殆ど例外なく似た空間構成となっている。これが決して市民生活に快適ではないことは誰しも実感している。それなのに、それが是正される気配は今のところ全くないのはどうしてなのであろう。都心ほど地価が高く、ここに住居を立地させるには余りに不経済である、というのが最も分かり易い現象上の理由に違いない。これを更に積極的に評価するなら次の如く言われるであろう。商業、業務センターとしての都心には目を見張る活気が漲り、人々の欲望の結晶としての空間のダイナミズムがここに現出し、人々を興奮の坩堝にたたき込む。これぞ巨大都市の存在理由である。

ニューヨークを筆頭に、これが20世紀の巨大都市の特徴であるのは誰しも認めるであろう。しかし、近隣住区理論では、こんな巨大都市は端から想定されていない。小都市の集合が大都市となり得ることがあるとしても、基本的には居住に利便な静閑な環境を保持しつつも大都市特有の空間密度も抱え込む。一見相矛盾する空間構成を可能にするのが近隣住区理論であり、これは積極的に再評価されるべきであると信じる。近隣住区方式ならば、各近隣住区に過不足なく必要施設が配置されているから、そこだけが独立して充分な市民生活を人々に保証する（図3-32）。

この分散方式こそ、都市の空間構成として最適であることを今回の震災が如実に示したと言えまいか。

都市エネルギーとしてのソーラーエネルギー

ソーラーエネルギーが次の時代のエネルギーと言われて久しい。しかし、実際には日本はもとよりのこと、欧米に於いてもソーラーエネルギーの技術開発が目に見えて進展している気配は全くない。石油は枯渇せず、核技術ももっと進化すると考えられているからであろうか。それとも世界のエネルギーを支配していると言われる石油メジャーの圧力のせいなのか。

日本では建築家・井山武の実験が最も注目されるべきであろう。井山武のソーラーハウスは極めて単純明快な理論に依拠しているに過ぎないと彼自身は断言する。本当にそうかどうかは判断できないが、彼の言うように大学の建築学科で初歩として学ぶ計画原論に沿って計画をすれば全てはソーラーハウスになる。建物は正確に南面していて、冬期の日照時間が最大になるように開口をとり、ここから取り入れた太陽熱を単位重量の大きい材料による壁面と床面で保熱する。彼は、これが基本であると言う。夏期の熱暑には太陽光の入射を最大限に阻止し、夜の冷気を保冷して対処する。更に、真南に緯度と同じ角度の傾

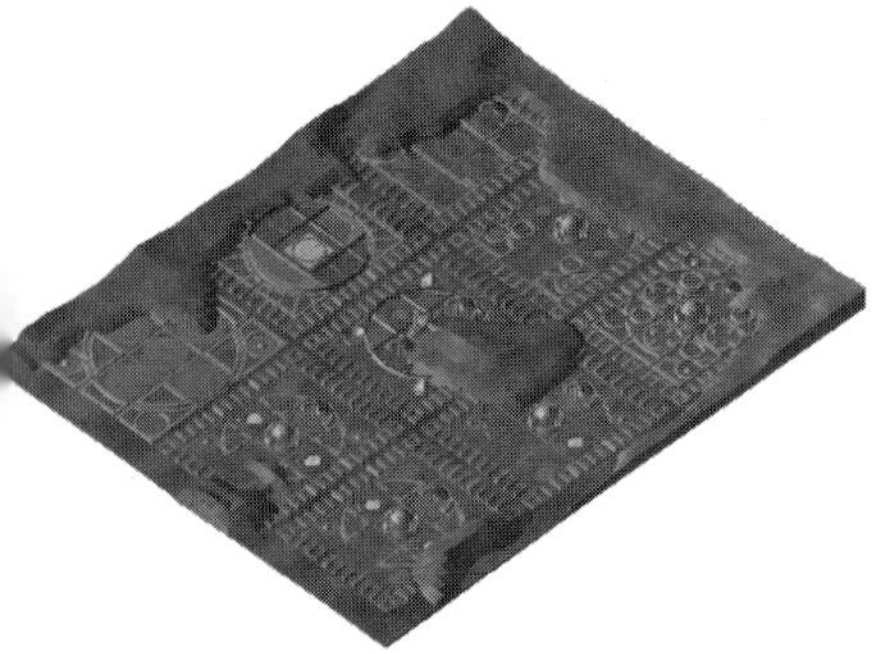

図3-33　単位庭園プラン、アクソメ（田沢湖モデル）

斜のソーラーパネルを屋根面に設置して、エネルギー変換をする。井山はこの最も原則的なことさえ堅持すれば、エネルギー自給のソーラーハウスが可能であると言い、実現している。都市の住宅や業務ビルをソーラーハウス方式で計画すれば、都市エネルギーとして半分はソーラーエネルギーで賄うことが可能であろう。但し、この場合建物が正確に南面していることが望ましい。

当計画にあって緯度線・経度線を基準分割線としたのもソーラーエネルギーの利用を計画目的の一つの柱に考えたからである（図3-29参照）。太陽熱こそ天恵の最も大量のエネルギー源であり、緯度・経度線を基準分割線として設定し、ソーラーエネルギーを都市エネルギーとして最大限に活用するのはまさに宇宙原理により都市を計画することである。

地の建築、図の庭園

京都は庭園の都市であると言えるかもしれない。名園が市域全般に点在し、それが平凡な一面のビルと家屋の砂漠にオアシスさながらに浮き出ている。まさに建築を地とした図の庭園である。

それでは当計画は現代京都の空間構成をモデルとするのか。京都の名園の主たるものは殆ど室町時代の作庭である。作庭自体は寺院、宮殿等の建築を荘厳（しょうごん）するために為されたから、室町庭園そのものは建築を地として成立したわけでは決してない。むしろ建築と庭園が一体となって庶民家屋を地として図になり得ていたと言う方が正確であろう。しかし、現代京都では寺院や宮殿等はコンクリートのモダンビルディングに包囲され埋没してしまい、地と化して庭園だけが図として浮き上がる。勿論現代京都をモデルと

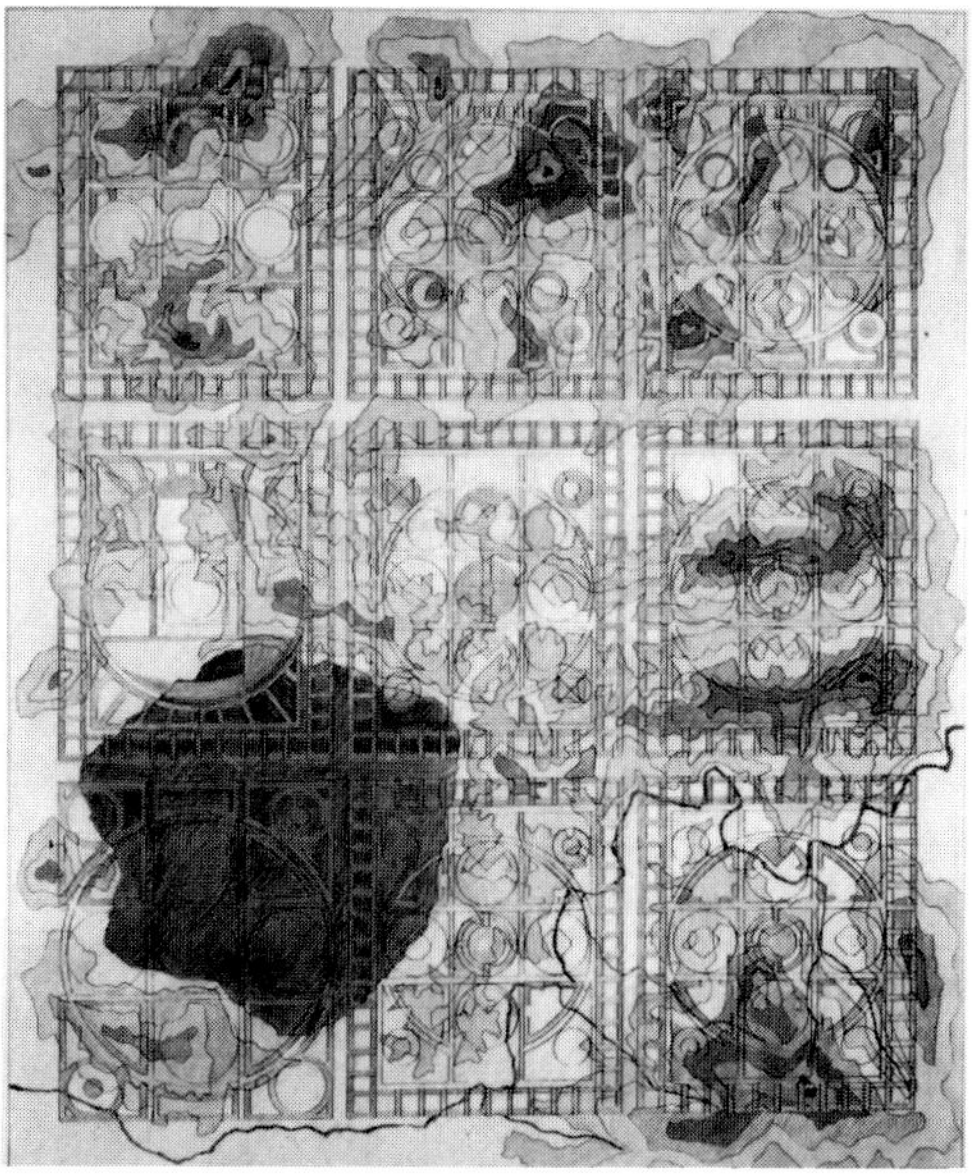

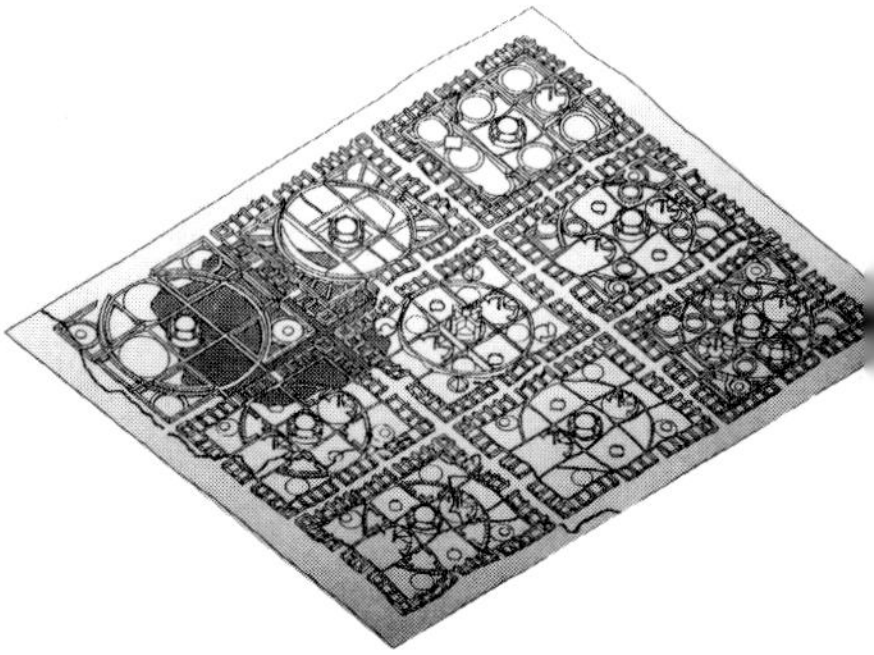

するわけではない。

それではどうするのか。庭園は普通は室町庭園同様、建築を荘厳するために作られる。従って、作庭は建築完成後が常態であろう。これでは都市全体を庭園化する構想とは相反してしまう。当計画では、まず庭園を作って後建築が配置されるようにしている（図3-33）。

六甲山からの南斜面が神戸の地形であるが、中心市街地は必ずしも起伏に富んでいるわけではない。斜面ではあっても平滑な地表面に庭を作り、地形に変化を与える。然る後に、庭によって出現した変化に富む新地形を保持しつつ建築を配置造営する。これならば建物に囲繞された庭園ではないから雄大な風景を創出可能である。従って、必ずしも庭園が地ということではないが、地と図の関係に於いて図が目的であるとしたら、当計画に於いて癒しの都市空間として目的化されているのは明らかに庭園である。その意味で庭園は図なのである。では建築が地であるのか。然りであり、また否でもある。曼荼羅パターンに沿って建築は構想されているから、むしろ図形的には図に近い。しかし空間的には庭に従属して計画されるのであるから地と言うしかない。

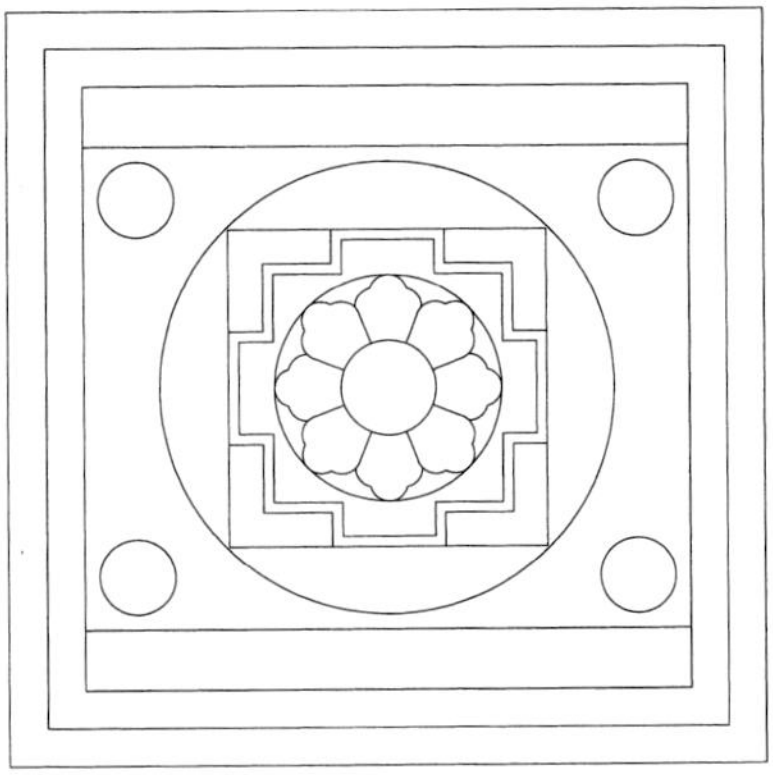

図3-34　チベット、マンダラ胎蔵界

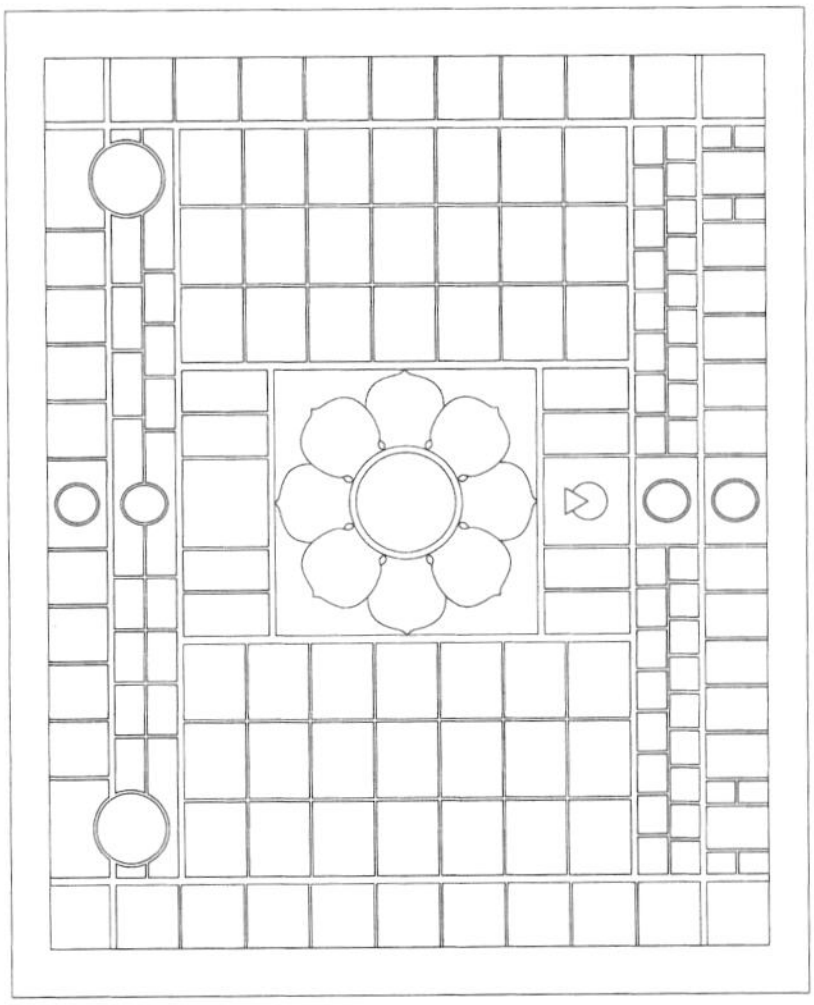

図3-35　胎蔵界パターン

胎蔵単位

チベットの胎蔵曼荼羅（図3-34）は、日本に比較して随分単純化されている。どうもこちらの方が原形だったと思える。但し、制作年代は18世紀であるから平安時代初期に完成されていた日本の両界曼荼羅の方が圧倒的に古い。しかし、日本は余りに精緻複雑であるため、この図像がもっている本来的意味が却って薄められているきらいがある。その点チベットは単純明快である。中心の大日如来は重厚な都城の内部に鎮座し、この都城の外部には東西南北の対角線上、即ち東北、西北、東南、西南に4仏が円形の囲みに抱かれて、配されている。更には中心の都城を取り巻いて、幾重かの同心角状に諸仏が配置されている。要するに中心の大日如来が重厚な都城の中に鎮座していることがチベットの曼荼羅では明示されているが、日本はそれが単なる囲み程度にしか表示されていない。宇宙図としては都城と外界の二分法を取るチベットに比べて日本の方が遥かに高度精妙ではある。しかも日本は、中心の囲いの中に大きな蓮花の八弁が描かれ、その中心に大日如来、八弁の各々に8仏が座するから誠もって華麗である。チベットも中心の都城の更に中心に大日如来、それを囲んで8仏（図3-34では蓮花の八弁としている）が放射状に配置されているから、日本に近いのは言うまでもない。

胎蔵曼荼羅を基本平面図形とする単位（緯度・経度各1分分）では、日本のものを下敷きに複雑精妙な空間構成としていくが、チベットの

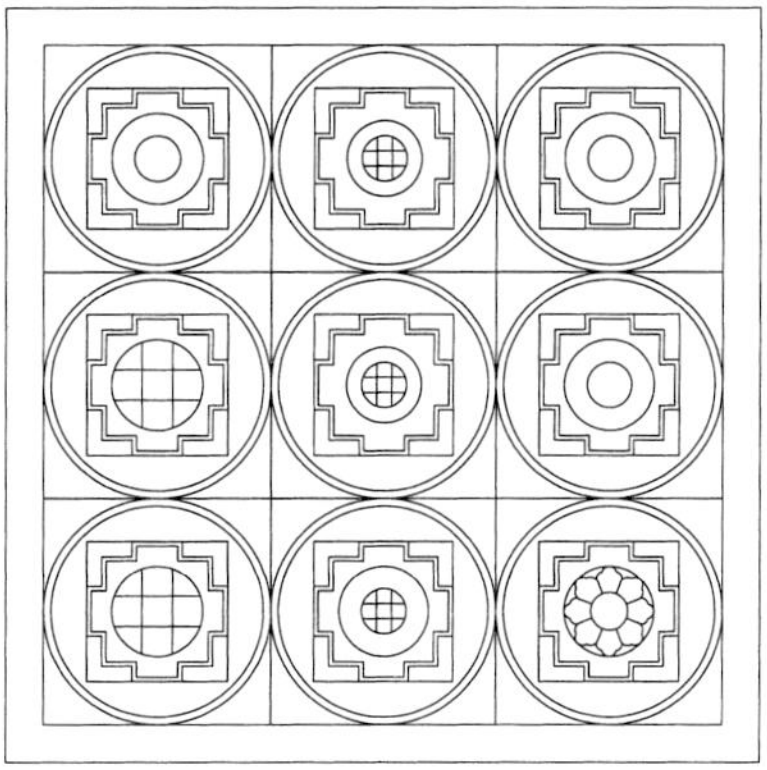

図3-36　チベット、マンダラ金剛界

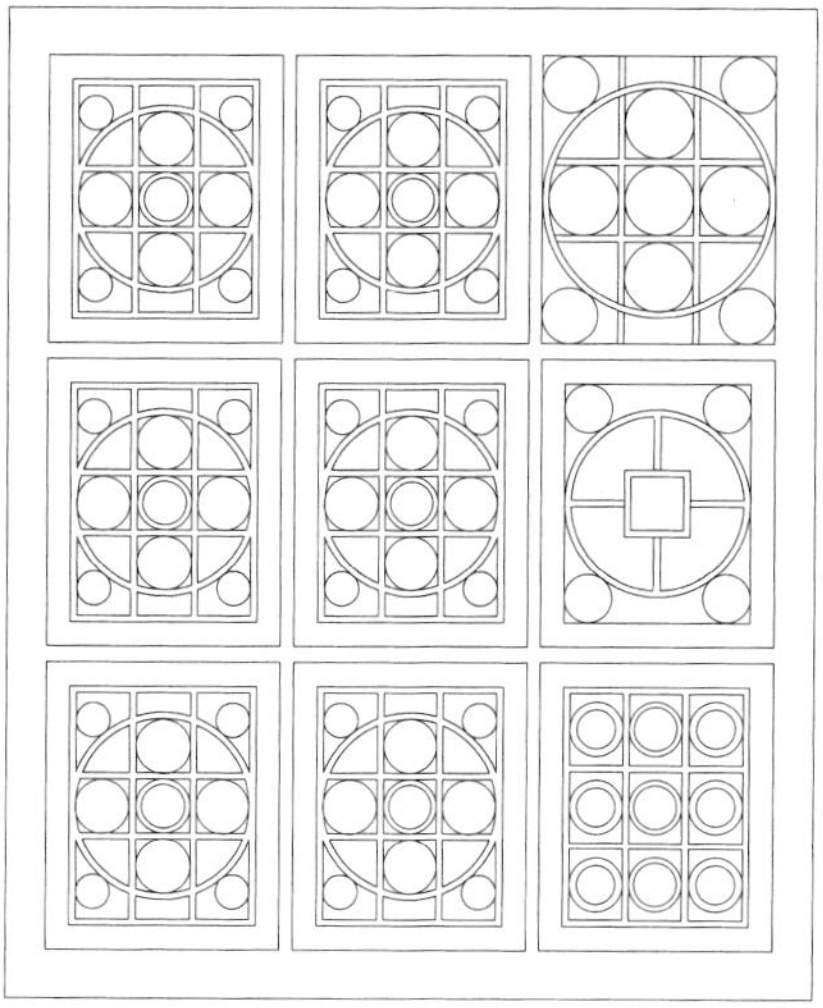

図3-37　金剛界パターン

ものから本来この図像自体が極めて都市的なイメージによって成立していることをまず認識しておく必要がある。これは強調しても強調し過ぎにはなるまい（図3-35）。日本は、諸仏の重要度の階層別がチベットに比べて遥かに複雑になっている。しかも諸仏の数も圧倒的に多い。この複雑精妙な階層性と多数性は、都市の特性をそのまま表現していることを如実に示している。巨大都市の経験に富む中国（空海が中国から招来したから、もとは中国の図像）と、小都市しか経験していないチベットの大いなる相違と言うべきか。

金剛単位

金剛曼荼羅に於いても、チベットと日本の違いはほぼ同様の相を見せている。チベットは単純明快、日本は複雑精妙である。全体が9分割されているのは同じであるが、日本はそのうちの東側二列が円形の囲いを更に9分割し、その9分割された一単位の中に全く入れ子状に円形囲みとその9分割というように、九分割が無限小に繰り返されることを暗示している。チベットは9分割の全単位に円形囲みがあり、更にその中に都城が描かれ、更にその都城の中心に円形囲みが描かれている。従って、チベットは四角、丸、四角、丸の繰り返しで、入れ子が表現されている（図3-36）。しかし、日本とは違って無限小へと繰り返しを暗示できる程には複雑精妙にはできていない。

ともあれ胎蔵同様、金剛に於いても都城が明瞭に描かれ、それも9個ある。このことからして日本（即ち中国）も9個の都城がまずイメージされていたのであろうが、都城の並列配置という具体的過ぎる都市イメージでは宇宙像を描ききれないことを中国の人々はよく理解していたからそうはしなかったのであろう。チベットも方向は不確かであるが、2列は都城の中の円形の囲みが9分割されている。但し、その円形の囲みが都城に比べて著しく小さい。そのためもあろう、9分割の繰り返しは、この小さな円形の囲みの段階で終ってしまっている。ともあれここでもチベットが重要なのは、金剛曼荼羅も胎蔵同様具体的な都市イメージを描いたものであったことを示唆している点である。勿論当計画に於ける金剛単位は、日本の金剛曼荼羅が明示している空間の入れ子状無限分割を空間構成の基本とはするが、平面上は9分割の繰り返しは二段階で終えている（図3-37）。ということは、チベットに近いのである。空間は縦横高さの三方向の広がりであるが、平面は縦横のみであるからチベットの単純化したものがモデルとなり易い。

単位都市の集合

緯度・経度線を国土分割の基準線とし、緯度・経度1分分を1単位として、その基準線に沿って配置する単位都市は、場所の地形的特徴や歴史的背景等に関わりなく成立する。即ち、こんな方法で構想された単位都市は、至ってユニバーサルな都市空間構成を可能にする。神戸二一〇〇計画に於いては、この至ってユニバーサルな単位都市が必要数だけ集合して大都市となる、という方式を採用している。これはどんなことを意味するのか。

日本には全国至る所に大小の別はあるが、空間構成の相似なニュータウンが無数に出現

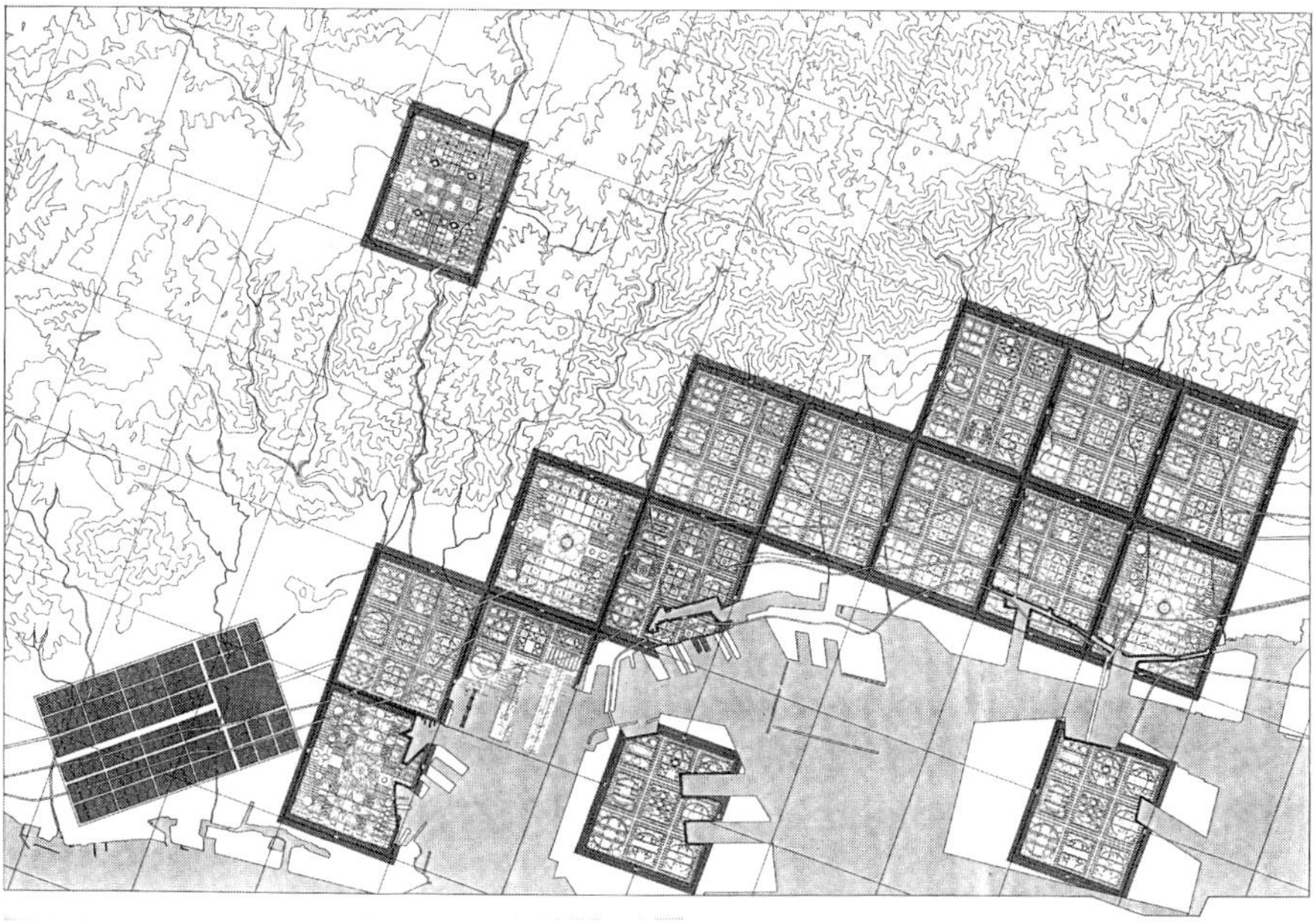

図3-38　全体計画図

した時代がある。江戸時代初期の城下町である。城を中心に武家町と町人町を明快に二分し、町の外郭には寺院を配する空間構成は、何処とも全く変ることはなかった。また、街路も武家町では特に鍵の手に屈折させ、見通しを妨げることを重視した。外敵の侵入を防ぐためである。

この基本的空間構成がどの城下町であっても全く変わらなかったのは、大名が治める領地の政治・軍事の中心都市として、その機能が江戸時代初期には歴史地理的相違を越えて一定していたからである。21世紀には、20世紀に継続して発達し、精緻化されるものとして、情報技術と通信のネットワークが考えられる。そうなると、全国どの場所に居ようとも均質な情報によって、均質な生活が展開される可能性が高くなる。それは20世紀の比ではあるまい。となると、大都市や巨大都市の必要性は薄れてくるかもしれない。それでも日本には100万人内外の都市は5~6ヶ所は存続するのではあるまいか。神戸もそのうちの一つであろう。第二次世界大戦前の6大都市のうちの一つであるから、100年後の日本が現在の半分の6000万人に減少したとしたら、現在150万人位の神戸は60~70万人の人口が想定され得る。1単位都市を4~5万人とすると、12~13単位の集合が100年後の神戸市ということになる（図3-38）。

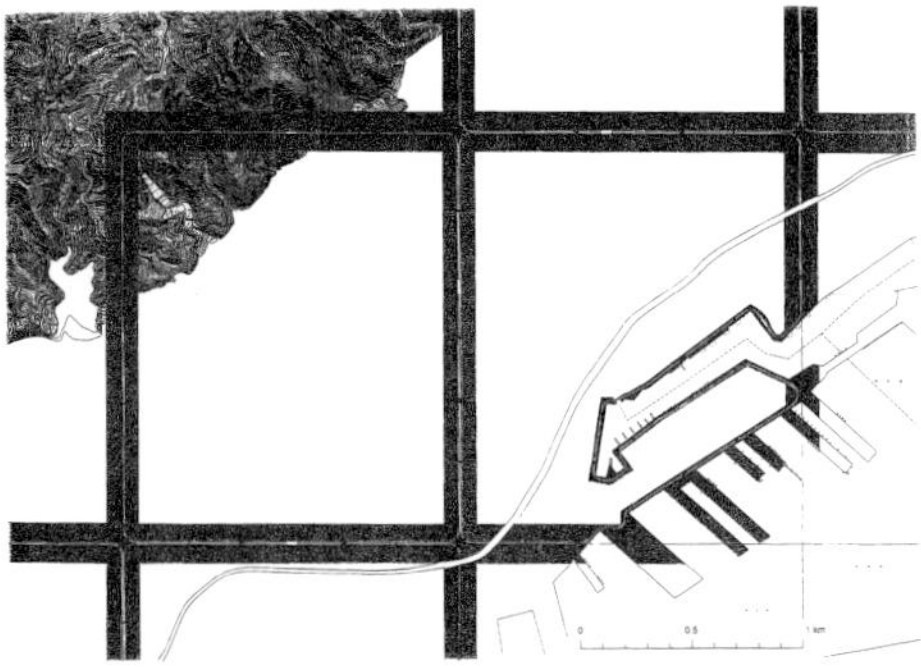

図3-39　連鎖住居（高速道路跡地利用）

全国至る所に散在するユニバーサルな空間構成の単位都市を一つの単位地区とする地区集合として、大都市が成立するのが最高度情報化時代の日本の姿であろう。

自動車交通の廃棄とクリアランス

21世紀は「20世紀」を徐々に廃棄していく文明となろう。「20世紀」とは高度科学技術の時代であったと後世に規定されるに違いない。しかし、20世紀も後半になって、この高度科学技術が人類の生存に重大な危機をもたらした。まず「核」である。現在世界が保有する核兵器の10分の1以下の使用で人類が滅亡するであろうと言われて久しい。また、遺伝子科学の異常な発達により、コピー人間、クローンを創り出すことも可能となっている。羊などの哺乳類で成功しているのであるから、人間も創ろうとすれば容易にできるであろう。あるいは、すでに作られているかもしれない。もしクローンが日常化したらどうなるのか。間違いなく社会は大混乱し、結局人類は深刻な相互不信に陥り、遂には滅亡してしまうに違いない。

　こうした人類自体を危殆に直面するに至らしめる高度科学技術を保持する必要があるだろうか。これは人類全体の存在矛盾であるが、この高度科学技術のうち人体や人間生活を阻害することが明確になったものは、当然廃棄すべきである。自動車交通もそのうちの一つである。自動車交通は、核やクローンほどには直接人類を滅亡に追いやることはないであろう。しかし、今や必要悪であることは常識である。20世紀の遺産のうち、情報・通信技術は継承されるであろうから、人々の移動は現在ほど必要とされなくなるであろう。自動車交通は間違いなく都市生活の阻害要因である。本来歩行者の空間であるべき街路に自動車が溢れ、駐車場が広大な面積を占め、かつて自動車がなかった時代の種々様々な生活様式を破壊してしまった。自動車交通を全面廃棄しても、鉄道網を整備すれば充分に対処できる（図3-39）。戸口から戸口への輸送は別のシステムで代替可能であるから、人々は常時1キロ内外の距離は歩行すべきである。

地区人口の均等化

クリアランスに関してはこの項で述べる。自動車交通の廃棄は間違いなく他地域との交流の密度を薄くする。人々が自地域に止る時間を圧倒的に増大させるはずである。このことは決して日常生活のマイナスにはならない。むしろプラスに働くはずである。他地域との交流の頻度が極端に低くなると、物や情報、その他様々な事柄の地域相互の過不足を補塡し合っていたことが不可能になるから、勢い自地域で自給できる態勢を確立しなければならなくなる。地域の自給態勢による自立とは、中央集権を排除し、地方分権の確立に直結するのは言うまでもない。これを空間的に現出せしめる装置が単位都市の四周を取り巻くグリーンベルトであったが、単位都市内にも各地区を分割するクリアランスが必要とされる。現代都市なら幹線道路がそれに当る。しかし、自動車交通を廃棄した都市にあっては、人々は地上なら何処でも歩行可能であるから、各地区を分割するクリアランスは必ずしも道である必要はない。とはいえ、道であるのは最も自然であるのも事実である。いずれにしても、自動車交通を廃棄した都市にはクリアランスのネットワークが浮び上ってくる。

当計画に於いては、各単位地区が自立し、グリーンベルトによって明確に区分されているから、当然各地区とも職住近接が原則である。従って、各地区の人口を全て等しく設定していて。現代の大都市とは違って都心や都市周縁によって人口の粗密があってはならない。特に昼間人口と夜間人口の格差など問題にならない。もし、地区によって人口の差があれば、人口の多い地区が少ない地区を支配してしまいかねない。それは間違いなく経済的支配、被支配を生じさせる。それだからといって大都市全域、均一の空間構成ではない。また、大都市内のAとBの地区構成が相似であることにもならない。当然地形的特質、歴史的背景によって地区構成は都市ごとに異なって来る。ユニバーサルな国土分割方式と矛盾すると思われるかもしれないが、そうはならない。

図3-40　13単位都市（地区）プラン

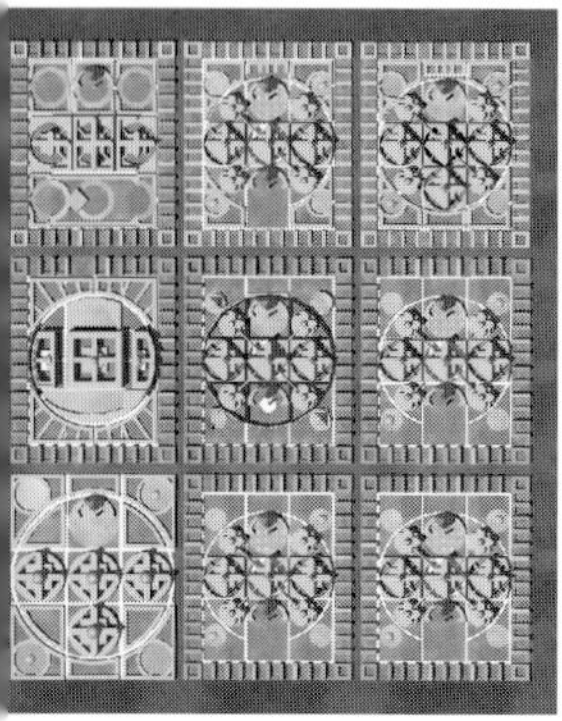

業務単位

学園単位

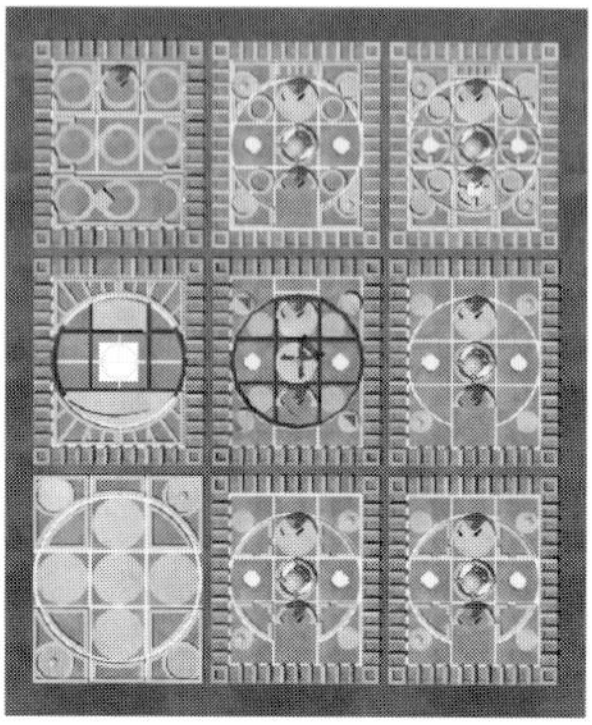

標準単位

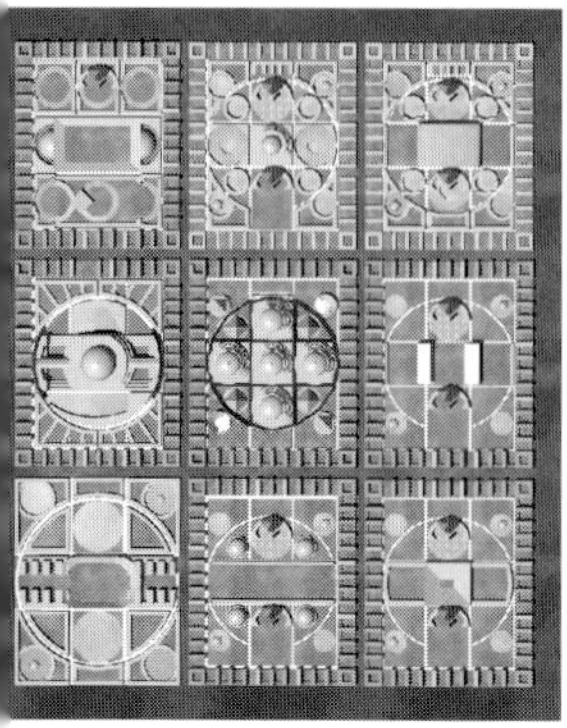

運動・行楽単位

交通単位

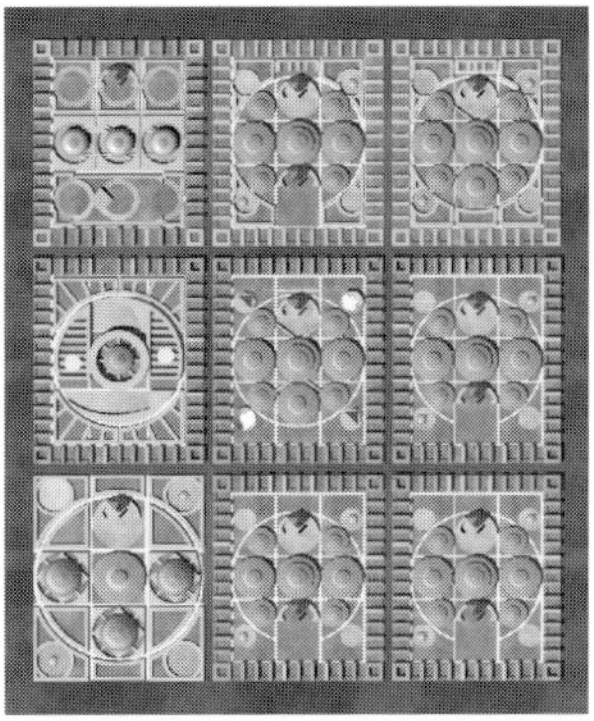

工業単位

業務単位

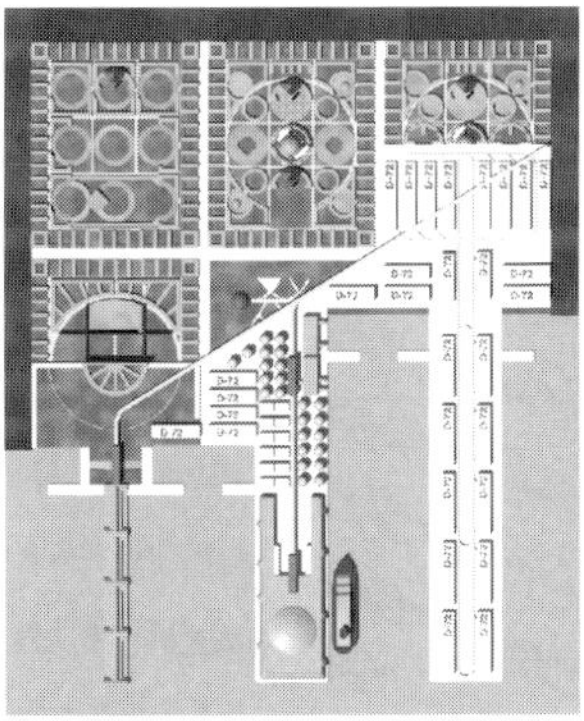

港湾単位

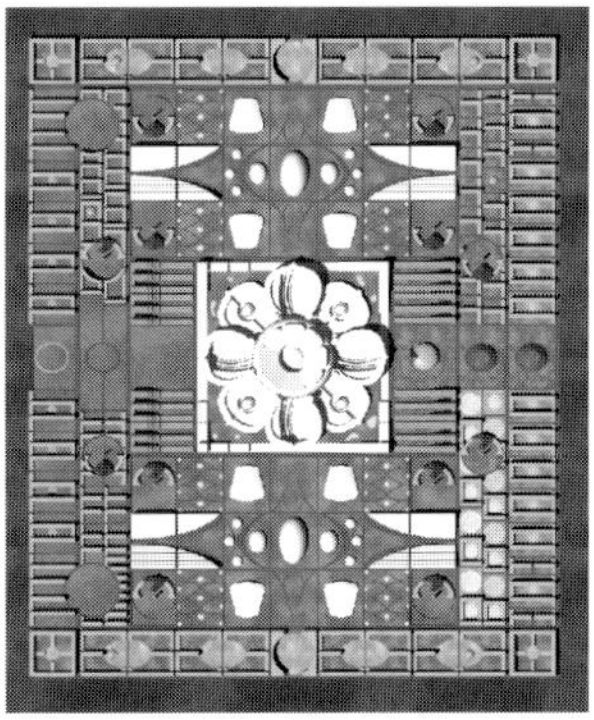

享楽単位

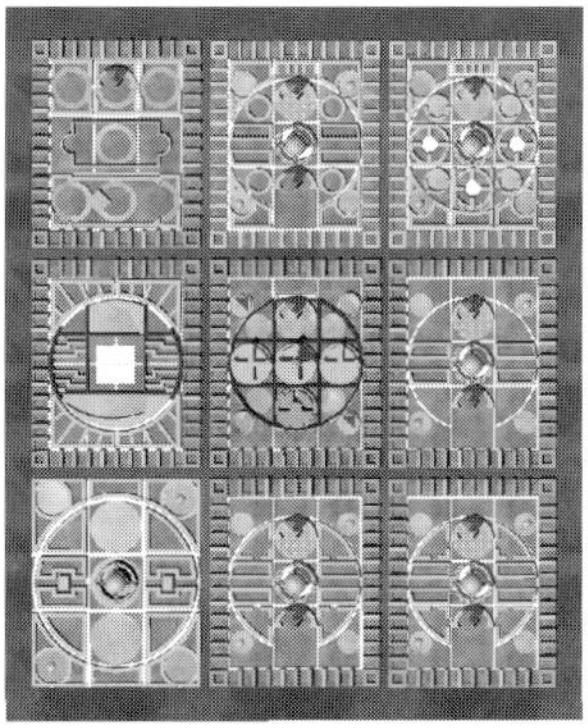

住居単位

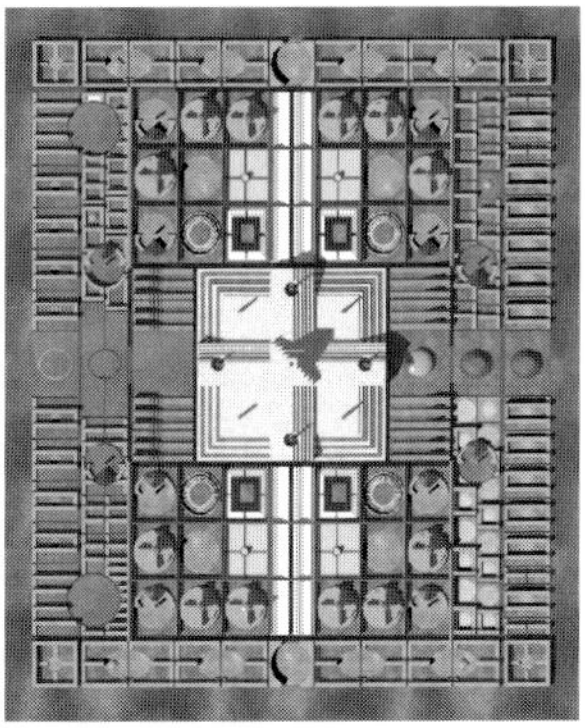

墓陵単位

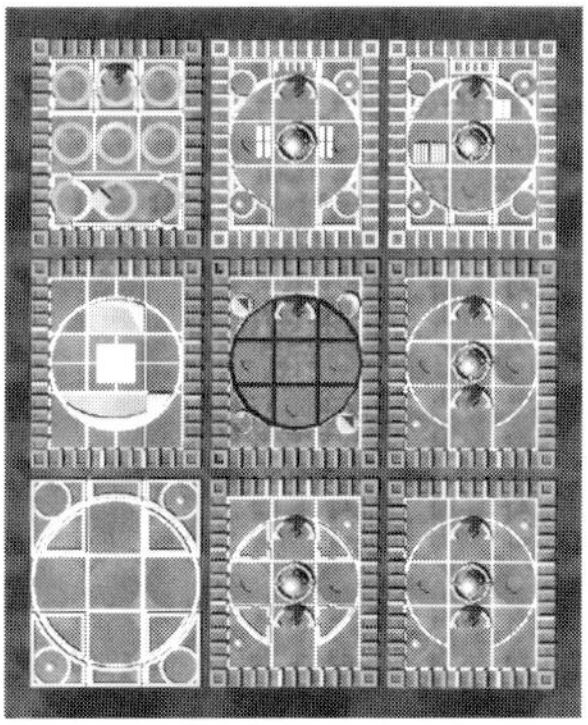

農業単位

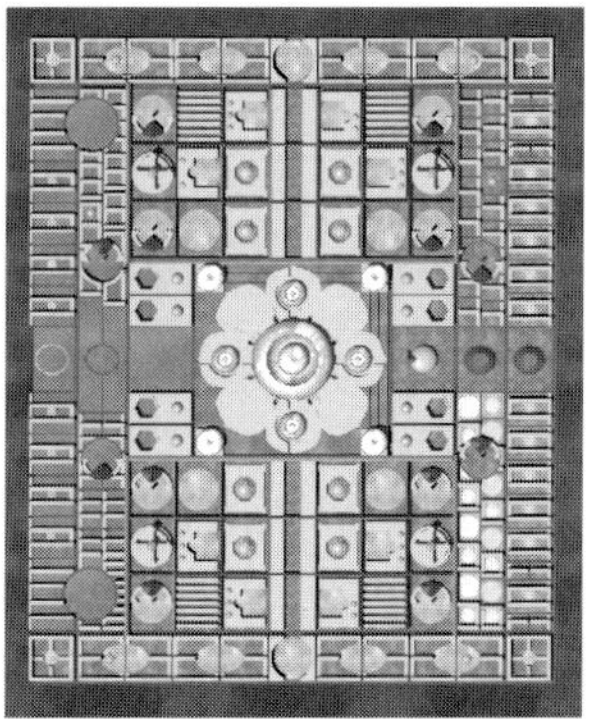

宗教単位

＊4　ここでは3年前(94年)に京都大学の布野研究室と京都造形芸大の環境デザイン研究室の共同で計画した「奈良100年計画」の経験を記した方がよいであろう。100年後の奈良を「仏都」と規定しここでも金剛曼陀羅を基本図形として選んでいる（図3-41）。

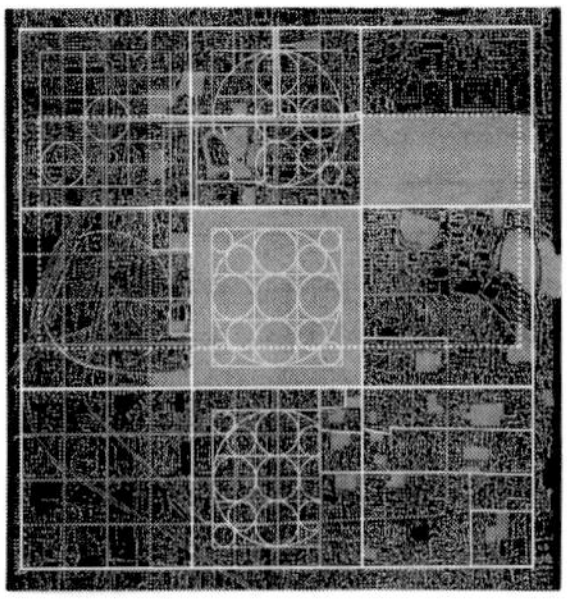

図3-41　奈良町100年計画

現在の奈良町は平城京の東北に張り出した外京全域であり、興福寺はその中の一角を占め更に興福寺に道路隔てて南向いに元興寺がかつて存在した。興福寺の保存は当然としても元興寺も復元し原則として奈良町内の社寺仏閣は一つ残らず保存することとした。こ

単位地区（都市）の種別

神戸二一〇〇計画は、100年後の神戸市の都市像を構想するものではあるが、100年後に日本の都市そのものの像をも同時に想定していなければ意味をなさない。江戸時代初頭に全国至る所に諸大名の治所として城下町が造営され、その空間構成が殆ど一様であった。長い戦国時代が終焉し、全国統一がなされたが、それまでは各地方が個別の大名によって支配され、その治所もそれぞれの大名の治政方針に沿って空間構成されていたから、それぞれの城下町も当然個有性を有していた。ところが全国統一がなされて以降は、全国は普遍空間として当時の人々に現象した。それが全国至る所に造営された城下町の空間構成が一様であったことの最大の理由であろう。100年後の日本に於いては「20世紀」は当然のように克服されているはずである。緯度・経度線一分分を国土分割の基準線とするが、それに乗った緯度・経度線1分分の人口5万人位の単位都市を想定し、これは両界曼荼羅を基本図形として空間構成されるが、この単位都市としては商業や工業、業務といった特性を有しているものと、近隣住区スタイルの諸施設が過不足なく配置されている標準単位が考えられる。更に各単位とも人口密度は1ヘクタール当たり200人とし、どの単位でもこの人口密度には変化なしとする。とすると、商業や工業、業務中心の単位では、住宅のための土地は標準、即ち基本単位よりは少ないから当然、高層化される。単位都市（地区）の種別は金剛型として、基本、農業、学園、工業、港湾、業務、住居、運動の8単位、胎蔵型として商業、交通、宗教、墓陵、享楽の五単位で、計13単位である**（図3-40）**。金剛界曼荼羅は理性世界を表徴しているから業務や工業といった理性的特性を示すものとし、胎蔵界曼荼羅は情念を表徴するから商業、享楽等の単位とした。但し、死も情

れは全域に無数に散在していると言っても過言ではない。更に木造町屋の多く残存する地区も保存を主とするから市街を完全に改変できる地区は中心の1区画位である。金剛曼陀羅であるから九分割であるがこれが外京の条理とぴったりと一致しているのは驚くより他ない。興福寺の一角を完全保存地区と中心の地区を１００％改造地区として残りの七地区を歴史建造物の多い順に保存率を上昇させて行く方策をとった。至って穏当な提案だったわけである。奈良の様な歴史都市は他に京都、鎌倉がある位だがその中でも奈良の残存率は頭抜けている。現在の奈良町は保存と改造の比率が丁度5分5分と見てさしつかえない状態であったから保存を基本に改造空間を包摂しても構わないわけであるが、計画者としては逆を選択した。これは明らかに私達の奈良を仏都たらしめるための決意表明であった。と言うことは歴史風景を新空間によって活性化しようとすることでもある。神戸二一〇〇計画は日本列島の全土何処でも活用出来る汎用性に富む計画原理を背骨としなければならないと考えているから、たとえ歴史空間が稀少であってもこれを包摂して新都市風景を現出しなければなるまい。

念の中に入れられるので、胎蔵界で空間構成される。

長田地区の総公園化

現在の長田地区の殆どが、かつて平安時代末期に平清盛によって強行された遷都の都、福原京の跡地である。しかし、現在では福原京の痕跡を殆ど認めることができないが、長田地区の中心を走る道路、大道通りは福原京朱雀大路の跡である。この地区は大道通りに平行か直交する街路網であるから、その意味では福原京の痕跡を街路網として残していると言える（＊4）。

平清盛は晩年、伊豆の蛭ヶ小島に流していた源頼朝、更には木曽の山中に捨て置かれていた木曽義仲の反乱に遭い、急遽都を自分の根拠地兵庫の福原に遷そうとした。後白河法皇を取り込め、高倉上皇、幼少の安徳天皇を擁して福原に移住はさせたが、道路はできていたものの、建物はなく、天皇や公家達は住まう場所に困り果ててしまった。結局は三ヶ月も経たずにまた京都に戻ってしまう。清盛の勢威は完璧に衰えてしまっていた。強引な遷都自体が弱気の表われだった。清盛は宋との貿易を盛んにしようと計画し、兵庫に港を整備しようと福原を選んだのであり、いずれはここを都にしようと考えていたが、六甲山と瀬戸内海に挟まれたこの場所は狭く、都には不向きであった。それは福原京の街路図を見ると一目瞭然である。平安京の四分の一位である。とはいえ、平安京も実際に人々が住んだのは左京であり、右京は湿地で使いものにならなかったから、福原京でも建築さえ造営されていたら、左京の半分でもそれなりには機能したであろう。わずか三ヶ月の都ではあったにしても、神戸の歴史を飾る画期的出来事には違いない。

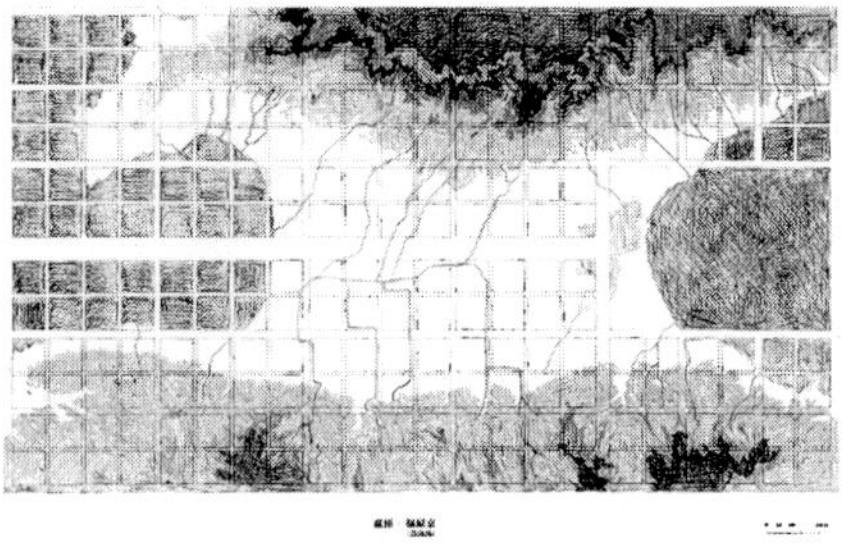

図3-42　庭園・福原京（佐渡島モデル）

図3-43　神戸市の人口データ

神戸市の総人口（１９９６年）：　1,419,878 人
２１００年の計画総人口：　約　1,066,000 人

神戸市各区別人口・面積・人口密度

神戸市	人口	面積（㎢）	人口密度（人／㎢）	人口密度（人／ha）
東灘区	156,726	30.36	5,162	52
灘区	95,575	31.23	3,060	31
中央区	102,048	24.25	4,208	42
兵庫区	97,197	14.44	6,731	67
北区	232,952	241.84	963	10
長田区	92,385	11.47	8,054	81
須磨区	174,456	29.98	5,819	58
垂水区	239,153	26.61	8,987	90
西区	229,386	137.86	1,664	17
神戸市合計	1,419,878	548.04	2,591	26

この長田地区は、今回の震災で最も人々の亡くなった所であるから、この人々の鎮魂のためにも都の街路を復元し、全市域を公園として再生させるべきである（図3-42）。池や築山を問わず、街路は池の上では橋とし、山の上では傾斜なりに走るというような形で整備するものとする。

　こうして福原京を公園として復元するならば、ここは永久に神戸市民の魂の寄所となり、震災の犠牲者を記憶することにもなろう。

神戸総人口計画と人口配分

　神戸市の人口は１４０万人強である。総面積は５５０平方キロで、人口密度は１ヘクタール当たり平均26人、最も密度の高い須磨区でも１ヘクタール当たり90人である（図3-43）。日本の都市は東京のような人口稠密な所ですら１ヘクタール当たり80人程度の低密度であり、緑地、農地の少ない国土利用の仕方としてはもったいない。１００年後の日本の総人口は現在の半分として６０００万人位であろう。神戸市も現在の半分として、人口70万人と想定する。１単位が１・８キロ×１・５キロであるから、２７０ヘクタールである。住宅公団の中層の最も標準型の団地でも１ヘクタール当たり２００人は想定されているから、各単位とも人口密度を１ヘクタール当たり２００人とする。となると、１単位の人口は５４０００人となる。総人口70万人とすると、13単位あれば１００年後の神戸市は充分である。

　さて、単位都市（地区）として用意されたのは13種であるが、市街地の様相は一変するとしても三宮・元町が中心、神戸大学周辺は学園地区としての特徴はそれ程変わるとは思

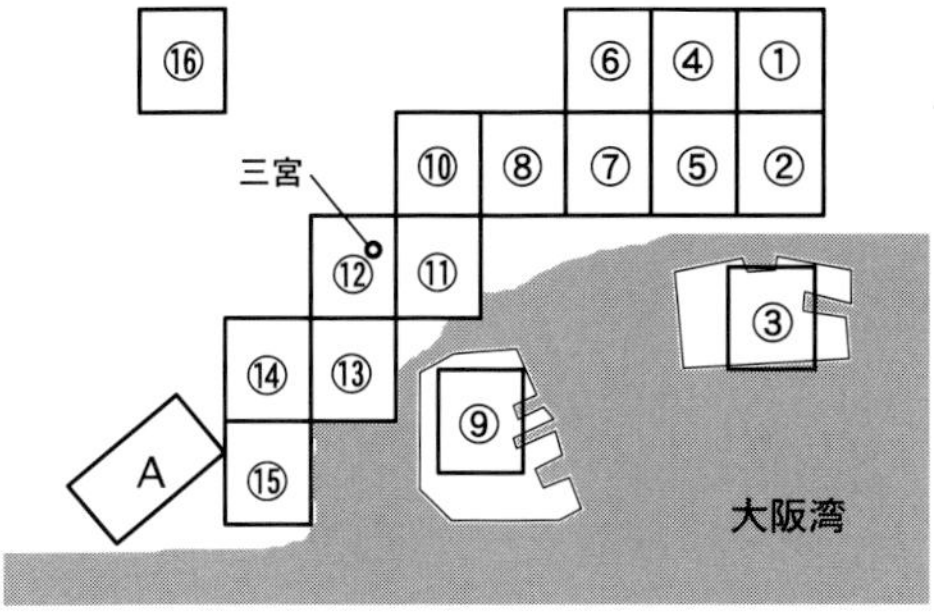

① 標準単位　⑨ 運動単位
② 交通単位　⑩ 標準単位
③ 運動単位　⑪ 工業単位
④ 標準単位　⑫ 商業単位
⑤ 標準単位　⑬ 港湾単位
⑥ 学園単位　⑭ 業務単位
⑦ 標準単位　⑮ 享楽単位
⑧ 標準単位　⑯ 墓陵単位
A 庭園福原京

図3-44 単位都市の配置

地区名	① 標準単位	② 交通単位	③ 運動単位	④ 標準単位
当該単位 の 用途地域 （比率の 大きい順）	第一種低層住居専用 第一種中高層住居専用 近隣商業 準工業	準工業 工業 工業専用 第一種低層住居専用 第一種住居	第一種住居 商業 準工業 工業	第一種低層住居専用 第一種中高層住居専用 近隣商業

⑤ 標準単位	⑥ 学園単位	⑦ 標準単位	⑧ 標準単位
準工業 工業専用 第一種住居 第一種中高層住居専用 近隣商業	第一種低層住居専用 第一種中高層住居専用 第二種住居	第一種低層住居専用 第一種中高層住居専用 準工業 工業専用 商業 近隣商業	第一種住居 第一種中高層住居専用 近隣商業 商業 準工業

⑨ 運動単位	⑩ 標準単位	⑪ 工業単位	⑫ 商業単位
準工業 商業 第一種住居	第一種低層住居専用 第一種中高層住居専用 第二種中高層住居専用 第一種住居 近隣商業 商業 工業	商業 近隣商業 準工業、工業 第二種住居	商業 近隣商業 第一種中高層住居専用 第二種住居 第二種中高層住居専用

⑬ 港湾単位	⑭ 業務単位	⑮ 享楽単位	⑯ 墓陵単位
準工業 工業専用 商業 第一種住居 第二種住居	商業 近隣商業 第一種住居 第二種住居 準工業	準工業 工業、工業専用 商業、近隣商業 第二種住居	第一種低層住居専用 第一種中高層住居専用 第一種住居 近隣商業

えないから、三宮・元町は商業単位、神戸大学周辺は学園単位、春日野道一帯は（軽）工業単位、灘・東灘は標準単位、JR神戸駅一帯は業務単位、港は港湾単位が2個程度で充分である（図3－44）。それ以外は芸術・スポーツ（運動）単位と標準単位である。神戸は港湾都市であるが、港湾機能が果して今までどおり中枢となり得るのかは疑問であり、京都が歴史都市ならば大阪は商業都市であるのに対して、神戸は海辺庭園都市として性格付ける方がいいのではないか。六甲山中に一つだけ離れて配置されている単位は墓陵である。70万人の人口を擁する神戸市民の霊園としてここが想定され、この単位は墓陵は勿論のこと葬儀屋、寺院、その他「死」に関わる職業の人々が居住する場所である。21世紀には「死」が再び評価され「生」と結びつき、いろいろな意味で荘厳されることになるであろう。

農地・緑地に返る市街地

神戸市では昭和30年代の後半頃から山を崩し、その土で海を埋め立ててきた。ついにはポートアイランドと六甲アイランドの人工島を造営した。両島ともに関西空港島の2倍近い巨大さである。この埋め立てのために標高４００メートル近い山が全くなくなってしまい、そこは住宅地として利用された。一石二鳥の大計画として評価されたが、１００年後、将来人口が半分程度かもっと減少すると予想されるから、この巨大計画に果して意味があったのかどうか、はなはだ疑問である。この計画のため、地下にベルトコンベア用のトンネルが掘られ、30年以上も神戸市民は工事の喧燥の中に生きてきたと言わなければならない。

人口密度、１ヘクタール当たり２００人の単位を連ねて、人口70万人程度の新市街地を

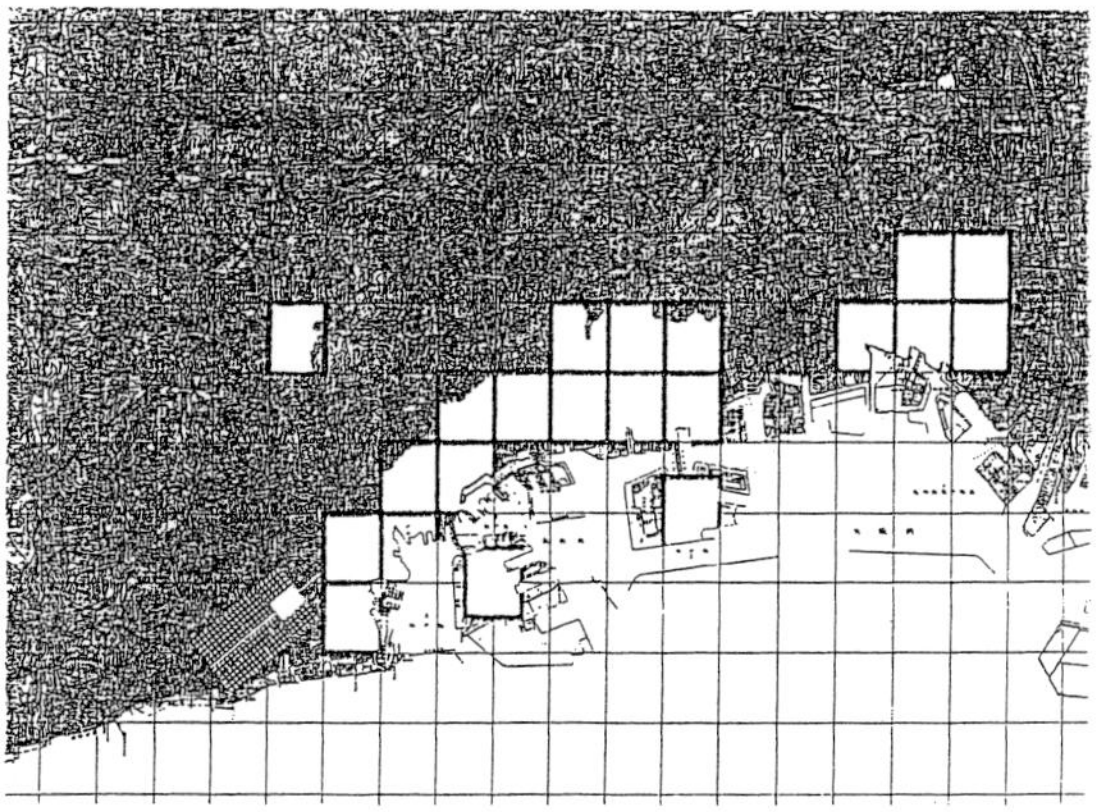
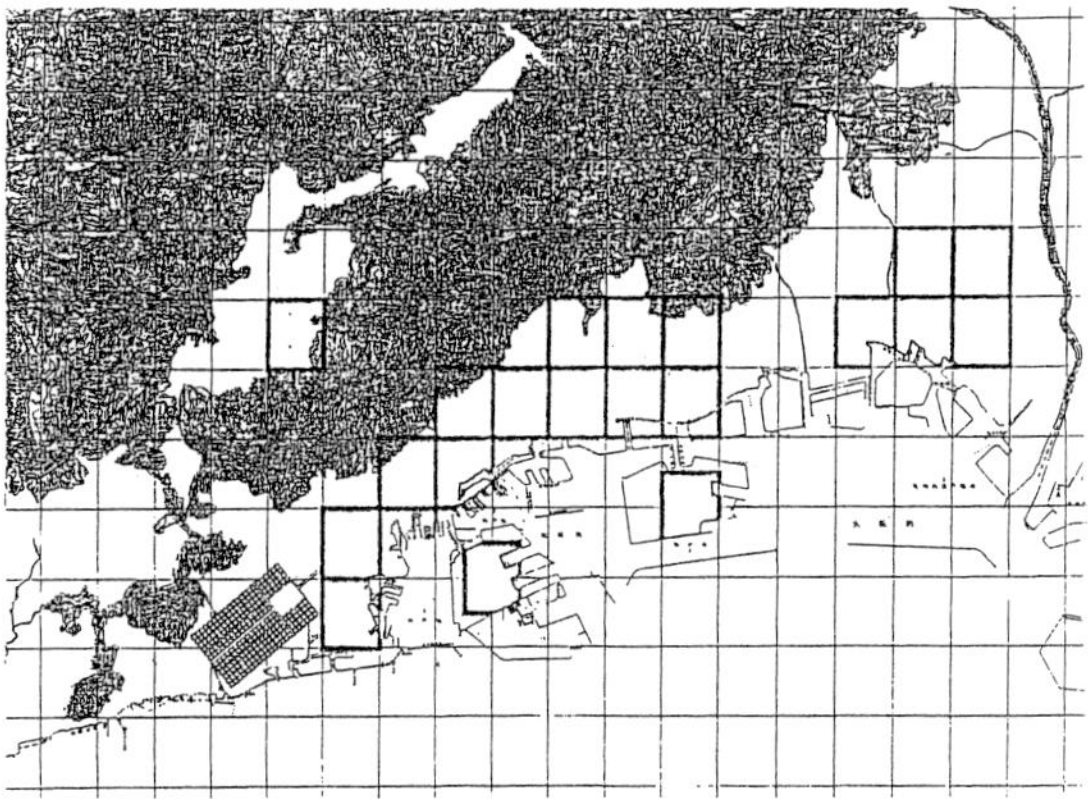

図3-45 農地、緑地に返る市街地（神戸、芦屋、西宮）

現出させてしまうと、現在の市街地の半分以上が不要となる。人口が自然減少した分で、ほぼ半分の市街地が不要となり、更に人口密度を最も稠密な場所の2倍以上とするから、残り半分の更に半分が不要となる。市街地として必要な部分は現在の市街地の4分の1で済む。このことは、東隣に続く芦屋・西宮の市街地にも言えるから、神戸から芦屋・西宮にかけて現在の市街地の4分の3は不要となり、これが農地や緑地に還元されることになる。日本の市街地は低層の個人住宅が無秩序に広がり、極めて土地利用効率が悪い。これを中層以上の共同住宅とするなら、単純な計算でも現在の市街地の半分は不要であることがわかる。況や100年後には日本の総人口が多く見積っても現在の半分以下になると予測されているから、更に残りの半分が不要となり、相当の広さの農地と緑地ができてくる（図3-45）。従って、都市域内ですら農産物が収穫され、食糧の自給が可能となってくる。当然郊外の緑地も週末の休息のための場所として利用されるから、快適な都市生活が保証されることにならないだろうか。

図3-46　物流システム図

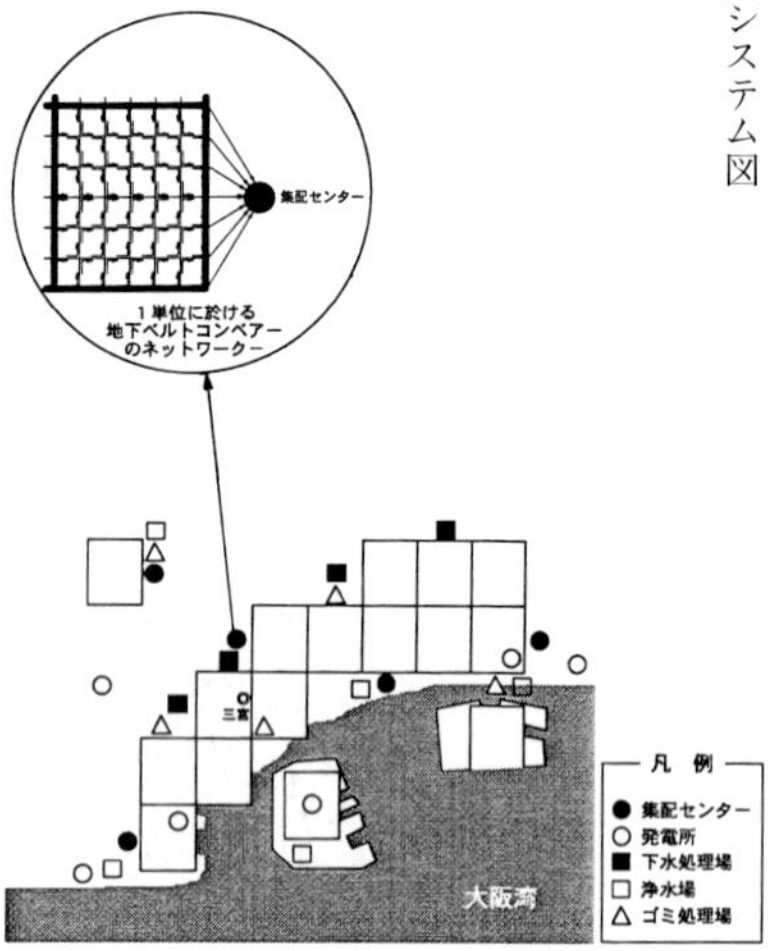

図3-47　神戸市のエネルギー統計

上水の消費量および給水能力

(上水)	1日の消費量（t/日）	1日の吸水能力（t/日）	一日一人当たり消費量（t/人・日）
神戸市	565,000	830,000	0.40

下水の排出量および処理能力

(下水)	1日の排出量（㎥/日）	1日の処理能力（㎥/日）	一日一人当たり排出量（㎥/人・日）
東灘区	165,240	250,000	–
ポートアイランド	9,000	20,300	–
鈴蘭台	24,409	43,825	–
中部	63,671	77,900	–
西部	110,685	161,500	–
垂水	90,172	133,890	–
玉津	67,988	75,000	–
合計（神戸市）	531,165	762,415	0.37

電気消費量

(電気)	一日消費量（kwh）	年間消費量（kwh）	一日一人当たり消費量（kwh/人・日）
神戸市	20,739,726	7,570,000,000	15

ゴミ発生量（処理量）

(ゴミ)	一日の発生量（t/日）	年間発生量（t/年間）	一日一人当たり発生量（g/人・日）
神戸市	2,378	868,073	1,566

ガス消費量

(ガス)	一日の消費量（㎥/日）	年間消費量量（㎥/年）	一日一世帯当たり消費量（㎥/世帯・日）
*神戸供給エリア	408,219	149,000,000	0.33

*…大阪ガス神戸事業供給エリア（播磨町一部、明石市、神戸市、三田市、芦屋市、西宮市、尼崎市、宝塚市、伊丹市、川西市、豊能郡能勢町）

物流システム

自動車交通を完全廃棄してしまうから、自動車の特徴である戸口から戸口へ物を運ぶ利便がなくなってしまう。人間は歩行するからよいとしても、物の集配はそうはいかないから新たな工夫が必要となってくる。

現在図書館はベルトコンベアにより自動的に書庫から図書を受付窓口に取り寄せられる。この方式を国土全体に応用し、地下に物流のためのベルトコンベアのネットワークを整備させ、かつコントロールはコンピュータによるとすれば、物流の完全自動化ができるようになるだろう。神戸の場合も数ヶ所の集配センターを設置し、ここに市外からの物を集合させ、ここから市内に配送する（図3-46）。またこの逆の経路を辿って市外に物を送ることになる。但し、ネットワークの交点が各戸ということにはならないから、町内が一単位であろう。300メートル毎に交点を設け、ここに町内の人々は物を手押し車で運ぶくらいのことはしなければならない。

送配電センターや浄水場、下水処理場、ゴミ処理場等も、少なくとも2単位に1ヶ所、原則としては各単位ごとに設置し、分散システムを徹底させる（図3-47）。

プロセスプラン

当計画は、新都市を突如出現させるのではなく、１００年かけて神戸市全体を再開発していこうとしている。従って１００年の間に市街地は徐々に徐々に変貌していくことになるが、その変貌のプログラムをあらかじめ想定しておくのも都市再開発計画の重要な作業の一つである。この変貌のプログラムをプロセスプランと呼んでおきたい。

１００年を5期に分け、１期は20年後、２期は40年、３期は60年、４期は80年、最後の5期は１００年後の完成時である（図3-48）。

最初の20年で各単位の周囲のグリーンベルトを完成させ、その地下に敷設するミニトレトンネットワークも当然併行して作られていくことになる。従って、この時点ではグリーンベルト内の旧市街地はそのままであるが、グリーンベルトによって道路が分断されては未だ廃棄されていない自動車交通に支障をきたすことになるから、必要な幹線道路はグリーンベルトを越えて外部に繋がっている状態である。

2期の40年後には、各単位の中心地区が出現する。胎蔵型の方は中心の蓮弁型施設が出来上り、金剛型では9分割の分割線でもある地区クリアランスと中心地区の施設が完成する。従って、中心以外は旧市街地であるから再開発された中心を旧市街地で囲み、更にそれをグリーンベルトで取り巻く構成になる。胎蔵型では、雑然とした旧市街地の中心に突如として蓮弁型の巨大施設が出現するから、日常的都市空間に元型空間が地下から涌き出してきたにも似た衝撃を市民に与えるのではないか。

3期目の60年後には、自動車交通は完全に廃棄されてしまう。それでもグリーンベルトに取り巻かれた各単位には旧市街地が半分以上は残されているから、極めて混乱した都市

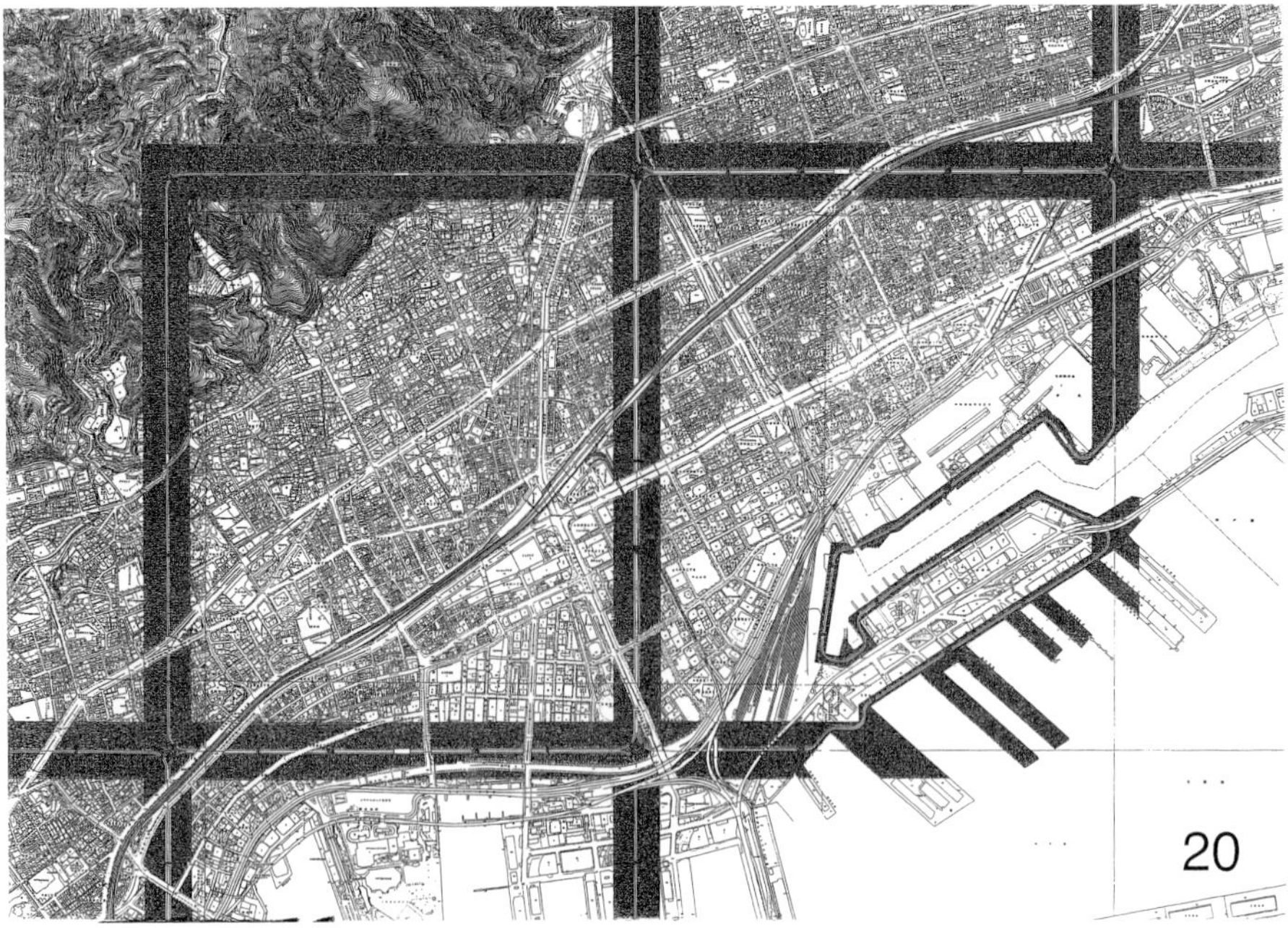

20年後

図3-48　プロセスプラン

風景が現出していることになる。

それから更に20年経った80年後には、旧市街地はグリーンベルト沿いに一部残存するのみとなるに過ぎない。こうなると都市風景はほぼ両界曼荼羅が立体化、空間化したものとなり、むしろ一部残存した旧市街地の方が異様さを発散させることになる。当然市街地予定地以外の殆ど、即ち8割は農地・緑地に還元されてしまっているはずである。

１００年後には完成であるが、この時にも前述したとおりにＪＲ山陽線と山陽新幹線は活用され、山陽線の方は、オープンカットの地下軌道となり、高速高架道路は連鎖住

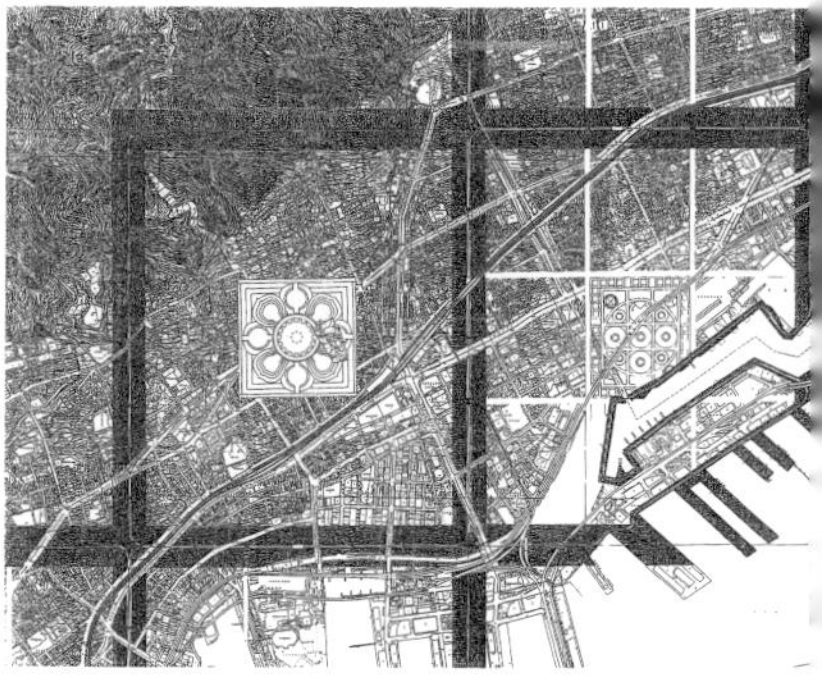

40年後

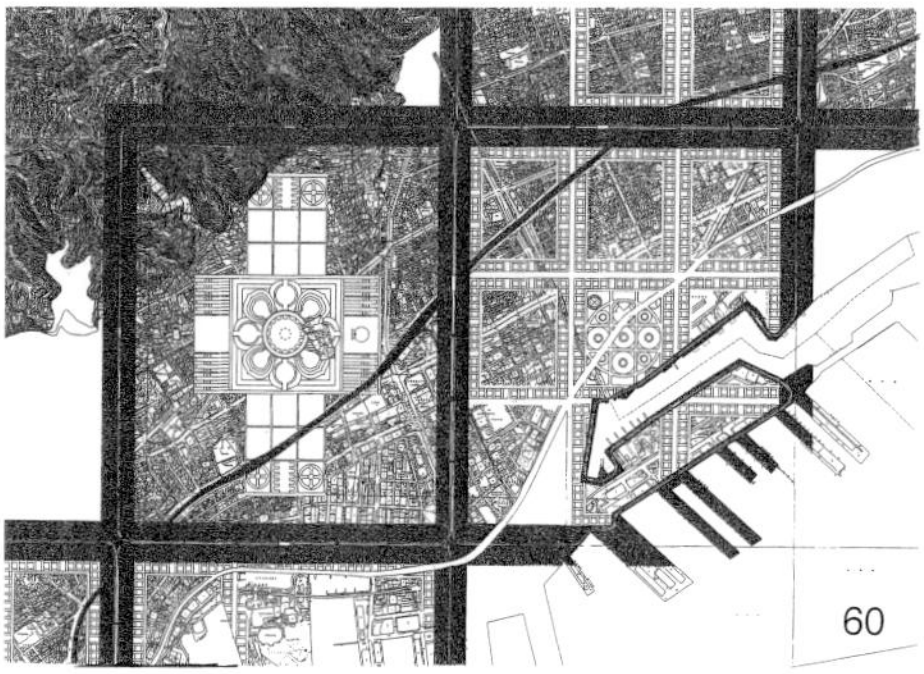

60年後

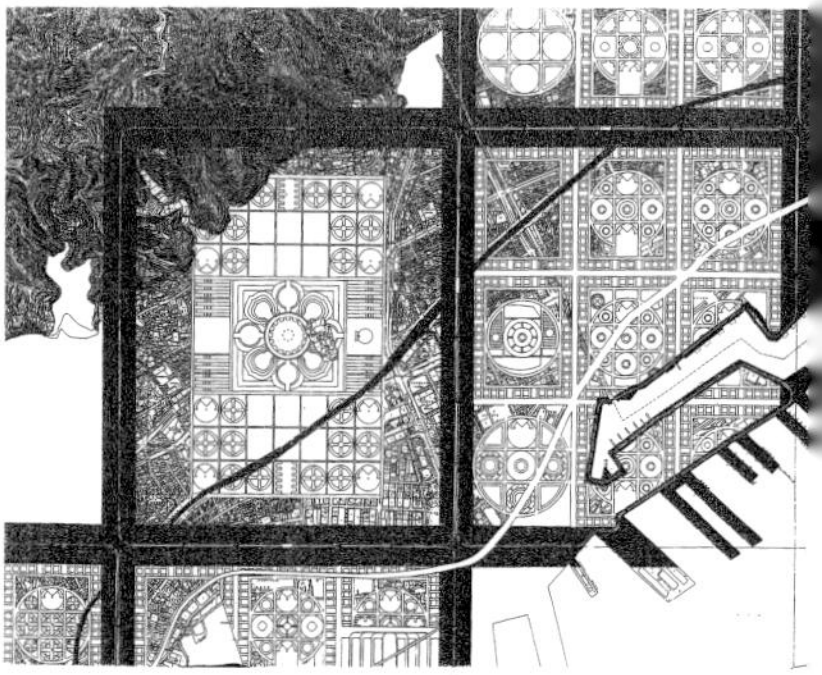

80年後

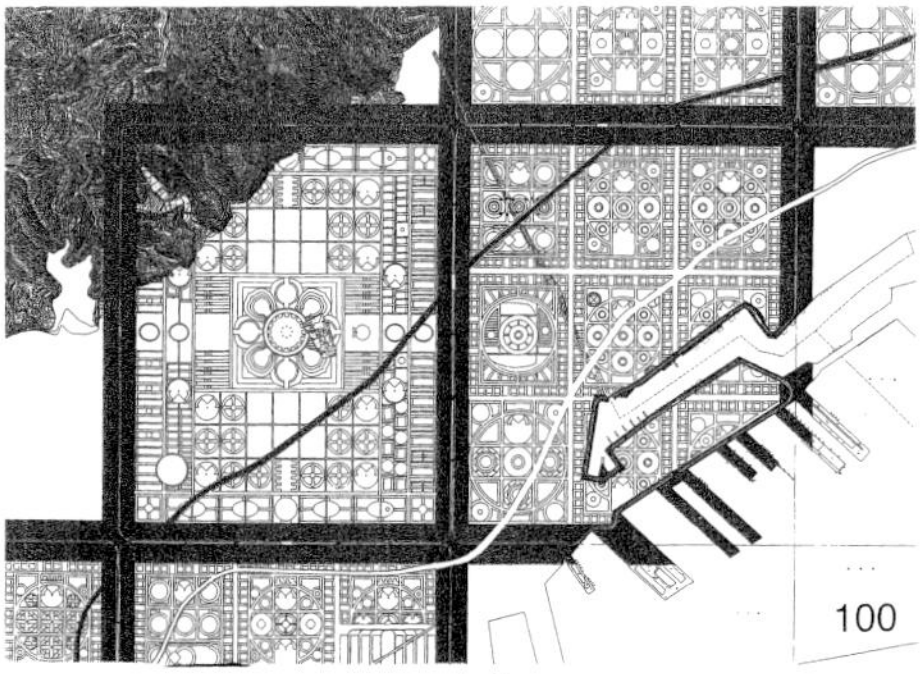

100年後

居に姿を変えていることになる。

　こうして100年の長年月をかけ、神戸市は変貌を遂げることになるが、一つの巨大都市全域に亘って計画した例は今まで皆無であるまいか。この計画は震災直後から翌々年の10月までかけて制作されたから、完成まで1年8ヶ月かかったことになる。空想もここまでやると身体化してしまい、もはや現実の都市となって目前に立ち表われている気分である。

図3−49　日本庭園のフラクタル作庭法

3―6　国土計画への一歩

国土の庭園化　―庭園の無限入れ子としての国土　―地形縮小の無限繰り返し

例えば室町庭園である。龍安寺の石庭は海に浮ぶ島々をモデルにして出来上っているように、日本の庭園は自然の風景、山や川や海等を縮小し、更に抽象化して表現した。この日本庭園の作庭法を積極的に活用したのが当計画、庭園曼荼羅都市である（図3−49）。13単位のグリーンベルト内部に実際の地形（日本国内の特徴ある任意の場所の地形）を10分の1に縮小した地形を作り、まず作庭してしまう。更にその庭園の一部に同地形を100分の1に縮小した地形を重ね、更にその中に1000分の1にした地形を重ね合せるといった、無限縮小地形の庭園を現出させる（図3−50）。但し、最初の10分の1縮小地形をその単位内の地形となして、この上に曼荼羅構成の建築物を配置して、建物に囲まれた中庭、建物と建物に挟まれた前庭等に100分の1地形を重ね、その中に更に1000分の1を重ねて作庭をなす。13種の単位にそれぞれ日本国内の地形を嵌め込む。それを神戸に寄せ集めてくるから、これこそ文字通りの庭園曼荼羅を現出することになる。

この作庭法を日本全国、国土スケールに拡大したらどうなるのか。勿論国土に隈なく作庭するわけではないから、都市や公園、その他重点的に庭園を配置していくのは言うまでもない。自然の力によって現出したには違いないが、丹後の宮津の天橋立などは見事な庭園と言える。いずれにしても日本の地形は襞が多く変化に富むから、現実地形の無限縮小を繰り返す作庭を実行するならば、全国至る所に名庭園が立ち表われることになるだろう。

江戸時代には大名、領主は自分の城下町に広大な庭園を作る競争をしたから、それが現

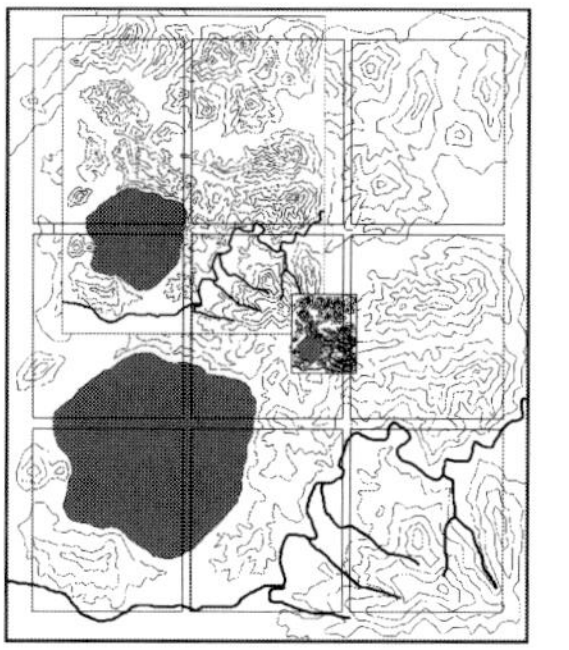

図3-50　地形縮小の無限繰返し（田沢湖モデル）

在までも残り、市民の眼を楽しませているが、21世紀は室町・江戸に次いで3度目の作庭時代を迎えるに違いない。というのも、20世紀の100年間で日本人は国土の風景を荒廃させてしまったので、次の100年間はその回復のために費やされると思われるからである。

日本は国土の7割が山岳森林であるが、残念なことに杉や檜の植林のため、山岳森林とはいえ風景としては至って単調になってしまった。この単調な森林は、動物の生息にも支障をきたし、生態系の破壊の原因になっているとの指摘は随分前からされているが、一向に修正される気配がないのは何故か。これには国土全体を庭園化する意識が日本人全般に行き亘らない限り無理なのかもしれない。生態系であるとかといった機能性の強調のみでは、どうも私達日本人を動かすことは困難らしい。ここは情緒に訴える方が早いのではないか。とはいえ、国土の庭園化は単なる国土の美化に尽きるのではない。国土全体が癒しの空間として人々を包み込むことこそが重要であるのは言うまでもない。

高速道路網の転用　――道路敷の活性利用

自動車交通を全面廃棄した後には、当然のようにこの列島に張り巡らされた高速道路網は不要となる。とはいえ、高速道路網は公共用地であるから、これを有効に活用するに限る。

現在、日本の国土全体を見渡してみると、田園地帯にも都市内住居と大して変わらない農家が恣意的に点在する。それは少しも美しくないばかりか、むしろのどかなるべき田園風景を殺してさえいる。かってそここにみられたキノコが大地から生えているような茅

図3-51　国土縦断連鎖住居

図3-52　高速道路網の転用（例えば芦屋市、西宮市）

葺き屋根の農家が姿を消してしまっている。農業も機械化が進み、農作業自体、極めてシステマティックになっているのに、農家の位置はかっての共同作業のために発生した集落内であったり、時には野中の一軒屋だったりしている。機具庫や作業小屋を田畑の中に作ってさえおけば、住家は集合していても一向に差し支えないであろう。むしろ農家も集合住宅化してこそ田園風景を美しくさせはしまいか。そうなるならば、各1戸の農家が占有していた土地は解放され、農地は拡大することになる。こうして少しでも農地を拡大させ、食糧の自給自足態勢を列島内に確立しておくことこそ重要である。

高速道路用地を集合住宅用地として活用すればよいであろう。そうなると、全国に張巡らされた高速道路網は全て集合住宅となるから、農村では戸建て住宅は不要となるであろう（**図3-51**）。現にソ連時代のロシアは農村でも集合住宅であり、かっての戸建て住宅の農家は捨てられていた。農地には機具小屋、作業小屋が建っているだけで、農民は住宅から自動車で農地に通っていた。途方もなく広いロシアですら戸建てを廃し、集合住宅にしているのだから、国土の狭少な日本ではなお更農家の集合住宅化が必須の要件となるであろう。但し、自動車に代る交通機関が要るのは言を俟たない。

また、都市内では建築群を貫通して高速道路跡地の集合住宅が作られるから、都市景観にダイナミックな変化をもたらすことになる（**図3-52**）。

現代日本の都市風景は、東京や大阪等に典型的に表われているように、まさにゴミさながらのビルと家の砂漠であり、特に郊外の住宅地の一戸建ては外国人にはウサギ小屋に見える程にみすぼらしい。実はこのみすぼらしい風景も第二次世界大戦後に政府が積極的に推進してきた持家政策の結果なのである。戦前、都市住居の殆どは借家であった。大阪市内の前庭付きの長屋もかっては借家であり、スタイルが一定していて、それが集合するとそれなりに美しかった。ところが、戦後は土地付き一戸建ての住宅を手に入れることが夢になってしまった都市居住者は地価の安い郊外にどっと流出し、勝手気侭に家を建てたから、それが集合した風景のみすぼらしさと醜悪さは目を覆う惨状を呈するに至った。21世紀の日本は、土地の私有を禁じ、同時に一戸建て住宅も禁じ、安価な公営賃貸集合住宅に人々は住むようにすべきである。勿論歴史都市、街並み保存地区等の特殊な場所では、土地建物を公有としながらも一戸建居住は例外として認めることになろう。

国土縦断連鎖住居 ―住居の空間構成 ―連鎖住居列島内ネットワーク

高速道路跡地を集合住宅とすれば、その屋上を歩いて列島を縦断することも不可能ではない。要するに列島を縦断する連鎖住居として高速道路網を活用するのである（図3-53）。但し、連鎖住居の地下は鉄道として100キロごとに往復し、次の往復区間に乗り換える地下鉄道線となす。100キロ往復区間には2キロごとに駅を設置する。住戸空間は10立方メートルとし、廊下として高さ5メートル、幅5メートルの中空が貫通する。但し、1住戸の中での廊下に削減される空間は高さ5メートル、幅2・5メートルである。住戸が背中合わせになる時に廊下は高さ5メートル、幅5メートルとなることになり、住戸が1列の場合は廊下の半分が外に張り出す。10立方メートルの空間の構成は、廊下削減分以外は自由である。

住戸が4つ並び、5つ目の空間は小集会スペースであり、小集会と4つの住戸スペース、即ち計50メートルが4つ連なって5つ目の連なりに、即ち200メートルごとに大集会ス

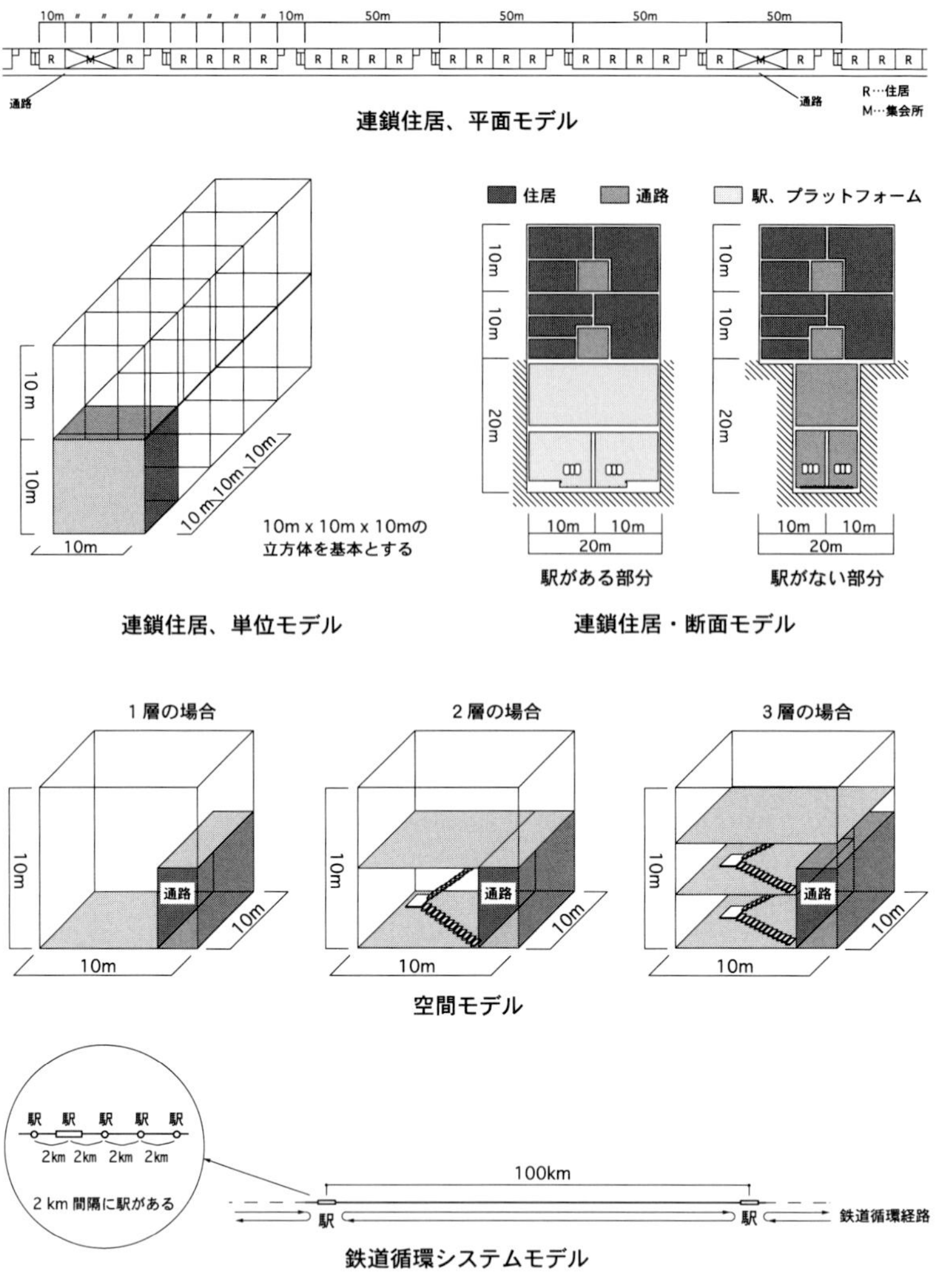

図3-53　国土縦断連鎖住居モデル

ペースを設け、コミュニティ単位を秩序化する。また、住戸から田畑への運搬は小鉄道網によって果される。

列島縦断連鎖住居のイメージについて記さねばなるまい。日本列島に張巡らされた高速道路網を一つ残らず、しかもトンネル部分を除いて余る所なく集合住宅としたらどうなるであろうか。最初の発想の段階である。実はこう発想するにはそれなりのモデルがあった。70年代の初頭に岐阜県中津川市の駅前再開発計画を担当したが、JR中津川駅周辺の再開発といっても、人口4～5万人に過ぎない中津川市では、中心地区はこの駅前のみであり、これを再開発するのは東京ならば銀座・日本橋一帯全てを計画対象とするに近かった。当時建設省では、こんな地方の郡レベルの中核都市での再開発の経験がなく、この計画を受注した都市問題経営研究所の藤田邦昭も大阪船場の商家の出身者で、こんな小都市での生活体験は全くなかった。従って、この計画は秋田県角館町出身の私に全責任がかかっていたといっても言い過ぎではない状態であった。紆余曲折の末、2年掛りで計画は一応完成したが、町屋型の集合住宅のモデルを計画の中心に据えた低層建築群の案であり、この町には最も適合した案であったと今でも自負している。

しかし、当時の建設省の技官達には理解できなかった。また、無理解ということはなかったが、余りに空間量、即ち床面積が少なく、再開発メリットが経済的には得難いというのが理由であった。私達はこの案以外はこの美しい町の風景、コミュニティを破壊する恐れがあると計画から手を引いたが、それから10年近く経って完成された再開発諸施設は、形態だけが醜悪に改変されているものの計画内容は私達の案そのままであった。この時の2年間の計画時期のあいまに、付知町という小さな町を訪れて驚いた。旧宿場町で川沿いの一本道に家屋が隙き間なく連なり、その長さは10キロにも及ぶのである。ここでは最初の一軒の住人が部外者の来訪を知ると、隣家にそれを告げ知らせ、またたく間に最終の家にまでその情報が伝えられた。まさに連鎖住居であり、これが中津川まで連なっていたとしたらどんなコミュニティが成立するだろうかと夢想したものである。この時の夢想が列島縦断連鎖住居を発想させた。

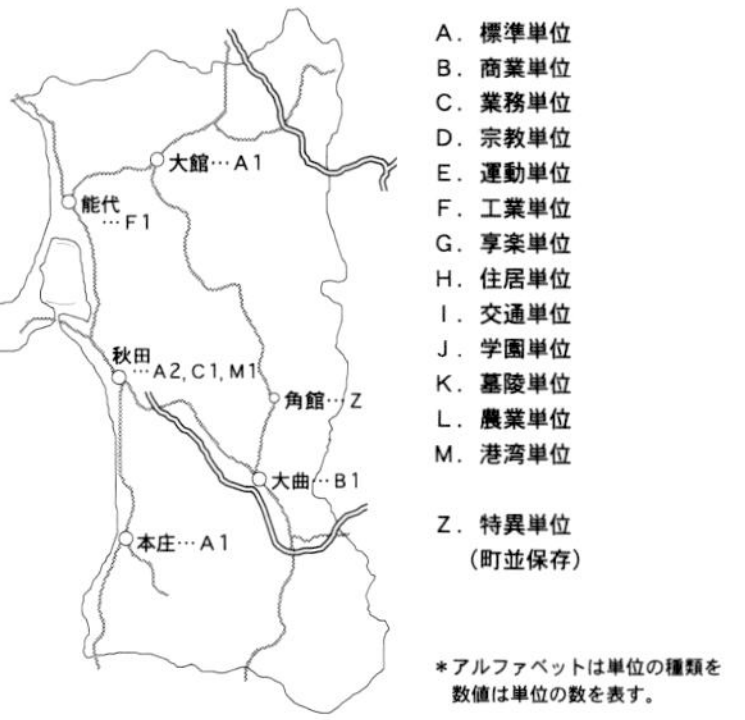

図３-54　地方都市の再配置（秋田県）

首都問題と人口分散　―列島人口の再配分と地方都市の再配置

列島縦断連鎖住居は、ソリア・イ・マータの「線型都市」と一脈相通じるが、発想の根拠はこれにはなく岐阜県の付知町であったことは特筆して然るべきであろう。線型に連鎖する住居群の裏には川が流れていて、生活に利便を与えていたのは自然電話さながらの情報伝達に加えて、もう一つの強い印象であった。日本列島内にも刮目すべき都市元型が存在していることを知るべきである。現代日本は、１００万人を超す巨大都市が北海道から九州まで一つ以上成立し、各地方の中心となっているが、東京の一極集中が問題とされて久しい。これを解消しようとして言われているのが首都機能の移転であるが、果してこれが列島の土地利用計画上どれだけの先見性を持ち得ているか、はなはだ疑問である。人口を大都市に集中させるのではなく、全国一様に中・小都市を均等に分散させる方策が真剣に検討されて然るべきではないか。統計的な正確な数字は言えないが、何かの記事として読んだ記憶があるが、戦後日本では３０００万人の人々が田園から都市に移動したというのである。もしそうならば、この列島には３０００万人が居住可能な場所が空地となっていることになる。通信と情報の技術が高度化した現在以降は、何も大都市に集住せずとも分散居住でも充分に働き得る。首都東京の解体は多分時間の問題ではあるまいか。江戸時代の日本総人口は３０００万人であり、江戸は１００万人であったから、今から１００年後の２１００年には日本総人口６０００万人とすると、東京は２００万人で充分という計算になる。京都、大阪共に20万人であったから40万人ということになるが、ここは神戸同様70～80万人位でよいであろう。むしろ地方の郡レベルの中核都市を充実させることが先決である。13種の単位都市はそれぞれ人口５万人程度であるが、郡レベルでは一単位都市が一つ成立すれば充分であろう。全国の各郡に一つずつ単位都市を配置すればよいのではないか。これを秋田県に当て嵌めてみるとどうなるか（図3−54）。現在でも北から鹿角郡には鹿角市、北秋田郡には大館市、山本郡には能代市、南秋田・河辺郡には秋田市、仙北郡には大曲市、平鹿郡には横手市、雄勝郡には湯沢市、由利郡には本荘市と、誠に具合良く分散しているが、県都秋田市以外は不活発で、人口も減少しているのではないか。ほぼ3〜4万人である。秋田市以外は一単位都市として整備される方が良く、但し、都市によって歴史、地形上の特色があるから、13単位のうちの一つを選びとればよい。殆どは標準単位となるであろうが、大曲市のような商都は商業単位ということになろう。但し仙北郡のもう一つの中心、角館町は街並み保存地区を抱え込む特異単位になる。

単位の均質性、集合の特異性　—13種の単位の無限組合せ

神戸二一〇〇計画で使用された単位種別の合計は10であり、使用されなかったのは宗教・農業・住居の3単位である。また総単位数は16であるが、海岸線によって切断された単位も相当数あるから、欠落した単位同志を加えて1単位と見なすならば、ほぼ13単位分の市街地となっている。この計画では、13単位中10単位を使用しているから、まずは変化に富む市街地風景を現出するはずである。13種の単位が用意されているとはいえ、両界曼荼羅を下敷きとしているため、一つ一つの単位の空間構成は大別して2種しかないから単純であるのは断るまでもない。しかし13種を種々様々に組み合わせると実際出来上る都市の空間構成としては無限に近い変化を生み出すことができる（図3−55）。秋田市は秋田の県都であり、現在30万の人口を擁するが、１００年後に20万人に減少したとして、総単位

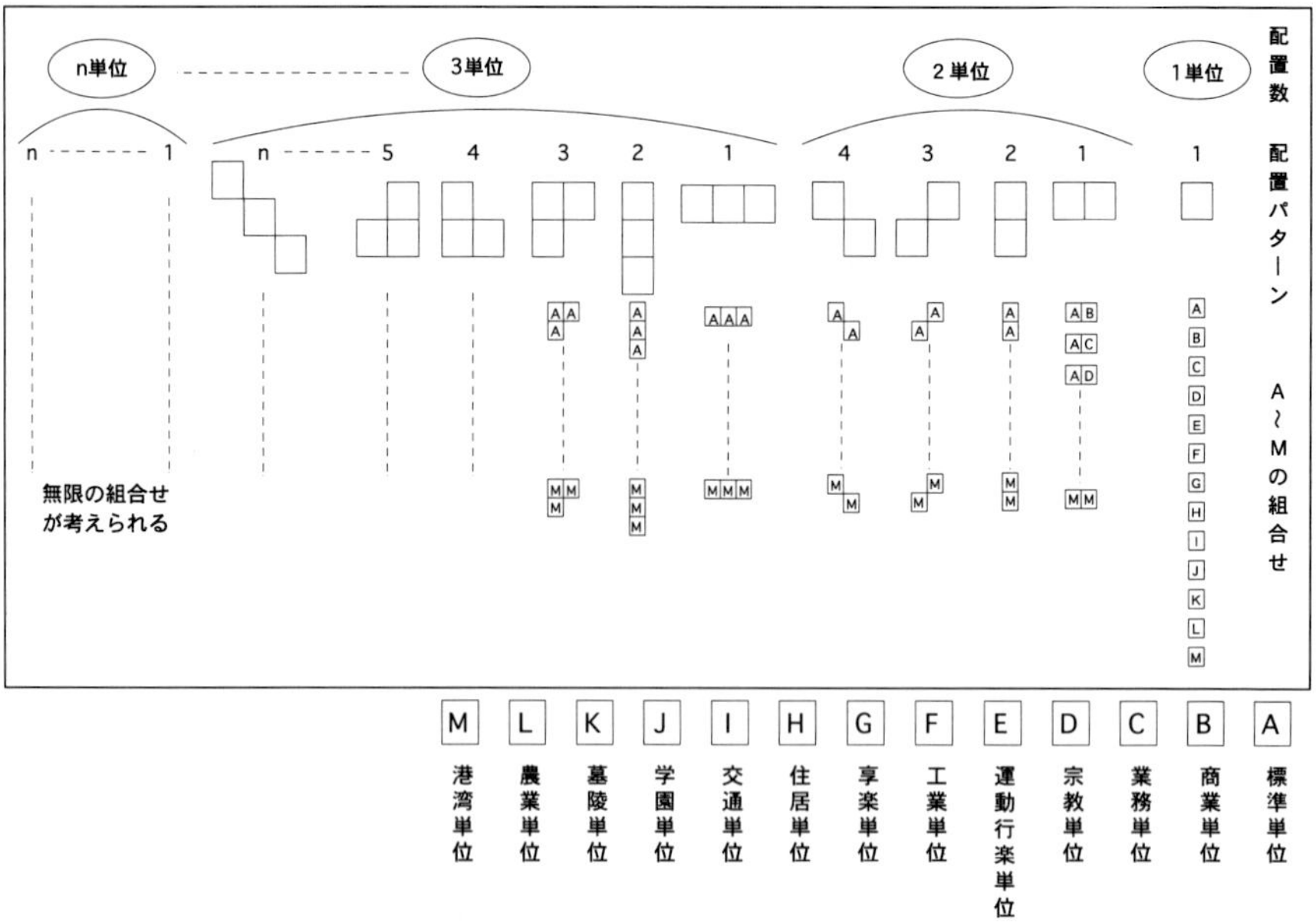

図3-55 単位都市の配置パターン

4で標準2、残りは業務と港湾である。県都であるから業務はこの都市の中心機能であろう。港湾は現在の秋田港がそのまま維持されると見なしたから使用している。このようにその都市の地勢によって使用される種別の組み合わせは千変万化の可能性があり、殆どあらゆる特性の都市に適合した組み合わせを現出させ得る。近代都市計画ではコルビュジェなどの例外を除いては、都市全体を構想した例は殆どなく、もしあったとしても極めて単調で、生きた都市を想像させるものは皆無であった。コルビュジェの輝く都市もモデルに過ぎず、チャンディガールは実現したが、空間に密度がなく、デリーなどの既存の都市よりも優れた空間構成を示しているとは言い難い。

神戸二一〇〇計画で採用した方法は、単位の組合せであるから、13種の単位さえ完璧に構想されておれば都市の全体像はおのずから浮び上がってくる。都市計画に於ける自動筆記と言えまいか。如何に巨大な建築とはいえ、部屋やホール等は単位空間であり、1単位空間は住宅（居）をモデルとして考案されることが望ましいのは経験豊かな建築家なら誰しも知っている。この原則を忘れてしまうと、巨大建築は単なる虚の箱と化してしまう。この建築空間の創出方法を都市計画に応用したのが小都市の集合としての大都市であり、単位空間を仕切る壁に当るのがグリーンベルトである。グリーンベルトの内側は小都市に過ぎず、人口4～5万人の小都市は居住に快適なことは誰しも経験上熟知しているに違いない。ところが東京や大阪などの大都市はそんな小都市の集合にはなっていない。これが問題なのである。

夜間に人も住まない巨大な業務センターを抱え込んでもどうにもならないのではないか。如何に大都市とはいえ、人々は職住近接してこそ都市居住の利点を享受できるはずである。21世紀は人口分散の世紀であろうから残存する大都市も小都市の性格を併せ持っていなければならない。

3―7 ダイアグラムとしての建築（都市にとって建築は記号である）

要素・建築の形態規制力

日本建築は木造であるため、寺院や城郭のような巨大建造物でない限り、竹細工にみまごう仮設的家屋であり、それが建ち並ぶ都市風景では建築がその形象を規定しているとは思えない。都市風景を規定するのは建築であるよりは町割である。江戸のように渦巻型に壕を巡らし、それに沿って町割をしていった町割は世界にも珍しいが、この江戸の町の図絵を見る限り八百八町の光景は渦巻く堀と江戸城が際立つのみで、その他の家屋は「地」として沈んでいる。江戸は世界でも珍しい町割であるが、勿論日本国内でも他に類例を見ない。日本では平城京、平安京以来、碁盤の目型の町割が一般的であり、堀の町大阪といえども例外ではなかった。碁盤の目型町割に建ち並ぶ竹細工の如き仮設的家屋で出来上がる風景は儚く脆く、それ故に美しくはあった。しかし現代の都市は、鉄とコンクリートとガラスの箱であるビルディングを主体として成立しているが、そのモダンビルディングは自由気侭にデザインされるため、総体としての街区風景には統一もなく、それだからといってダイナミックな空間形象を現出しているわけでもない。要するに醜悪の一語に尽きよう。

これに対してイスラム都市の建築が示す形態規制力は見事という他ない。ドーム屋根の寺院と陸屋根中庭型住居群との連接は建築がそのまま都市に拡張され、逆に都市が建築にまで凝縮されているといえる緊迫感を醸し出している。21世紀の日本の都市風景も木造家屋の儚さ脆さに依拠しない限り、鉄とコンクリートとガラスの建築を主体として成立していく以上、イスラム都市にみる個々の建築の形態規制力が群を統一あるものにしていく方法を参照すべきである。

諸種（機能別）要素・建築の無限組み合わせ

都市にとって建築は間違いなく要素である。この要素も現代都市の如く勝手気侭なデザインによっている限り、その集合の醜悪さは変わり得ない。建築は機能種別によって一定の型をもつべきである。学校、オフィス、店舗、集合住宅等、機能別にプランの型は成立し易い。しかし形態は必ずしもそうはならない。勿論近代主義建築に於いてはプランニングと形態には一定の連繋性が想定されていたのは間違いのない事実である。しかしそれが余りに単調、平凡であり、日本でも計画学の貧困として批判されたのは、そう遠い昔のこ

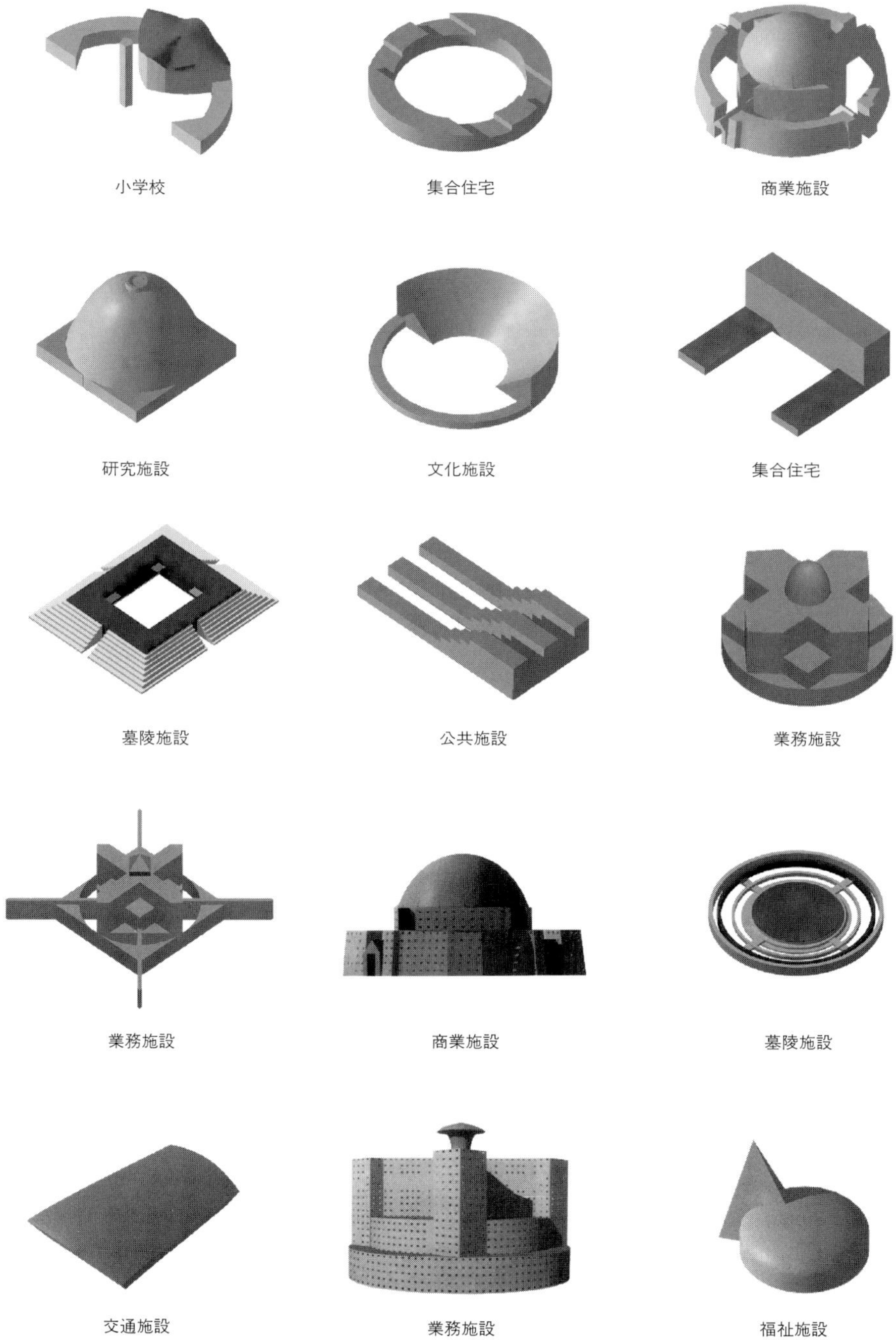

図3-56-1 ダイアグラム

図3-6-2 ダイアグラム

墓陵施設

享楽施設

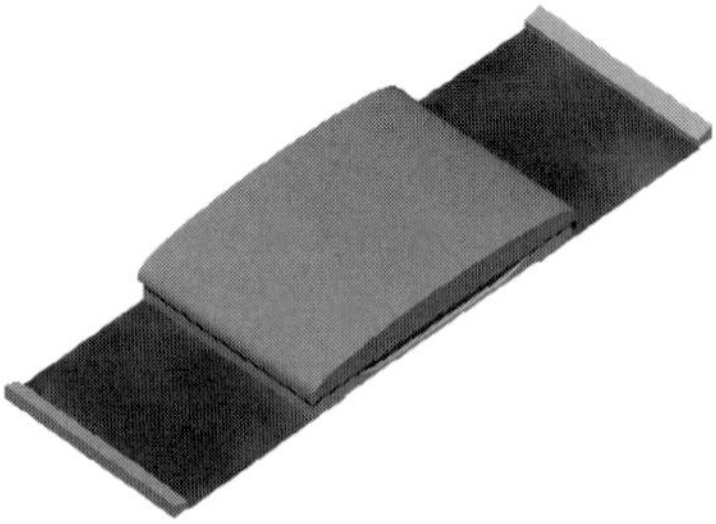

屋内競技場

享楽施設

競技場

フェリーターミナル

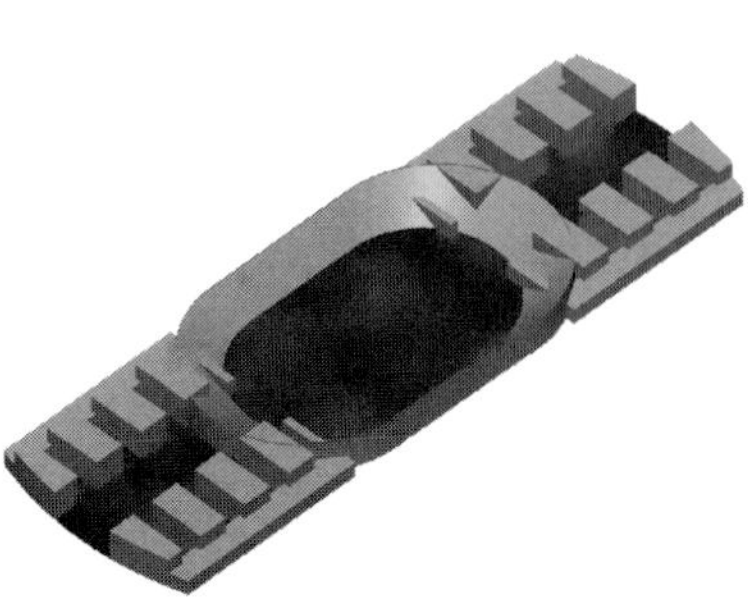

陸上競技場

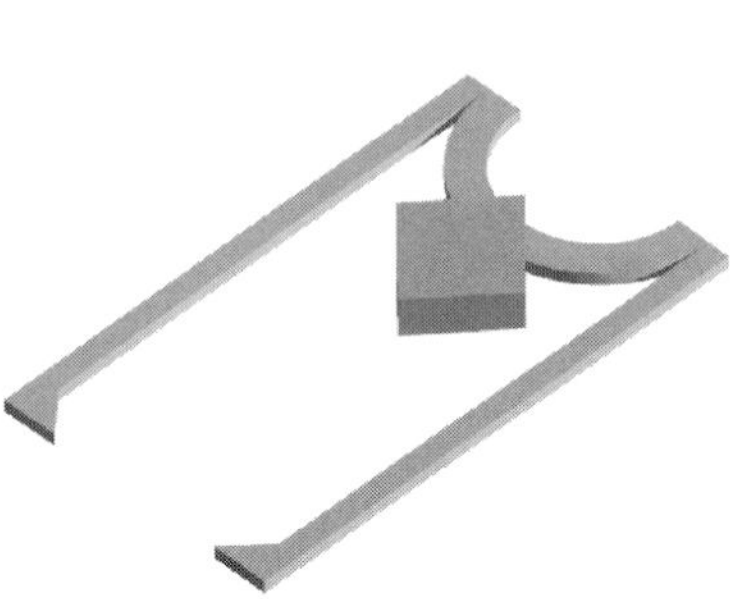

高等学校

宗教施設

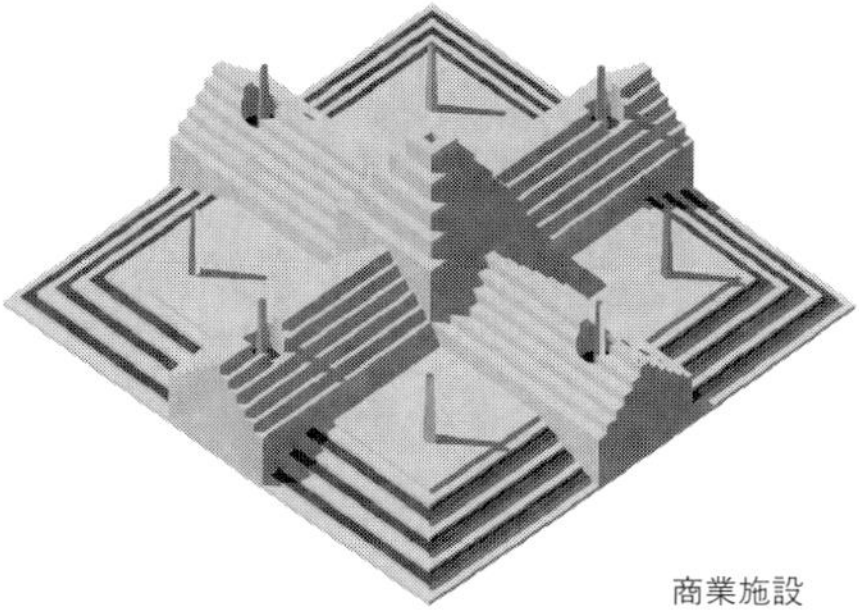

商業施設

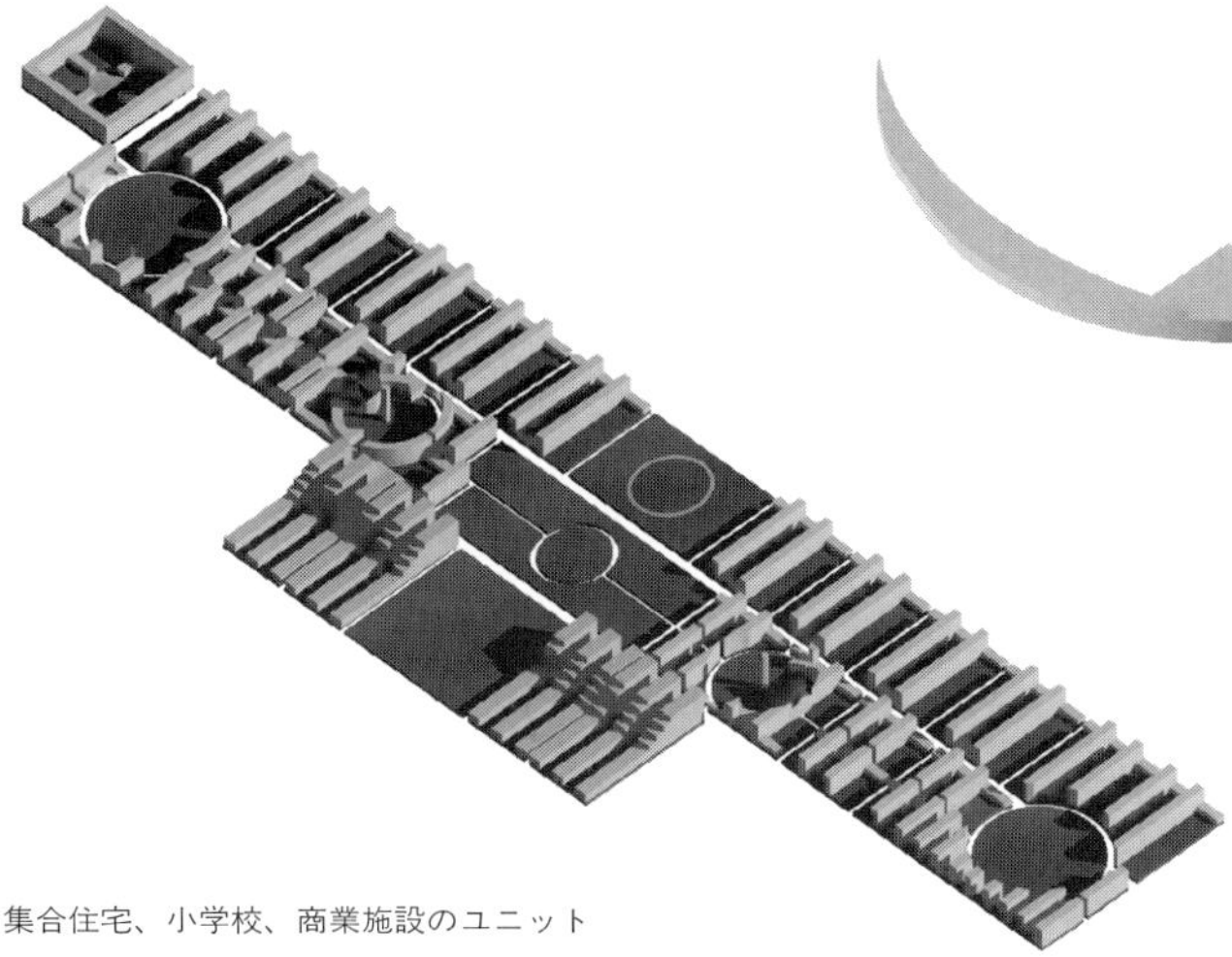

集合住宅、小学校、商業施設のユニット

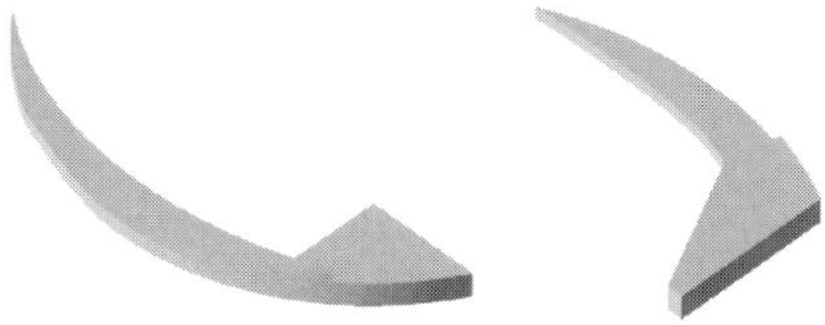

学校施設

商業施設

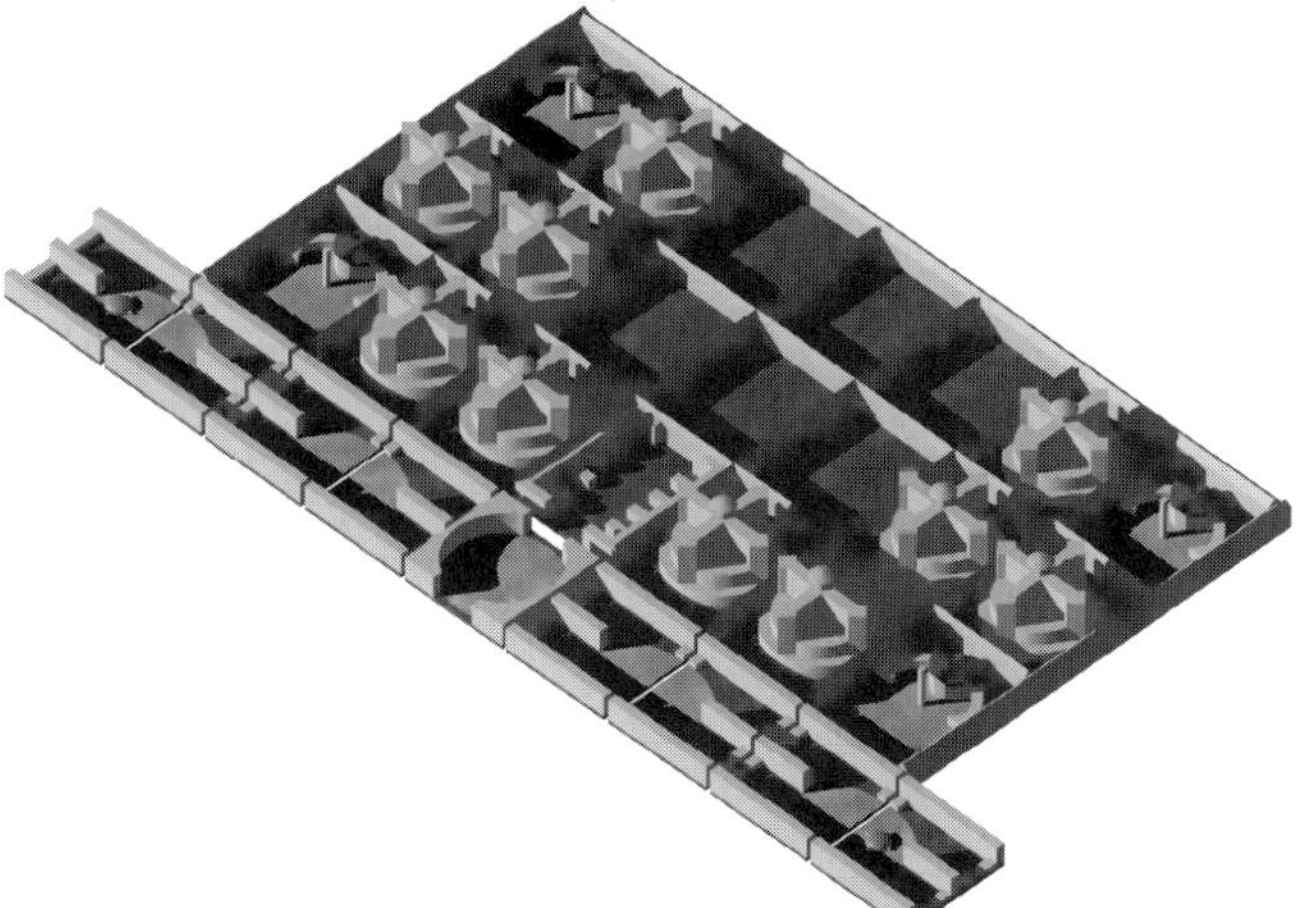

集合住宅、学校、幼稚園、商業施設のユニット

福祉施設

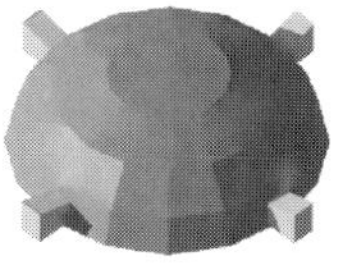

幼稚園

とではない。プランニングも形態も機能種別によって徹底的に工夫されるべきであるのは言うまでもない。その場合、必ずしも近代主義的プランニングが有効であるとは言えない。むしろ徹底的に工夫したプランニングは古い時代の同種のものに近づくことさえあるだろう。要は文明の様態の問題である。現代都市は自動車交通に圧倒的に規定されてしまっている。ところが、21世紀半ば以降には自動車交通は全面廃棄されるであろう。そうなると、建物が占有しない都市内全クリアランスは歩行のためのスペースとして供されることになる。公園といえども例外ではない。ということは、個々の建築の配置は自由である。その自由を規制するのが、当計画では曼荼羅図形であるが、各機能種別ごとに建築の型は一定であるとしてもこれの組合せは無限と言って良い（図3-56）。

要素・建築による都市景観の豊饒化

機能種別による型の設定と曼荼羅図形による建築配置となれば、これによってできる都市風景は極めて単調で平凡になるのではないかと懸念するむきもあろう。しかし、もしそんな懸念を抱くとしたら、それは杞憂に過ぎない。

近代主義建築にあっては、機能種別によらず建築はほぼ直方体の箱であった。これを徹底させたのはミース・ファン・デル・ローエであるが、この鉄とガラスの直方体の箱が都市全体を覆うことは結局なかったが、これはそうなることをやはり市民が最終的に忌避したからに他なるまい。恐ろしいまでの単調さを想像し、恐怖を抱いたのかもしれない。

庭園曼荼羅都市にあっては、そんな風景には勿論なるはずもない。建築に各機能種別によって一定の型を設定するとはいえ、各種別ともプランも形態も一つのみということでは

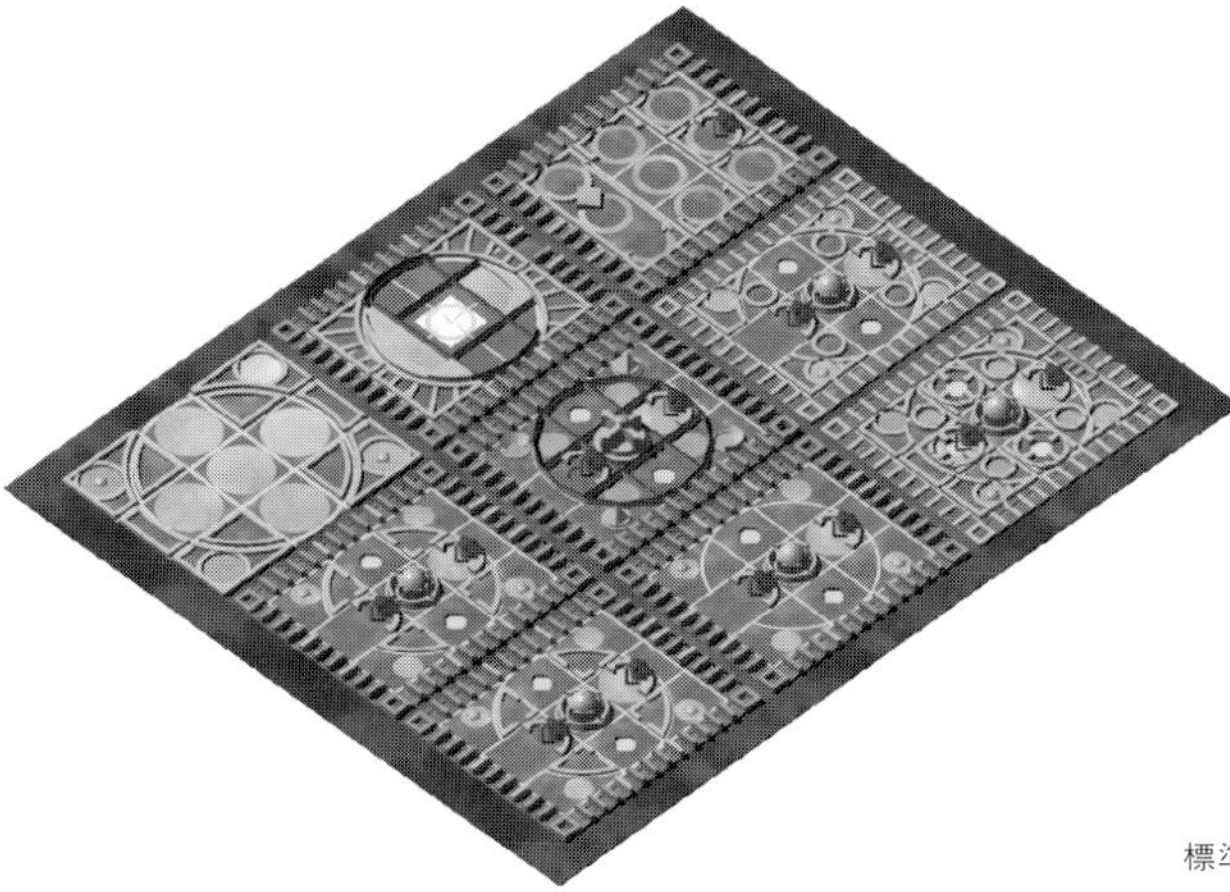

図3-57-1　13単位のアイソメ・パース

ない。1種につき2～3種の形態が用意されている。これを曼荼羅図形を下敷きとした配置によって組み合わせるといえども、組み合わせは無限に近い。となれば、そこに現出する都市風景は街区（といえないがとりあえず街区）や地区によってそれぞれ違っていて、それを総合する単位全体は変化に富むであろう。要するに極めて単純な方法により複雑豊饒な都市風景を現出させるのが当計画の手法なのである（図3-57）。これは要素としての建築の型をあらかじめ設定していることの効用である。型は即ち図式、ダイアグラムである。都市にあっては、建築は要素であるのみならずダイアグラムでなければならない。とはいえ、この制約の中でも個々の建築は充分個性豊かにデザイン可能であるのは言うまでもない。

図3-57-2　13単位のアイソメ・パース

住居単位

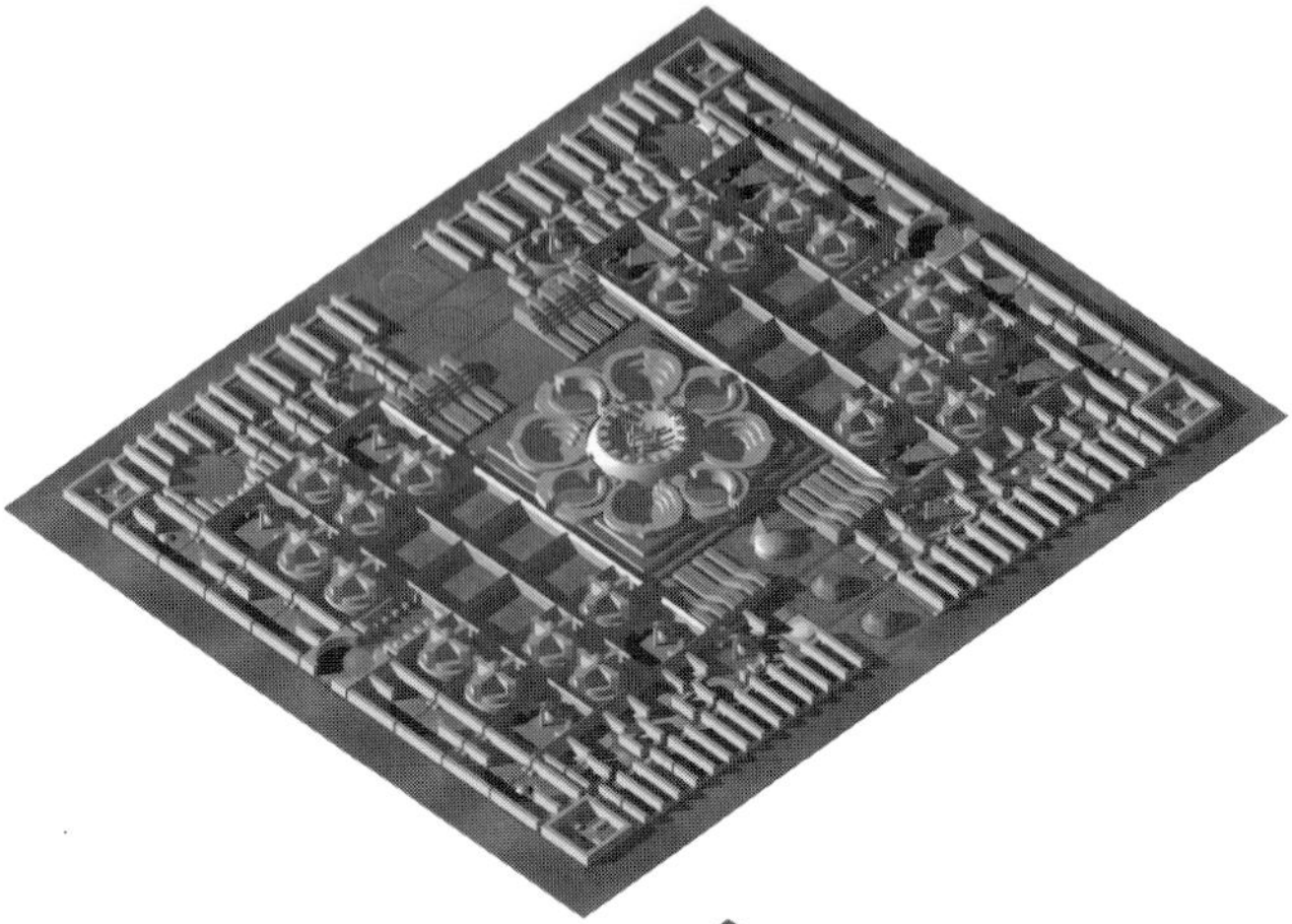

商業単位

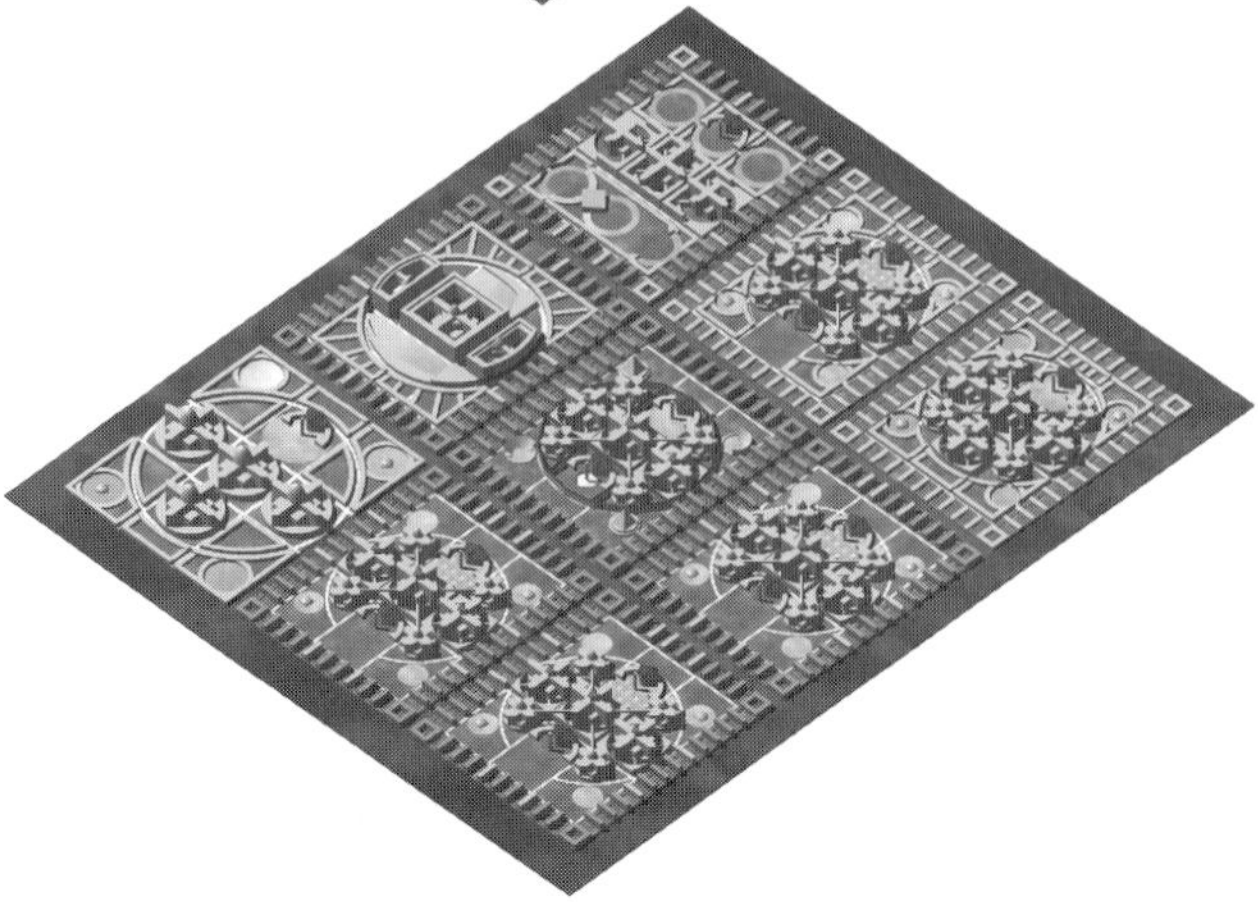

業務単位

図3-57-3　13単位のアイソメ・パース

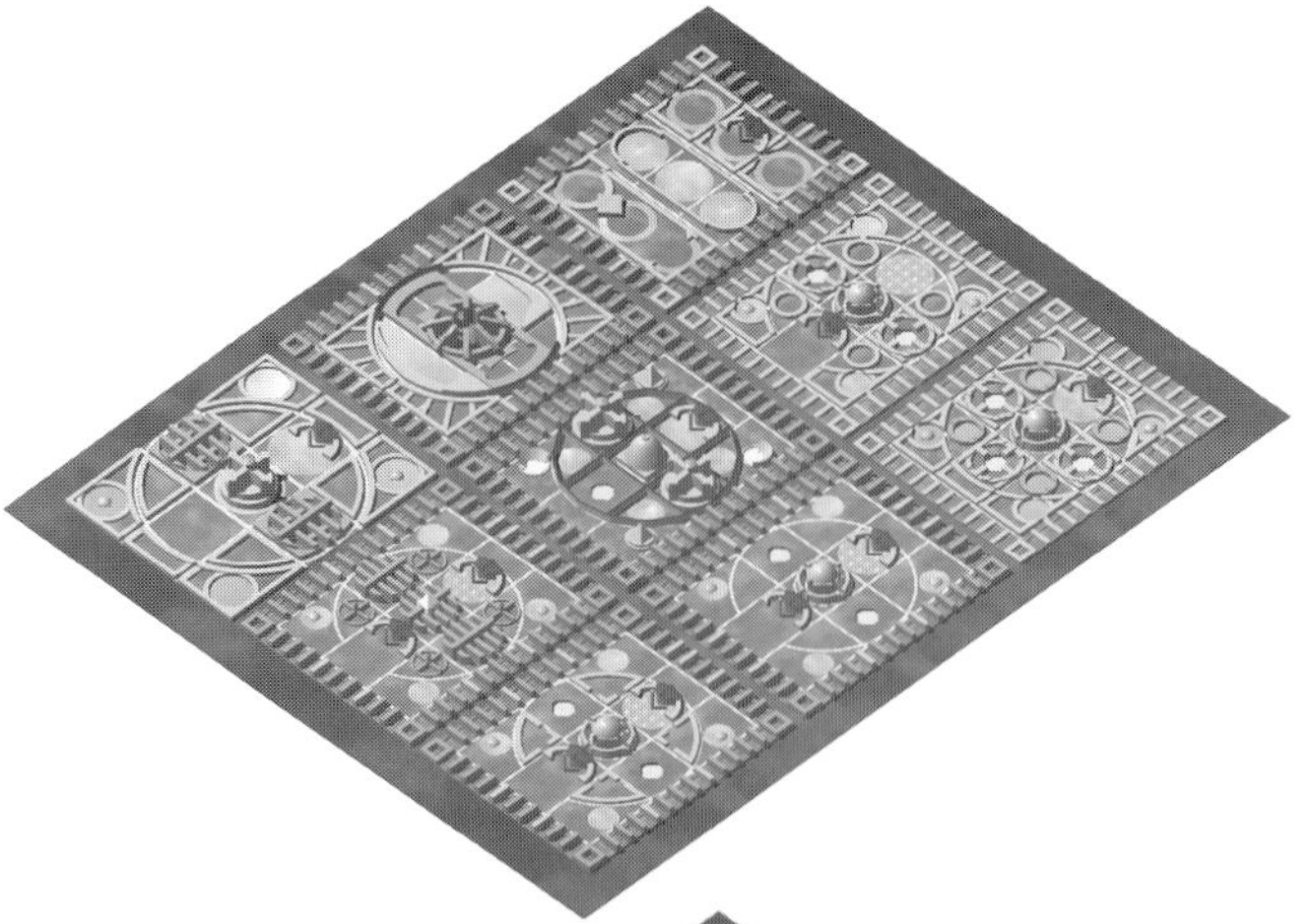

学園単位

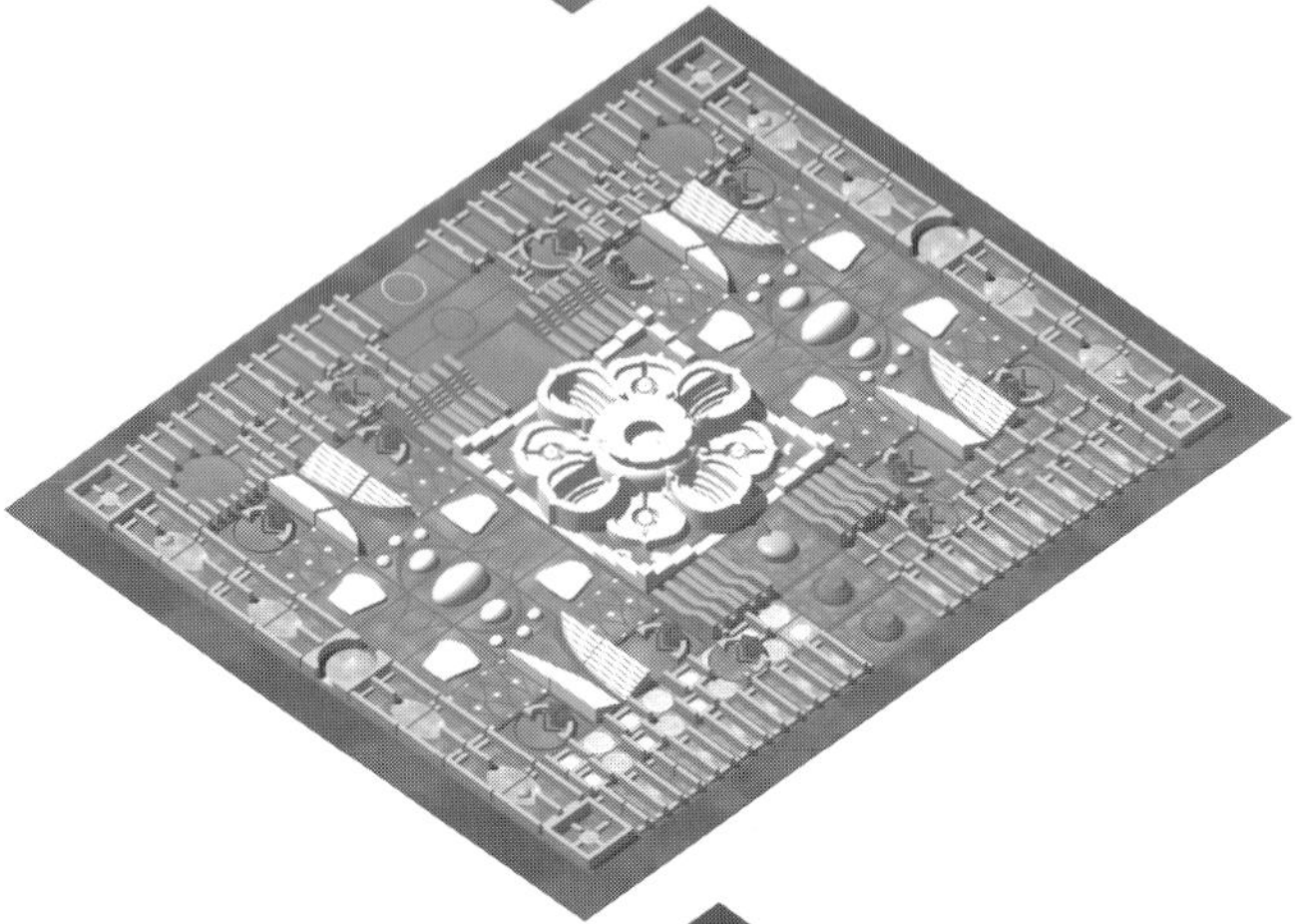

享楽単位

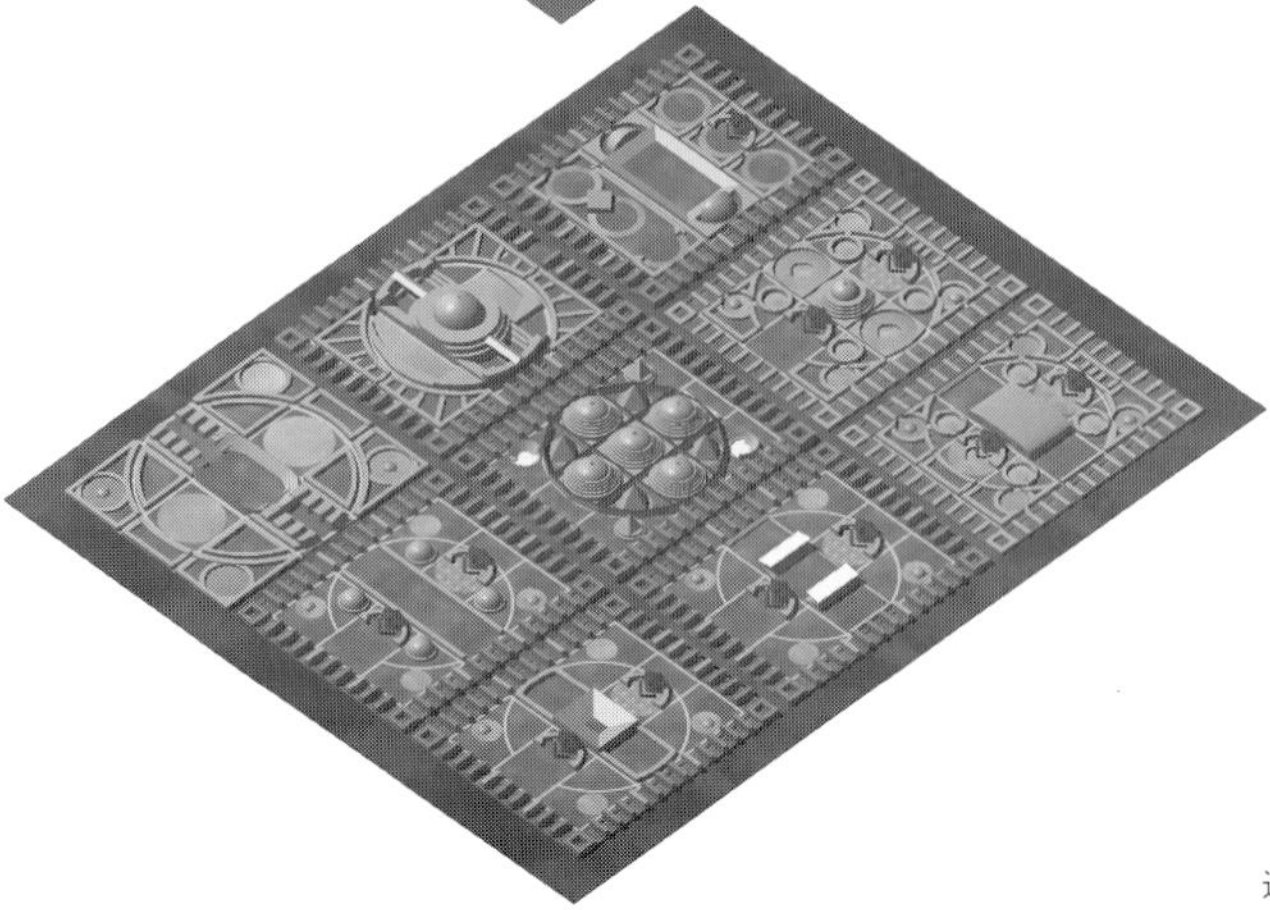

運動・行楽単位

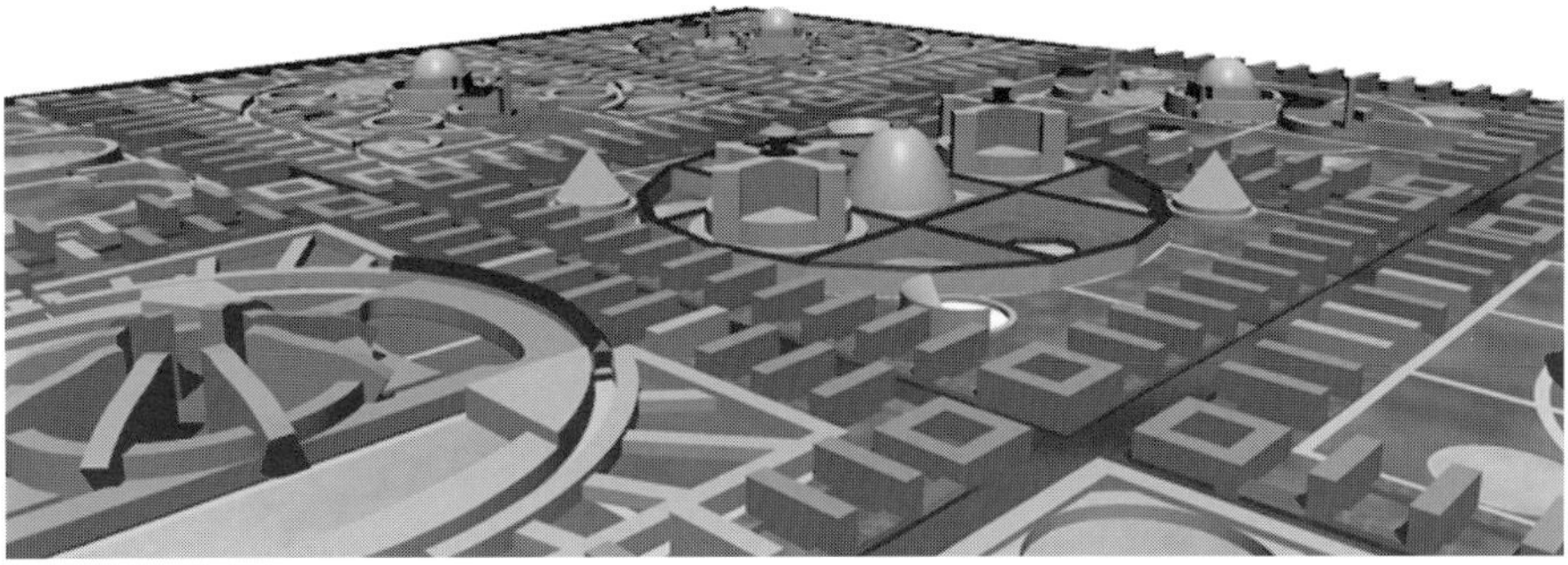

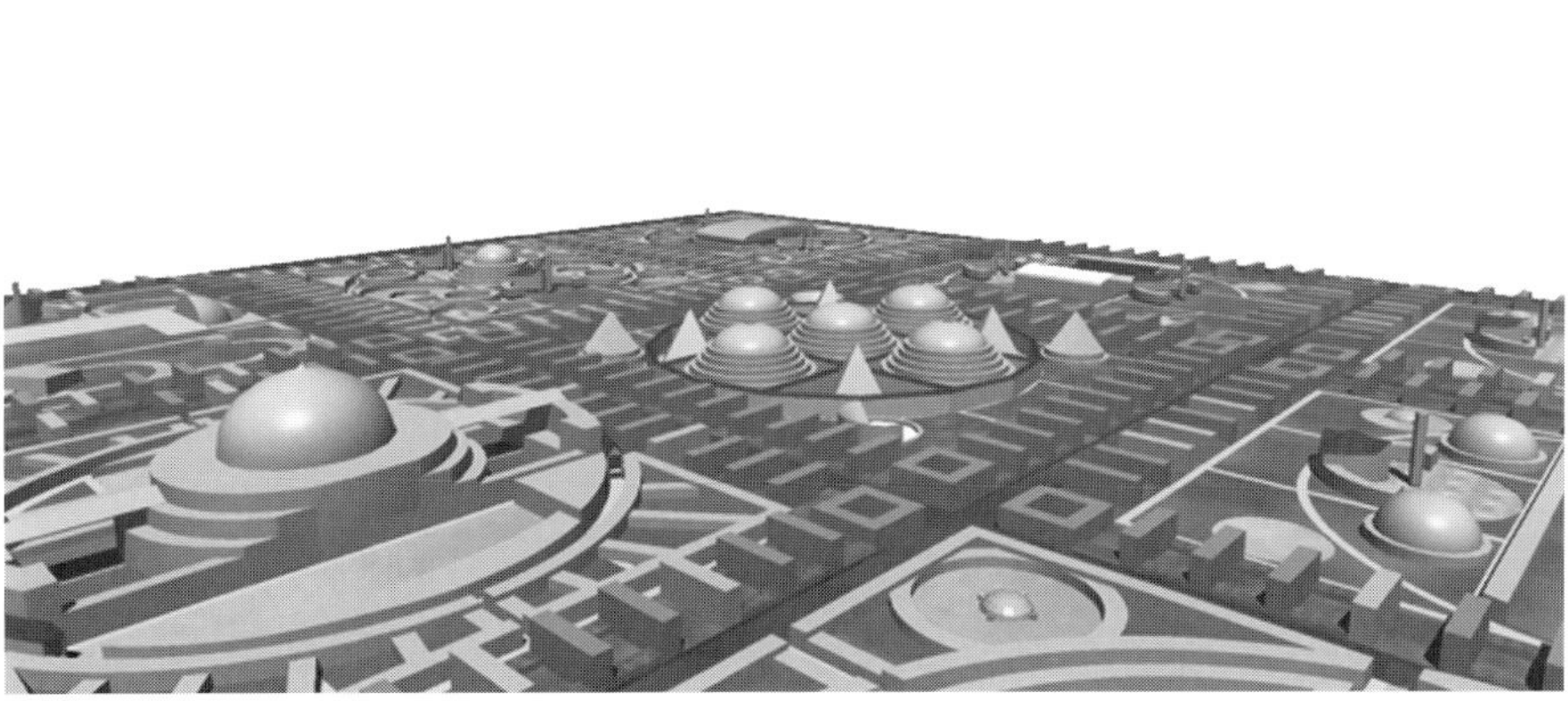

図3-57-4　13単位のアイソメ・パース

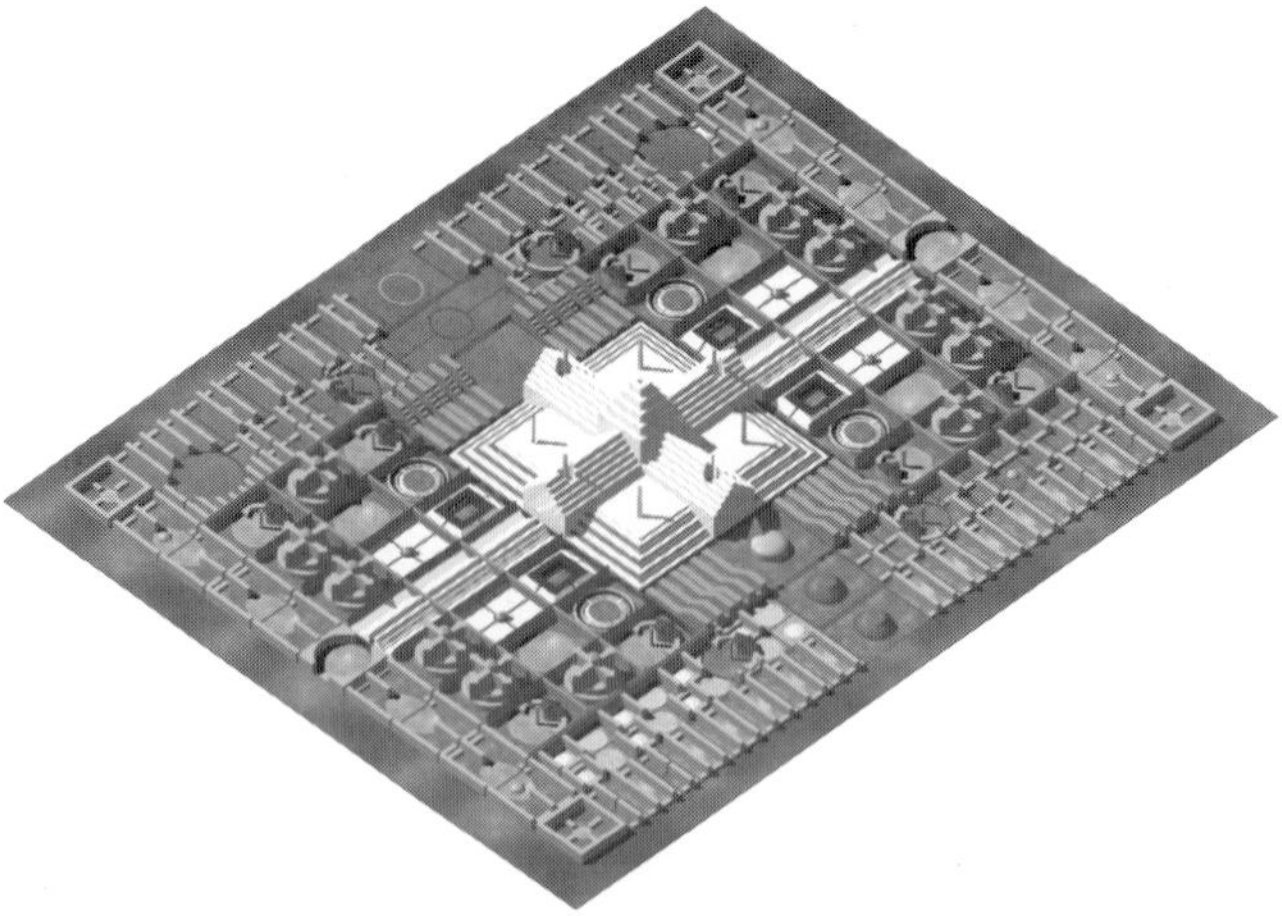

墓陵単位

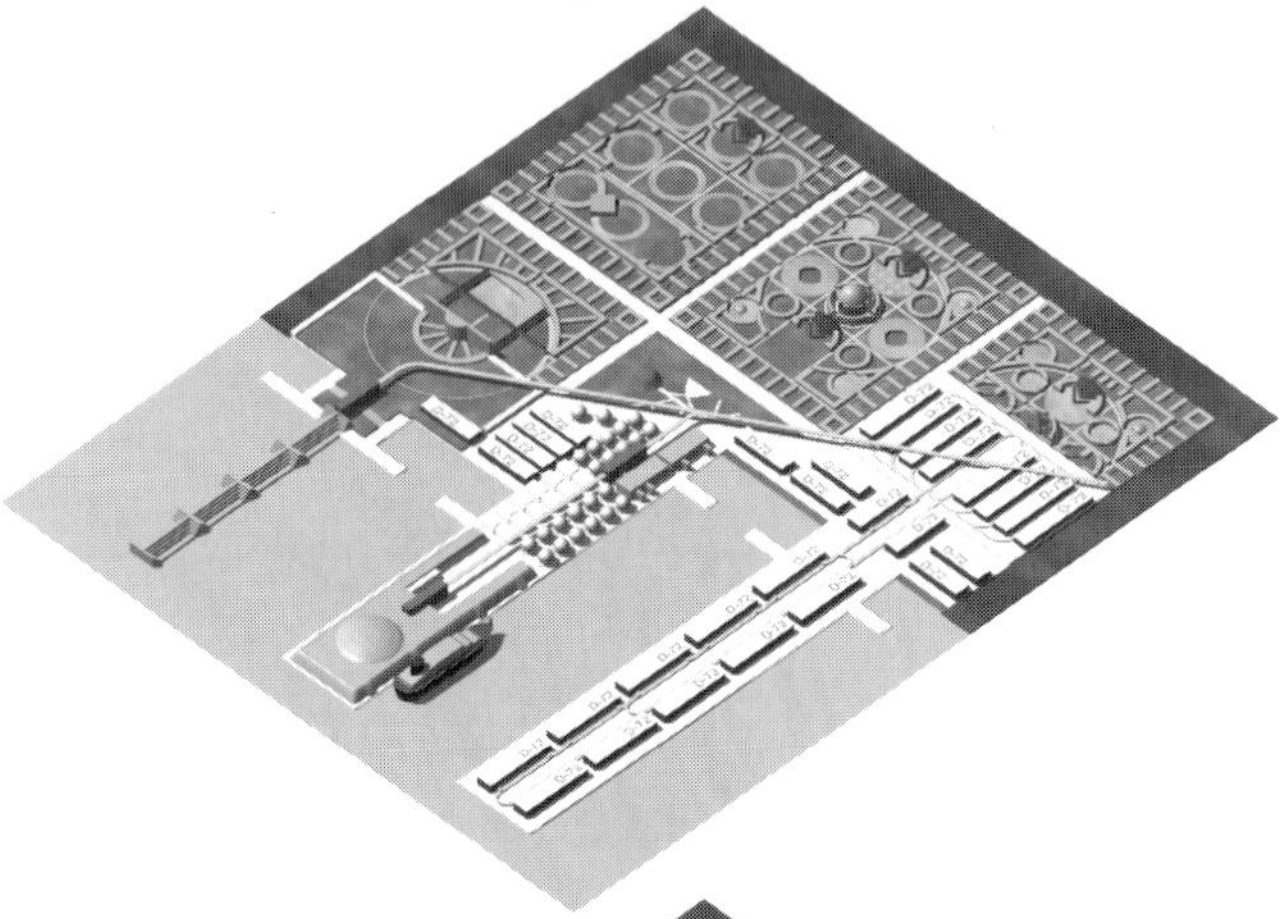

港湾単位

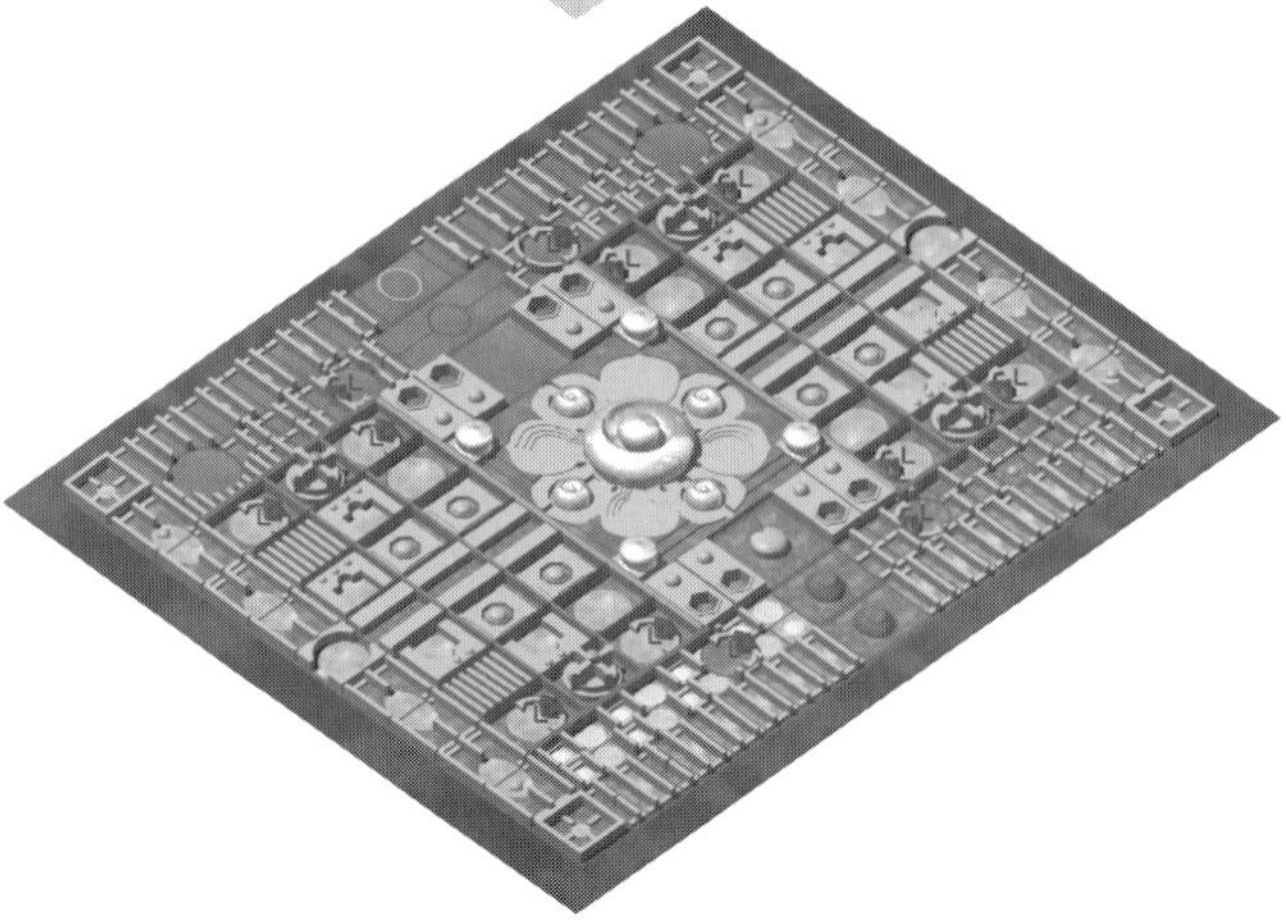

宗教単位

D-72
D-72
D-72

図3-57-5　13単位のアイソメ・パース

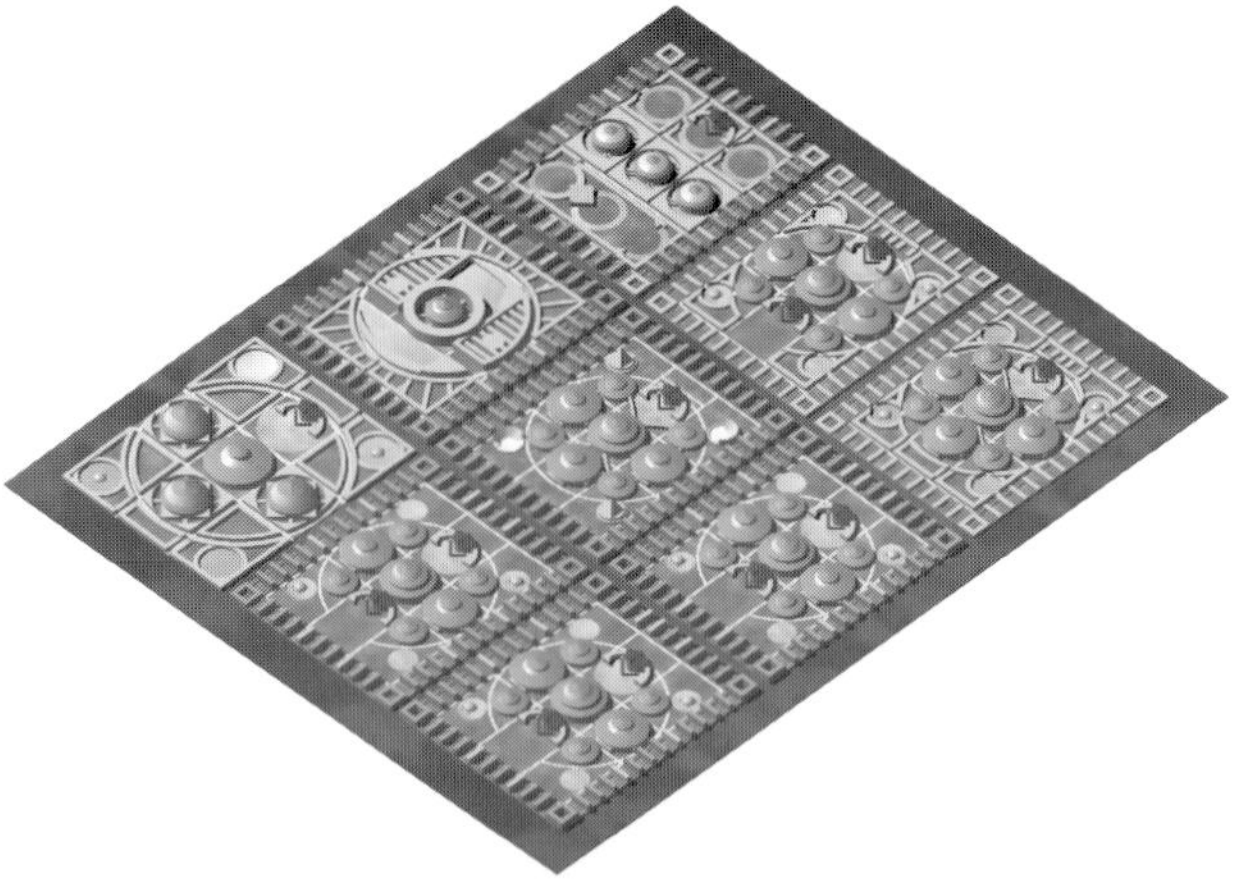

工業単位

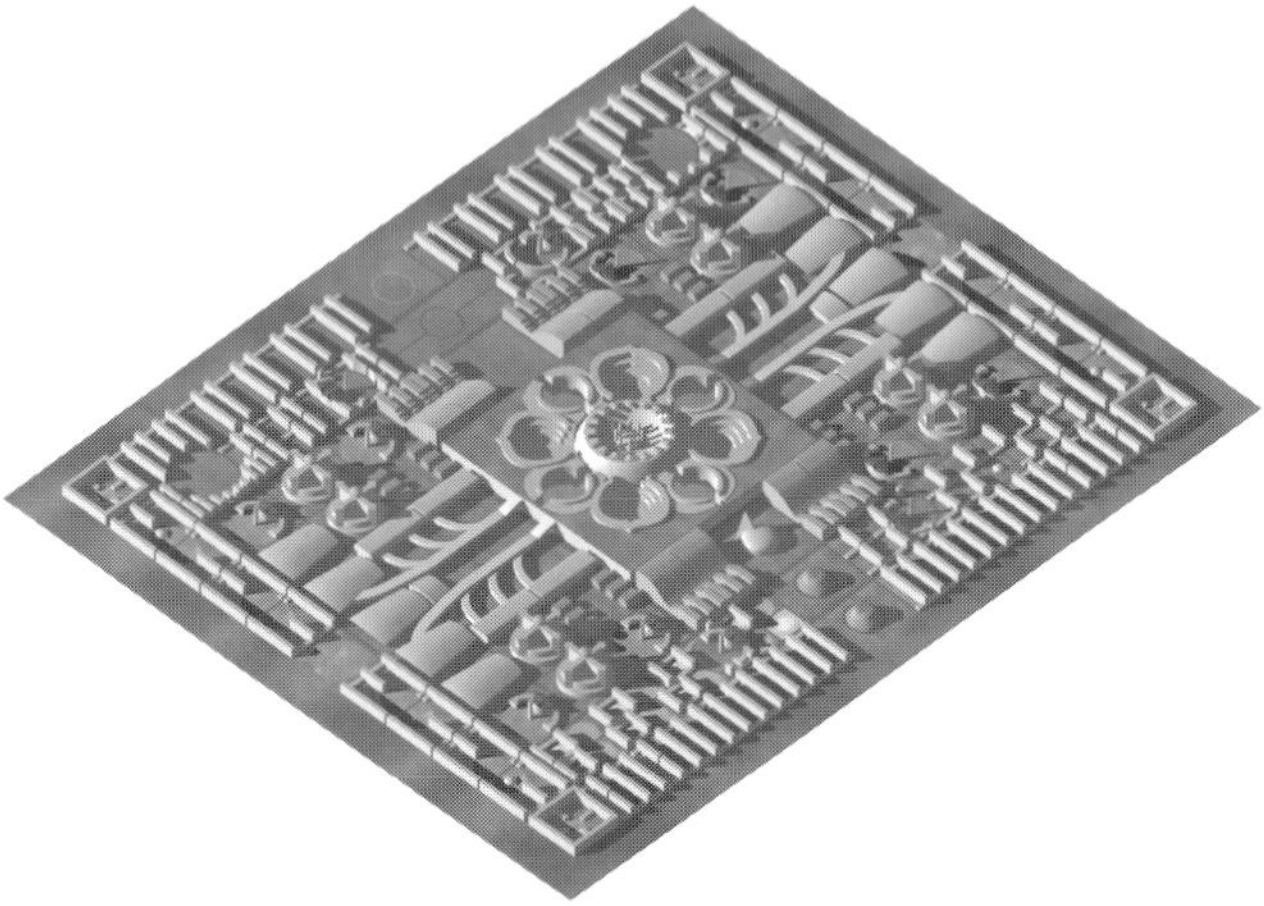

交通単位

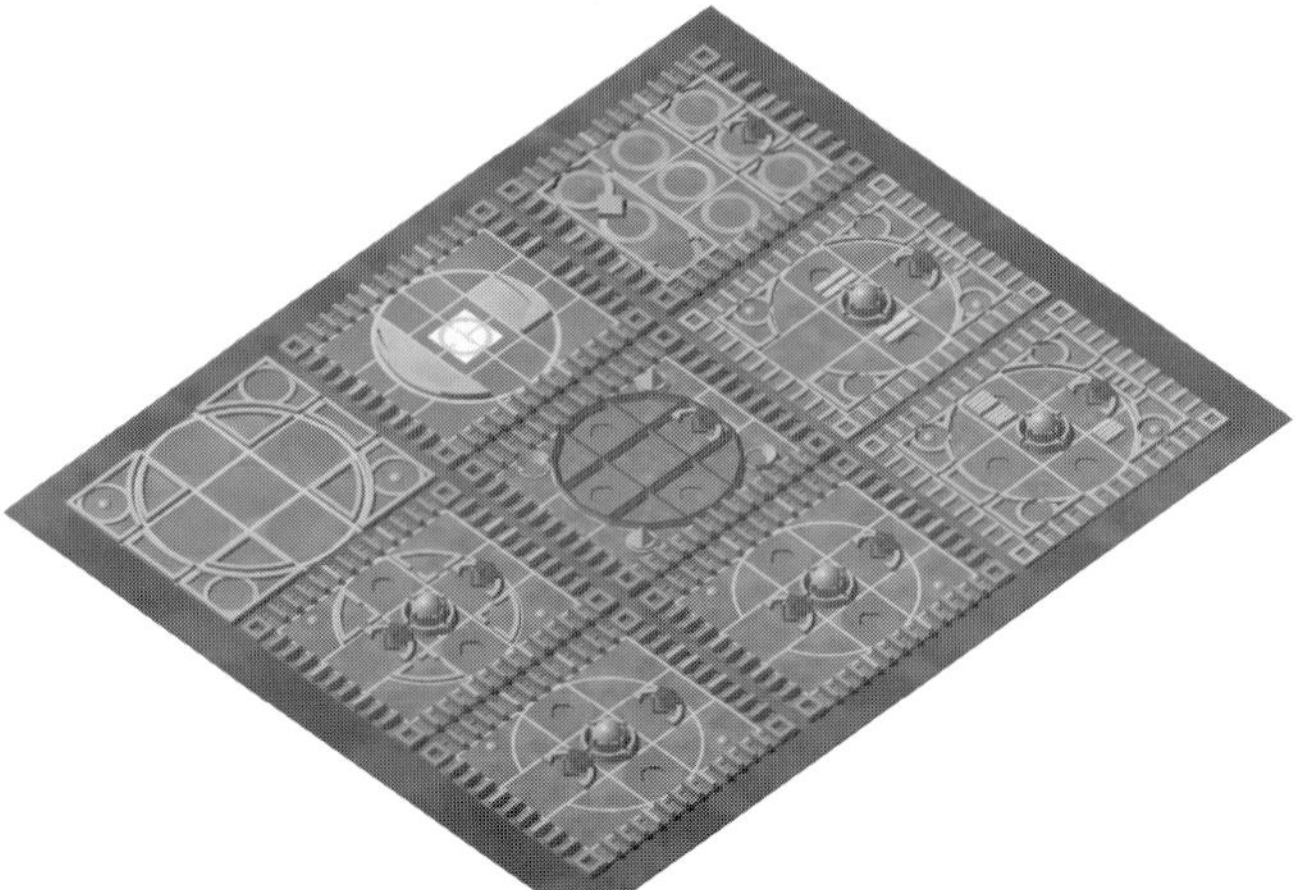

農業単位

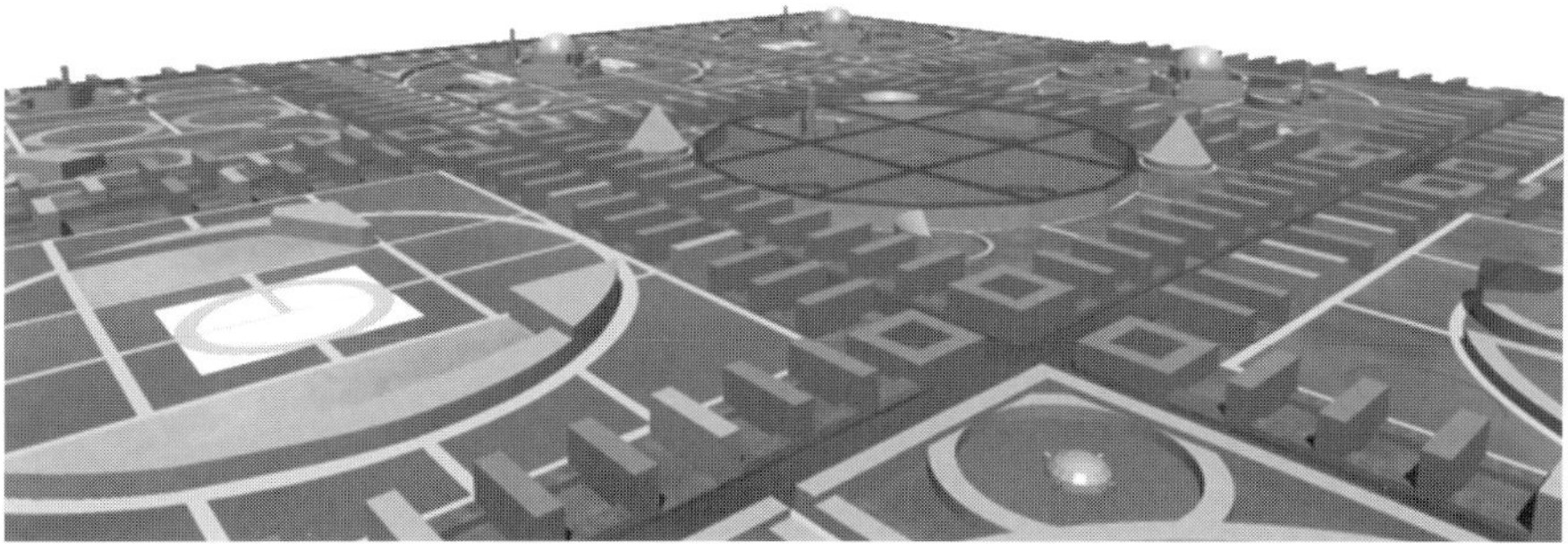

おわりに

「神戸二一〇〇計画、庭園曼荼羅都市」として平良敬一さんの『造景』(編集・建築思潮研究所)に発表させてもらった後、全計画をまとめて発表したのが『群居』だった。この全容を一冊の本として世に出したいと思っていたがなかなかその機会がめぐって来なかった。90年代私はたてつづけに新聞のコラム欄を担当した。読売、産経、京都新聞の順だったがどれも1年半以上の連載だった。とはいっても週一度、ものによっては月一度もあったから総回数はそれほどでもなく、これで一冊にまとめる程にはならない。

ふと「庭園曼荼羅」に新聞コラムを加えて一冊にまとめられないかと思い構成してみた。なんとかなりそうだと思い建築思潮研究所の立松久昌さんに見てもらった。いいとも駄目とも言わないからまずいのかなと思ったらともかく原稿はあずかると持っていってくれた。

それ以後連絡もないのでたぶんあれでは首尾一貫性がないのだろうと思い『群居』廃刊後布野修司と2人のホームページ雑誌(?)のために書いたもの二つを新聞コラムと入れ替えることを思いつき立松さんに電話して送った。それからまもなく立松さんから好意的な返事を頂いたのでこれで「庭園曼荼羅」も本になるのかとほっとして刊行を待った。しかしそれ以後全く立松さんからの連絡が無くなってしまった。そのうち忘れるともなく忘れていたら立松さんの訃報が飛込んできた。驚いてしまった。私とは同年代のはず、なんて早走りで駆抜けてしまったのだろうと考え込んでしまった。それから1年もしないうちに親友の毛綱毅曠があの世に逝ってしまった。ひょっとしたら毛綱が早かったか。判然としないのだが、私もそんな年齢なのかと思巡らさずにおれなかった。

さて1、2章分は廃刊した『群居』がわりと考えた布野との2人雑誌（?）のためのもの、3章は『群居』発表文であり結局は本書全体は『群居』と深く関っている。『群居』は今思うと随分風変わりなメディアであった。大野勝彦、石山修武、布野修司と私、4人ではじめた住居系の同人誌なのだが平均1年3冊、50号まで出たのだから15年以上20年近くは続いたことになる。

私の場合、主題の住居から離れ建築からも距離をおく文章を寄稿することが多かった。最も役立たずではあった。どんなものにも終わりがあり永続などありえないのだが、もう少し真剣に存続を考えるべきだったかもしれない。大野勝彦の頑張りに依存する所が大きく、つい彼の疲れに同調してしまったのかもしれない。大野も存続を望む気持ちがあったに違いない。

ともあれ建築人だけの同人誌は皆無ではなかったかもしれないが珍しかったはずである。建築人が技術以外のことで共有できる問題意識は住居しかないのかもしれない。住居は集住となって都市まで拡張する。本書が建築、都市までを言及範囲にできたのもひとえに『群居』の存在に依拠している。

今となってようやくそう思えるのである。大野勝彦、石山修武、布野修司さらに編集実務を一手に引き受けていた野辺公一、この4人に感謝してやまない。

立松さんが亡くなられたので本書も日の目にあえないのではと諦めていたのに、建築思潮研究所の福島勲さんから連絡をもらい、立松さんの遺言というのか、ともかく生前刊行決定させていたのだという。あの世の立松さんには冥福を祈るとともに感謝の言葉もない。更に福島さんには雑然とした内容を巧く整理してもらった。ありがとうございますと心から御礼申上げたい。

２００４年6月　渡辺　豊和

●写真撮影

図1-5、図1-11、図1-12、図1-14、図2-12、図2-16右
／川元斉

●図版・写真出典

図0-1 『毛綱毅曠-建築の遺伝子』丸善／1986年
図1-1 『L.Corbusier 1957-1965』W.Boesiger／Artemis／1966年
図1-3 『匠明五巻考』伊藤要太郎著／鹿島研究所出版会／1971年
図1-4 『東洋建築史図集』日本建築学会編／彰国社／1995年
図1-10 拙著『神殿と神話』原書房／1983年
図1-11 『記憶の建築-毛綱毅曠』PARCO出版／1986年
図1-14 『建築1972.4』中外出版／1972年
図2-4 『日本建築史図集 新訂版』日本建築学会編／彰国社／1980年
図2-8 『建築マップ京都』ギャラリー間編／TOTO出版／1998年
図2-9・10 『現代日本建築家全集10 丹下健三』粟田勇著／三一書房／1970年
図2-11 『現代日本建築家全集9 白井晟一』粟田勇著／三一書房／1970年
図2-13 『イスラムへの建築文化』A・スチールラン著／原書房／1987年
図2-14 『a＋u建築と都市98：12』エーアンドユー／1998年
図2-15 『ガウディの建築』鳥居徳敏著／鹿島出版会／1987年
図2-16 『モダンリビング124号』婦人画報社／1999年
図2-17 『建築はおもしろい』石山修武／王国社／1998年
図2-19 『Frank.O.Gehry』Francesco Dal co, kurt .W. Forester／ Monacelli ／1998年
図2-20 『ルドゥー「建築論」註解Ｉ』白井秀和著／中央公論美術出版／1993年
図2-23 『アルハンブラ～イスラム文化爛熟期 14世紀の赤い城』平良敬一他／鹿島研究所出版会／1966年
図3-1 『明日の田園都市』E・ハワード著／鹿島出版会／1968年
図3-2 『フランク・ロイド・ライト』天野太郎他編／彰国社／1954年
図3-3 『生活空間の創造』ワルター・グロピウス著／彰国社／1958年
図3-4 『群居第43号』群居刊行委員会／1997年
図3-5・6 『ル・コルビュジェの構想』N・エヴァンソン著／井上書院／1984年
図3-7 『敷地計画の技法』K・リンチ著／鹿島出版会／1966年
図3-8 『まちづくりの新しい理論』C・アレグザンダー他著／鹿島出版会／1989年
図3-9 『a＋u建築と都市ピータークック』エーアンドユー／1989年12月臨時増刊号
図3-10 『近代都市』F・ショエ著／井上書院／1983年
図3-11・12・13 『ロシア・アヴァンギャルド建築』八束はじめ著／INAX出版／1993年
図3-14 『ユング―そのイメージとことば』A・ヤッフェ編／誠信書房／1995年
図3-17・18・19・20 『イスラムへの建築文化』A・スチールラン著／原書房／1987年
図3-22・23 『風水気の景観地理学』渡邊欣雄著／人文書院／1994年
図3-26・27 『日本建築史図集 新訂版』日本建築学会編／彰国社／1980年

著者略歴

渡辺豊和（わたなべ・とよかず）

1938年秋田県角館町生まれ。1961年福井大学工学部建築学科卒業。1964～70年RIA建築総合研究所。1970年渡辺豊和アトリエ開所主宰。1972年渡辺豊和建築工房に改称主宰。1981～90年京都芸術短期大学教授。1991年京都造形芸術大学教授現在にいたる。工学博士（東京大学）

主な作品：龍神村民体育館、角館町立西長野小学校、秋田市体育館、他多数

主な著書：『芸能としての建築』晶文社／1983年、『神殿と神話』原書房／1983年、『離島寒村の構図』住まいの図書館出版局／1992年、『建築のマギ（魔術）』角川書店／2000年、他多数

受賞：1987年日本建築学会賞（龍神村民体育館）

建築ライブラリー14

2100年庭園曼荼羅都市

発行日――2004年9月30日

著者――渡辺豊和

編集室――㈲建築思潮研究所（代表　津端宏）

編集／福島勲　小泉淳子

〒130-0026東京都墨田区両国4-32-16両国プラザ1002

Tel:(03)3632-3236 Fax:(03)3635-0045

発行人――馬場瑛八郎

発行所――㈱建築資料研究社

〒171-0014東京都豊島区池袋2-72-1日建学院2号館

Tel:(03)3986-3239 Fax:(03)3987-3256

印刷・製本――大日本印刷㈱

装幀――向井一貞

ISBN4-87460-826-4